工业和信息化
精品系列教材

Java
程序设计教程

任务式 | 微课版

吴艳平 孙佳帝／主编

李航 于艳华 许春艳／副主编

Java Programming
Tutorial

人民邮电出版社
北京

图书在版编目（ＣＩＰ）数据

Java程序设计教程 : 任务式 : 微课版 / 吴艳平,
孙佳帝主编. -- 北京 : 人民邮电出版社，2024.8
工业和信息化精品系列教材
ISBN 978-7-115-64174-8

Ⅰ．①J… Ⅱ．①吴… ②孙… Ⅲ．①JAVA语言－程序
设计－高等学校－教材 Ⅳ．①TP312.8

中国国家版本馆CIP数据核字(2024)第070266号

内 容 提 要

本书详细地介绍使用 Java 语言进行程序设计所需要掌握的多种技术。全书共 10 个单元，包括初识 Java、Java 语言基础、Java 控制结构、方法与数组、面向对象基础、面向对象高级、异常处理、常用 Java API、集合、I/O 等内容，各单元分为知识储备、任务实现和任务拓展 3 个部分，并附带单元小结和习题。全书通过任务驱动实现"学中做、做中学"的理实一体化教学模式。

本书可作为高校计算机相关专业程序设计课程教材，也可供广大计算机从业者和爱好者学习、参考。

◆ 主　　编　吴艳平　孙佳帝
　　副 主 编　李　航　于艳华　许春艳
　　责任编辑　王照玉
　　责任印制　王　郁　焦志炜
◆ 人民邮电出版社出版发行　　北京市丰台区成寿寺路 11 号
　　邮编　100164　　电子邮件　315@ptpress.com.cn
　　网址　https://www.ptpress.com.cn
　　大厂回族自治县聚鑫印刷有限责任公司印刷
◆ 开本：787×1092　1/16
　　印张：17.25　　　　　　　　　2024 年 8 月第 1 版
　　字数：519 千字　　　　　　　2024 年 8 月河北第 1 次印刷

定价：69.80 元

读者服务热线：(010)81055256　印装质量热线：(010)81055316
反盗版热线：(010)81055315
广告经营许可证：京东市监广登字 20170147 号

前　言

Java 语言是世界上最受欢迎的编程语言之一，是广大程序设计爱好者追逐梦想的始发站，各类院校相继将 Java 程序设计作为计算机相关专业的必修课程、专业核心课程。

本书全面贯彻落实党的二十大精神，以社会主义核心价值观为引领，加强基础研究，发扬斗争精神，为建成教育强国、科技强国、人才强国添砖加瓦。本书针对职业院校学生的特点，精心选择教学内容、单元任务，着重介绍 Java 开发环境、Java 常用开发工具、Java 基本语法和语句，以及 Java 面向对象程序设计相关技术。

本书各单元分为知识储备、任务实现和任务拓展 3 个部分，并附带单元小结和习题。"知识储备"详细剖析知识点，使读者先做到"知"，再通过一个个案例做到"行"，实现单一知识点知行合一；"任务实现"设计 2～3 个任务，由浅到深、循序渐进，实现知识与技能初步融合；"任务拓展"需要读者综合应用所学知识与技能实现任务要求，并且本书在任务中巧妙融入思政元素，帮助读者在完成任务的同时提升职业素养。"任务实现"和"任务拓展"均由任务描述、任务分析、任务实施等部分组成。"任务描述"由文字描述和运行结果图组成，帮助读者先对任务建立整体印象，产生学习兴趣；"任务分析"需要读者根据任务描述找出解决问题的办法，分析所需知识与技能；"任务实施"通过操作步骤一步步引领读者完成代码的撰写。

本书主要有以下特色。

1．知行合一——开启编程

本书的设计理念是使读者可以轻松地学习 Java 语言，本书在详尽的知识背景下融入大量的案例和常用算法，为读者提供丰富的学习资源，开启 Java 程序设计的大门。

2．任务驱动——增强技能

任务驱动能够满足读者即学即用的要求，提高读者的自学能力和解决问题的能力。通过实现任务，读者能够整合知识、增强技能。

3．思政融入——提升素养

合格的高技能人才，不仅需要具备专业技能，还需要具备职业素养。本书通过思政元素的融入，可以提升读者的职业素养。

4．思维导图——提高效率

本书各单元小结配有知识点思维导图，读者可根据思维导图轻松了解学习内容，可将其作为课前预习、课后复习的工具。

　　本书由吴艳平、孙佳帝任主编，李航、于艳华、许春艳任副主编。由于编者水平有限，书中难免存在不足之处，欢迎广大读者提出宝贵意见和建议。

编　者

2024 年 7 月

目　录

单元 3

Java 控制结构 ·························· 43

单元 4

方法与数组 ·························· 91

单元 5

面向对象基础 ··· 123

单元 6

面向对象高级 ··· 148

单元 7

异常处理 ……………………………………………………… 182

单元 8

常用 Java API ……………………………………………… 197

单元 9

单元 10

单元1
初识Java

01

Java是一种面向对象的计算机编程语言，有多年的历史，深受软件开发人员的喜爱。Java一直是编程语言里的"领头羊"，尽管不断有新的编程语言出现，它仍然凭借自身优势位于编程语言界的前沿。可以说，如果今天Java消失，明天将有数以万计的公司面临危机，可见其应用范围之广、作用之大。本单元的学习目标如下。

知识目标

◇ 掌握如何配置Java开发环境
◇ 理解Java程序的运行机制
◇ 熟悉常用的Java开发工具

技能目标

◇ 能够利用记事本编写Java程序
◇ 能够利用IDEA编写Java程序

素养目标

◇ 懂得兴趣是最好的学习动力
◇ 明白滴水穿石、蚁穴溃堤的道理

1.1 知识储备

1.1.1 Java 概述

1. Java 的发展史

人类的语言是人与人之间进行沟通交流的方式，计算机语言是人与计算机之间进行沟通交流的方式。计算机语言的发展历经 3 个阶段，即机器语言、汇编语言和高级语言。机器语言由数字组成所有指令；汇编语言是机器语言的进阶，其用单词表示基本的计算机操作；高级语言是最接近人类思维的计算机语言。Java 语言是目前最优秀的高级语言之一。

1.1 Java 概述

1990 年，Sun 公司预计嵌入式系统未来将在家用电器领域大显身手，于是成立了一个由詹姆斯·戈斯林（James Gosling）领导的"Green 计划"团队，准备为下一代智能家电（如电视机、微波炉、电话）编写一个通用控制系统。

该团队最初考虑使用 C++语言编写系统，但发现 C++语言的应用程序接口（Application Program Interface，API）在某些方面存在很大的问题，其缺少垃圾回收系统、分布式和多线程等功能，且其实现的系统可移植性较差，于是该团队在 C++语言的基础上开发了一种面向对象的语言，并将其命名为"Oak"，后来发现该名称已被使用，便改名为"Java"。

1995 年 5 月 23 日 Sun 公司推出 Java 语言，1996 年 JDK（Java Development Kit，Java 开发工具包）1.0 正式诞生，JDK 是整个 Java 语言的核心。

2004 年，Java 语言在语法易用性上有非常大的改进，JDK 的版本也由 JDK 1.5 改成 JDK 5；2009 年，Orcale 公司收购了 Sun 公司；2011 年，Orcale 公司出品 JDK 7；2014 年，JDK 8（或称 JDK1.8）成为使用非常多的版本；2023 年，JDK 版本更新为 JDK 21。

2. Java 语言的特点

Java 语言是一种面向对象的高级编程语言，是在 C++语言的基础上开发出来的，Java 语言不仅具有 C++语言的优点，还摒弃了 C++语言中难理解的多继承、指针等概念，使程序更加严谨、整洁。Java 语言的主要特点为简单、面向对象、安全、支持跨平台和支持多线程。

（1）简单

Java 语言的语法与 C++语言的相近，但是它摒弃了 C++语言中难以理解的内容，使编程变得更加简单。

（2）面向对象

Java 语言作为一种面向对象的编程语言，支持封装、继承和多态，这使得 Java 程序低耦合、高内聚，每个模块都执行本模块的功能，不会通过公共接口相互干扰。

（3）安全

Java 语言通常被应用到网络环境中，为此，Java 语言提供存储分配模型来防御恶意代码攻击。Java 语言不支持指针，一切对内存的访问都必须通过对象的实例变量来实现，确保了安全性。

（4）支持跨平台

Java 程序可以在不同的操作系统平台上运行，真正实现了"一次编写，到处运行"的目的，使系统的移植和平台的迁移变得十分容易。

（5）支持多线程

Java 支持多线程并发执行，大幅提高了程序的执行效率。

3. Java 的技术平台

针对不同的开发市场，Sun 公司将 Java 语言划分为 3 个技术平台，即 Java SE、Java EE 和 Java ME。

（1）Java SE（标准版）

Java SE（Java Platform，Standard Edition）用于开发和部署在桌面、服务器、嵌入式环境和实时环境中使用的 Java 程序，是 3 个技术平台的核心部分，Java EE 和 Java ME 都是在 Java SE 的基础上开发的。

（2）Java EE（企业版）

Java EE（Java Platform，Enterprise Edition）用于开发企业级程序，是开发、组装和部署企业级应用的技术平台。

（3）Java ME（微型版）

Java ME（Java Platform，Micro Edition）用于开发电子消费产品和嵌入式设备上的程序。

4. Java 程序的运行机制

高级语言通常分为编译型语言和解释型语言两种。编译型语言针对特定的平台，将源代码一次性编译成平台硬件执行的机器码，并包装成该平台所能识别的程序格式。解释型语言一边转换一边执行，只要平台提供相应的解释器，就可以运行源代码，效率较低，但具有可移植性。

Java 语言既有编译型语言的特点又有解释型语言的特点，Java 程序的运行机制分为 3 个部分：编写、编译和解释执行。Java 程序的运行机制如图 1-1 所示。

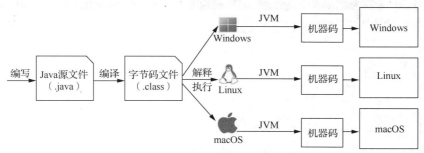

图1-1　Java 程序的运行机制

首先，编写程序，生成扩展名为 java 的 Java 源文件。

其次，Java 编译器对.java 文件进行编译，生成扩展名为 class 的字节码文件。

最后，Java 虚拟机（Java Virtual Machine，JVM）将字节码文件（字节码文件是二进制文件，可以通过各平台的 JVM 解释执行，从而实现 Java 语言的跨平台性）解释成机器码并在操作系统平台上执行。

JVM 是在实际的计算机上通过软件模拟来实现的，是运行所有 Java 程序的虚拟计算机。

1.1.2　JDK 的下载与安装

JDK 是 Java 语言的开发工具包，主要包括 Java 运行环境（Java Runtime Environment，JRE）和编写 Java 程序所需的开发工具。

JRE 包含 JVM、核心类库和运行 Java 程序所需要的文件。

JDK、JRE 和 JVM 的关系如图 1-2 所示。

1. JDK 的下载

JDK 可以在 Oracle 官网下载。

（1）打开 Oracle 官网，单击"Resources→Java Downloads"选项，如图 1-3 所示。

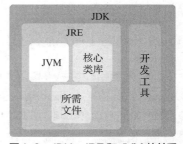

图1-2　JDK、JRE 和 JVM 的关系

图1-3　Oracle 官网

1.2　Java 环境的搭建

（2）在弹出窗口的"Java downloads"选项卡中单击对应操作系统下的 JDK 版本，下载相应的文件，如下载 Windows 操作系统下的 JDK 17，如图 1-4 所示。

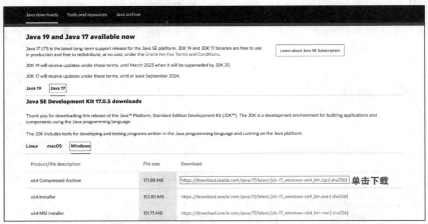

图 1-4　下载 Windows 操作系统下的 JDK 17

Windows 系统下有 3 种文件可下载，分别为 x64 Compressed Archive、x64 Installer 和 x64 MSI Installer。x64 Compressed Archive 免安装，解压后运行 bin 目录下的.sh 或者.bat 文件即可使用；x64 Installer 为安装程序，执行.exe 文件即可安装；x64 MSI Installer 为安装程序，执行安装即可。

目前，市场主流的 JDK 版本为 JDK 8、JDK 11 和 JDK 17，其中 JDK 8 最稳定，也是学习使用的最佳版本之一，本书以 JDK 8 为例进行讲解。

2. JDK 的安装

（1）双击 JDK 8 的安装文件"jdk-8u201-windows-x64.exe"，进入 JDK 8 安装界面，如图 1-5 所示。

（2）单击"下一步"按钮，弹出 JDK 8 定制安装界面，在该界面中有 3 个功能选项，本书选择默认选项"开发工具"，同时也可以通过单击界面中的"更改"按钮更改 JDK 的安装目录，默认安装目录为"C:\Program Files\Java\jdk1.8.0_201\"。JDK 8 定制安装界面如图 1-6 所示。

图 1-5　JDK 8 安装界面

图 1-6　JDK 8 定制安装界面

（3）单击"下一步"按钮，弹出 JDK 8 正在安装界面，如图 1-7 所示。
（4）在安装过程中，弹出 Oracle 信息指南界面，如图 1-8 所示。

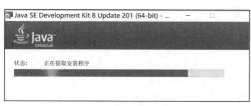

图1-7　JDK 8 正在安装界面

图1-8　Oracle 信息指南界面

（5）单击"确定"按钮，弹出目标文件夹界面，如图 1-9 所示，如果需要更改安装的目标文件夹，可通过单击"更改"按钮更改目标文件夹。

（6）单击"下一步"按钮，继续安装。JDK 8 继续安装界面如图 1-10 所示。

图1-9　目标文件夹界面

图1-10　JDK 8 继续安装界面

（7）安装完成后，可在目标文件夹"C:\Program Files\Java\"下找到已安装的 JDK 和 JRE 文件夹，如图 1-11 所示。

图1-11　已安装的 JDK 和 JRE 文件夹

3．JDK 的安装目录

双击文件夹"jdk1.8.0_201"，进入 JDK 8 的安装目录"C:\Program Files\Java\jdk1.8.0_201\"，如图 1-12 所示。

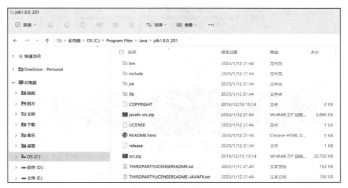

图1-12　JDK 8 的安装目录

了解 JDK 的安装目录、子目录及目录下的文件的意义和作用对于读者学习 Java 语言非常有帮助，下面对 JDK 常用的目录及目录下的文件进行介绍。

（1）bin 目录

bin 目录用于存放 JDK 的可执行文件，其中常用的文件有 javac.exe、java.exe、jar.exe 和 javadoc.exe 等。

javac.exe 是 Java 编译器，可以将 Java 源文件（.java 文件）编译成字节码文件（.class 文件）。

java.exe 是 Java 解释器，可以将字节码文件解释成机器码并运行。

jar.exe 是多用途的存档及压缩工具，用于将多个字节码文件合并打包成一个.jar 文件。

javadoc.exe 是 Java 文档生成工具，用于从 Java 源代码注释中自动提取出超文本标记语言（Hypertext Markup Language，HTML）格式文档。

（2）include 目录

由于 JDK 是由 C 语言和 C++语言实现的，因此需要调用这两种语言的头文件，其存放在 include 目录中。

（3）jre 目录

jre 目录中包含 JVM，用于运行 JDK 中自带的 Java 程序。

（4）lib 目录

lib 是 library 的缩写，lib 目录含义为类库，用于存放 Java 开发工具使用的归档文件。

（5）javafx-src.zip 和 src.zip

javafx-src.zip 和 src.zip 用于存放 JDK 核心类源代码和 JavaFX 源代码，通过这两个文件可以查看 Java 基础类源代码。

4. JDK 的安装测试

JDK 安装完成后，可以通过命令行进行测试。

（1）在开始菜单的搜索栏中输入"cmd"后按 Enter 键，如图 1-13 所示。

图 1-13　搜索栏中输入"cmd"

（2）弹出命令行窗口，在该窗口中将当前目录更改为 JDK 的 bin 目录，更改目录如图 1-14 所示。

图 1-14　更改目录

（3）输入"java -version"命令，按 Enter 键，窗口中输出了 JDK 的相应版本信息，说明 JDK 已正确安装，如图 1-15 所示。

图 1-15　JDK 已正确安装

1.1.3　环境变量的配置

正确安装 JDK 后，若未配置环境变量，则在命令行运行 JDK 可执行文件时，必须确保当前路径为 JDK 的 bin 目录。如何实现在任意目录下均可运行 JDK 可执行文件呢？这需要配置环境变量，环境变量指出了系统除了可以在当前目录下查找需要运行的文件外，还可以在哪些目录下查找它们。

配置环境变量包括两个步骤，分别为配置 JAVA_HOME 环境变量和配置 Path 环境变量。

1. 配置 JAVA_HOME 环境变量

JAVA_HOME 环境变量用于指向安装 JDK 和 JRE 的文件系统位置，若 JDK 重新安装，只需重新配置 JAVA_HOME 环境变量，不用修改 Path 环境变量。

（1）右击"此电脑"，选择"属性"选项，如图 1-16 所示。

（2）在弹出的"设置"窗口中，选择"系统→高级系统设置"，如图 1-17 所示。

图 1-16　选择"属性"选项 　　　　　　　　　　　　　　图 1-17　高级系统设置

（3）在弹出的"系统属性"对话框中，单击"高级"选项卡下的"环境变量"按钮，"系统属性"对话框如图 1-18 所示。

（4）在弹出的"环境变量"对话框中，单击"系统变量"下的"新建"按钮，"环境变量"对话框如图 1-19 所示。

图 1-18　"系统属性"对话框

图 1-19　"环境变量"对话框

（5）在弹出的"新建系统变量"对话框中，分别在"变量名"和"变量值"文本框中输入"JAVA_HOME"和 JDK 安装目录，单击"确定"按钮，"新建系统变量"对话框如图 1-20 所示。

图 1-20　"新建系统变量"对话框

2. 配置 Path 环境变量

（1）参考配置 JAVA_HOME 环境变量的步骤，打开"环境变量"对话框，选择"系统变量"中的 Path 环境变量，单击"编辑"按钮，如图 1-21 所示。

（2）在弹出的"编辑环境变量"对话框中，单击"新建"按钮，在对话框左下方的文本框中输入"%JAVA_HOME%\bin"，如图 1-22 所示，然后连续单击 3 个"确定"按钮。

图 1-21　编辑 Path 环境变量

图 1-22　新建"%JAVA_HOME%\bin"

3. 环境变量的配置测试

打开计算机的开始菜单，在搜索栏中输入"cmd"后按 Enter 键，弹出命令行窗口，在该窗口中输入"java -version"命令，按 Enter 键，测试环境变量配置是否成功，如果成功，窗口会输出版本信息，如图 1-23 所示。

图 1-23　环境变量配置测试

1.1.4　IDEA 的下载、安装与启动

IntelliJ IDEA（后文简称 IDEA）被誉为最流行、最受欢迎、开发效率最高的 Java 集成开发环境（Integrated Development Environment，IDE）之一，具有完整的编码辅助、灵活的排版、强大的快捷键、便捷的代码自动提示等功能，深受 Java 开发人员的喜爱。

1. IDEA 的下载

（1）打开 IDEA 官网，如图 1-24 所示，单击"Download"按钮，进入下载界面。

图1-24　IDEA 官网

（2）IDEA 有两个版本，旗舰版（Ultimate）和社区版（Community Edition），旗舰版功能更齐全，但需要付费。双击"Ultimate"下的"Download"按钮，可以下载旗舰版的最新安装包，如图 1-25 所示。

图1-25　下载 IDEA 旗舰版最新安装包

（3）也可单击"Other versions"（其他版本）选项，如图 1-26 所示，选择不同的 IDEA 版本进行下载。

图1-26　其他版本选项

（4）"Other versions"页面如图 1-27 所示。

图1-27　其他版本页面

（5）滚动鼠标滚轮下滑页面，选择自己需要的版本，本书选择 IDEA 2020.1.1 进行下载，如图 1-28 所示。

图1-28　下载 IDEA 2020.1.1

2. IDEA 的安装

（1）双击安装包，弹出 IDEA 安装界面如图 1-29 所示。

（2）单击"Next"按钮，进入"Choose Install Location"（选择安装位置）界面，如图 1-30 所示。

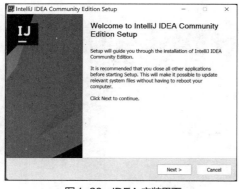

图1-29　IDEA 安装界面

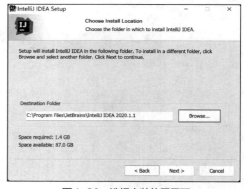

图1-30　选择安装位置界面

（3）单击"Browse..."按钮，更改安装目录，建议不要将 IDEA 安装在系统盘（通常 C 盘是系统盘），这里选择安装在 D 盘，更改 IDEA 安装目录如图 1-31 所示。

（4）单击"Next"按钮，进入"Installation Options"（安装选项）界面，勾选"64-bit launcher"复选框，可以在桌面创建快捷方式，安装选项界面如图 1-32 所示。

图 1-31　更改 IDEA 安装目录

图 1-32　安装选项界面

（5）单击"Next"按钮，进入"Choose Start Menu Folder"（选择开始菜单文件夹）界面，单击"Install"按钮，等待安装，选择开始菜单文件夹界面如图 1-33 所示。

（6）开始安装，"Installing"（正在安装）界面如图 1-34 所示。

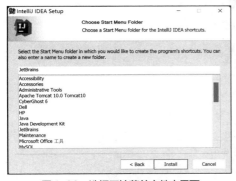
图 1-33　选择开始菜单文件夹界面

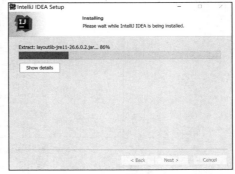
图 1-34　正在安装界面

（7）"Completing IntelliJ IDEA Setup"（IDEA 安装完成）界面，如图 1-35 所示。

图 1-35　IDEA 安装完成界面

3. IDEA 的启动

（1）双击"D:\IntelliJ IDEA 2020.1.1\bin\idea64.exe"，启动 IDEA，启动界面如图 1-36 所示。

（2）IDEA 启动完成后会弹出"License Activation"（许可证激活）窗口，如图 1-37 所示，IDEA 旗舰版可以免费试用 30 天，可先试用，选择"Evaluate for free"单选项，单击"Evaluate"按钮。

图 1-36　IDEA 启动界面　　　　　　　　　　　图 1-37　许可证激活窗口

（3）选择试用后，直接进入 IDEA 主界面，如图 1-38 所示。

图 1-38　IDEA 主界面

1.2 任务实现

1.2.1　任务 1：利用记事本编写 Java 程序

1. 任务描述

利用记事本编写 Java 程序，通过命令行对 Java 程序进行编译并运行。

2. 任务分析

（1）打开记事本，编写 Java 程序。

（2）保存记事本文件，保存位置为 JDK 的 bin 目录，文件名为 Welcome.java。

（3）打开命令行窗口，通过"javac Welcome.java"命令将文件 Welcome.java 编译为字节码文件 Welcome.class。在命令行窗口中，通过"java Welcome"命令运行 Java 程序，输出运行结果。

3. 任务实施

（1）打开记事本，编写代码，如图 1-39 所示。

（2）保存记事本文件到 JDK 的 bin 目录下，文件名为 Welcome.java，保存记事本文件如图 1-40所示。

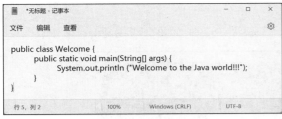

图 1-39　编写代码

图 1-40　保存记事本文件

（3）打开命令行窗口，更改当前目录为"C:\Program Files\Java\jdk1.8.0_201\bin"，如图 1-41所示。

图 1-41　更改当前目录

（4）输入命令"javac Welcome.java"并按 Enter 键编译 Welcome.java 文件，如图 1-42所示。

图 1-42　输入"javac Welcome.java"命令

（5）编译成功后，在 JDK 的 bin 目录下，可以发现新生成了一个 Welcome.class 文件。编译成功界面如图 1-43 所示。

图 1-43　编译成功界面

（6）输入命令"java Welcome"并按 Enter 键运行 Java 程序，运行结果界面如图 1-44 所示。

图 1-44　运行结果界面

13

4. 实践贴士

（1）编写代码时，所有的字符均为英文半角，否则编译会报错，如图 1-45 所示。

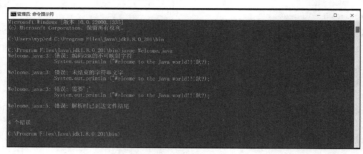

图 1-45　编译报错

（2）成功编译后，运行 Java 程序时，命令中的"Welcome"后不要写扩展名。

（3）独立运行的 Java 程序需要有一个 main() 方法，即主方法。

（4）建议创建的 Java 文件名与类名相同。

1.2.2　任务 2：利用 IDEA 编写 Java 程序

1. 任务描述

利用 IDEA 编写 Java 程序，并通过 IDEA 编译运行程序。

2. 任务分析

（1）打开 IDEA，创建 Java 项目，项目名称为 unit01。

（2）在项目 unit01 的 src 目录下创建包 cn.edu.cvit。

（3）在包 cn.edu.cvit 下创建类 Welcome。

（4）在类文件 Welcome.java 中创建 main() 方法。

（5）在 Welcome.java 类文件中编写代码，并编译执行。

3. 任务实施

（1）在 E 盘中创建一个文件夹，名称为 JavaSE，用于存放之后学习过程中所创建的 Java 项目。

（2）打开 IDEA，单击"Create New Project"，新建 Java 项目（也称工程），如图 1-46 所示。

（3）在弹出的"New Project"对话框左侧列中选择"Java"选项，单击"Next"按钮，如图 1-47 所示。

图 1-46　新建 Java 项目

图 1-47　选择项目类型

（4）在弹出的对话框中，如果勾选"Create project from template"复选框，则新建项目中会通过模板自动创建一个 Main.java 文件；也可以直接单击"Next"按钮，进入下一步，如图 1-48 所示。

图1-48　不通过模板创建项目

（5）在弹出的对话框中输入项目名称，并选择项目保存位置，单击"Finish"按钮，如图 1-49 所示。

（6）在弹出的"Directory Does Not Exist"对话框中单击"OK"按钮，如图 1-50 所示。

图1-49　确定项目名称及保存位置　　　　　　图1-50　"Directory Does Not Exist"对话框

（7）弹出项目的开发界面，如图 1-51 所示。

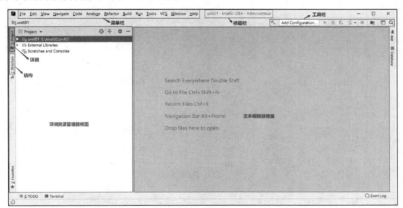

图1-51　项目的开发界面

（8）在项目资源管理器视图中，单击项目名称左边的 ▶ 按钮展开文件夹，展开后右击 src 目录，单击"New→Package"选项创建包，如图 1-52 所示。

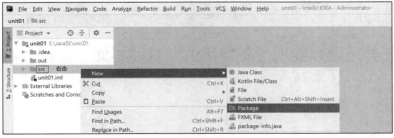

图1-52　创建包

（9）在弹出的对话框中输入包名"cn.edu.cvit"，如图 1-53 所示。

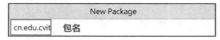

图1-53　输入包名

（10）按 Enter 键确定后，在包下创建类。右击 src 目录下的包 cn.edu.cvit，单击"New→Java Class"选项，如图 1-54 所示。

（11）在弹出的对话框中输入类名"Welcome"，如图 1-55 所示。

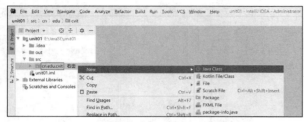

图1-54　创建类

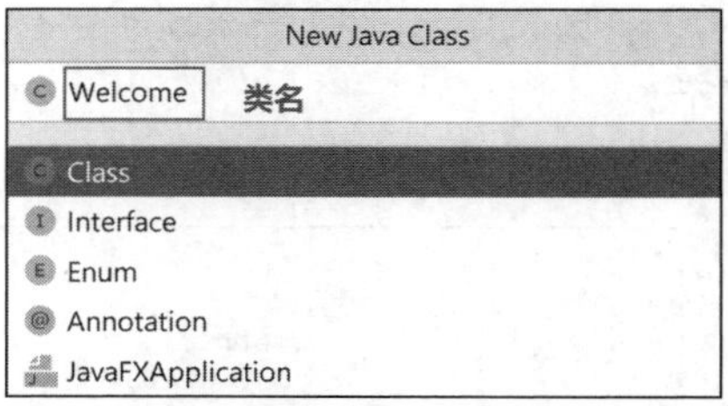

图1-55　输入类名

（12）按 Enter 键确定后，编写代码，如图 1-56 所示。

图1-56　编写代码

（13）单击工具栏中的▶按钮，运行程序，运行结果与图 1-44 相同。

4．实践贴士

（1）利用 IDEA 可快速编写代码。例如，创建 main()方法，直接输入 main 后，按 Tab 键即可；创建输出语句，直接输入 sout 后，按 Tab 键即可补全语句。

（2）运行程序也能通过单击工具栏中的▶按钮完成。

（3）与记事本相比，IDEA 更方便、快捷，本书推荐使用 IDEA 编写 Java 程序。

1.3　任务拓展：实现"美食优选"欢迎界面

📖 任务描述

"民以食为天"一语流传数千年，在中国共产党领导下的当代中国，我们已经全面建成小康社会并历史性地解决了绝对贫困问题，告别吃不饱状态而力求吃得好并追求更加美好的生活。每个人都有自己喜欢的美食，本任务通过 Java 程序实现选择美食，"美食优选"欢迎界面如图 1-57 所示。

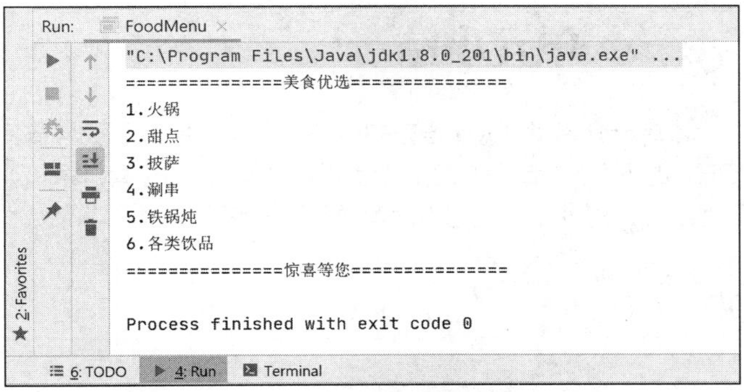

图 1-57 "美食优选"欢迎界面

任务分析

"美食优选"欢迎界面通过多条输出语句来实现，程序简单，有利于读者熟悉 Java 程序的开发流程。

任务实施

实现"美食优选"欢迎界面任务实施步骤如下。

（1）在 cn.edu.cvit 包下创建类 FoodMenu。

（2）在 FoodMenu 类中创建 main()方法。

（3）在 main()方法中编写代码，代码如图 1-58 所示。

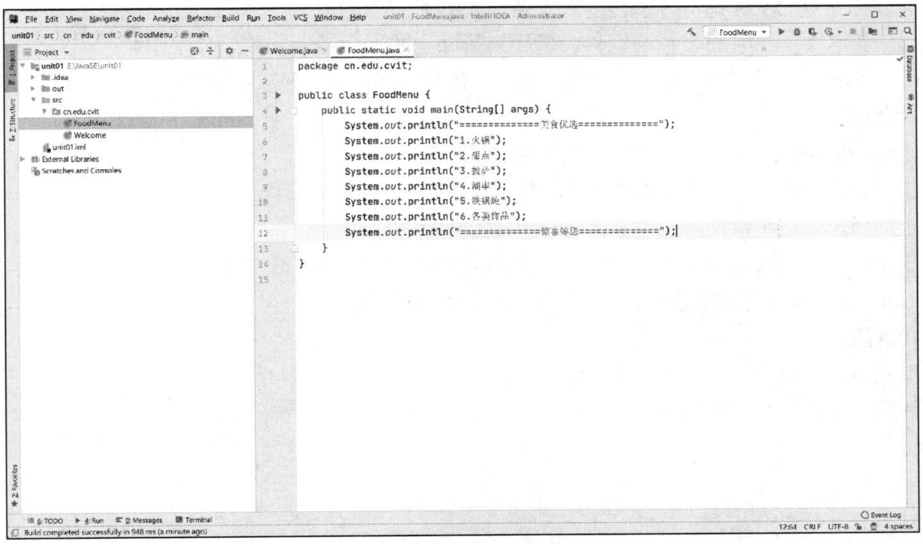

图 1-58 "美食优选"欢迎界面创建代码

实践贴士

（1）任务拓展中输出语句的详细介绍见单元 2。

（2）同一个包下可创建多个类。

（3）运行某一个类时，需要单击该类对应的运行▶按钮。

单元小结

　　本单元介绍了 Java 语言的相关概念、JDK 的下载与安装、环境变量的配置和 IDEA 的下载与启动等内容，着重讲解了如何利用记事本和 IDEA 编写 Java 程序。熟悉 IDEA 的使用，有利于读者学习后续单元。

习题

一、选择题

1. Java 字节码文件的扩展名是（　　　）。
   A．.java　　　　　　　　B．.exe　　　　　　　　C．.class　　　　　　　　D．.txt
2. 下列关于 Java 语言的描述，错误的是（　　　）。
   A．Java 是一种介于汇编语言和高级语言之间的语言
   B．Java 是一种跨平台的编程语言
   C．Java 具有 Java SE、Java ME 和 Java EE 三大技术平台
   D．Java 是一种高级计算机语言
3. JDK 可执行文件存放在（　　　）目录下。
   A．lib　　　　　　　　B．jre　　　　　　　　C．bin　　　　　　　　D．db
4. 下列关于 JDK 和 JRE 的说法中，错误的是（　　　）。
   A．JDK 包括 Java 编译器、Java 文档生成工具、Java 打包工具等
   B．JRE 是 Java 运行环境，用来支持 Java 程序的运行
   C．JDK 是 Java 开发核心组件，是用来编译、解释 Java 程序的核心组件
   D．JRE 是一个单独的软件，所以安装 JDK 后，还需要单独安装 JRE

二、判断题

1. Java 程序中有且只有一个 main() 方法。（　　　）
2. Java 程序运行时，需要先对扩展名为 .java 的源文件进行编译。（　　　）
3. Java 语言具有跨平台的特性。（　　　）
4. JDK 安装成功后，不可以将 bin 目录的路径配置在 Path 环境变量中。（　　　）
5. java.exe 命令文件存放在 JDK 安装目录的 lib 目录下。（　　　）

三、编程题

1. 编写 Java 程序，输出个人兴趣爱好。
2. 编写 Java 程序，输出一天的课表。

单元2
Java语言基础

在软件开发的广阔天地里，Java作为一门广泛应用的编程语言，影响力无处不在。万丈高楼平地起，一砖一瓦皆根基，任何宏伟的建筑都离不开稳固的基础，Java语言基础是Java程序设计的根基。要成为一名Java开发人员，首先需要学习Java语言基础。本单元的学习目标如下。

知识目标

- ✧ 掌握Java程序的基本结构
- ✧ 掌握Java的基本语法
- ✧ 熟悉Java的基本语句

技能目标

- ✧ 能够运用Java的基本语法和语句完成任务
- ✧ 能够在Java程序中添加必需的注释，提高程序的可读性

素养目标

- ✧ 保持饱满的学习热情
- ✧ 懂得知识与技能储备的必要性

2.1 知识储备

2.1.1 Java 程序的基本结构

Java 是一种面向对象的编程语言，Java 程序的基本组成单元是类，每一个 Java 程序都必须包含一个 main() 方法，含有 main() 方法的类即主类。Java 程序的基本结构大体可以分为包、类、main() 方法、标识符、关键字、语句和注释等部分。

【例 2-1】编写一个 Java 程序，输出个人兴趣爱好。

【操作步骤】

（1）新建 unit02 项目，在项目 unit02 的 src 目录下创建包 cn.edu.cvit，在包 cn.edu.cvit 下创建类 Hobby。

（2）在文本编辑器视图中，撰写代码如下。

2.1 Java 程序基础

```
package cn.edu.cvit;                          //包
/**
 * Java 程序的基本结构
```

```
*/
public class Hobby {                                        //类
    public static void main(String[] args) {               //main()方法
        //输出语句
        System.out.println("本人兴趣爱好有: 打篮球、跳舞、玩游戏!!! ");
    }
}
```

（3）在文本编辑器视图中单击 ▶ 按钮，运行程序，结果如图2-1所示。

图2-1　例2-1运行结果

根据例2-1中的程序，分析Java程序的基本结构，具体如下。

（1）注释

//和/**……*/均为注释符号，程序运行时不执行注释，注释只作为解释说明。

（2）包

package cn.edu.cvit;为导入包的代码，必须放置在Java程序中除注释外的第一行。

（3）类

public class Hobby {…}是定义类的代码，其中，class是关键字；public是权限修饰符；Hobby是类名，首字母需要大写。

（4）main()方法

public static void main(String[ ] args) {…}是main()方法，它是程序的入口，一个类中最多有一个main()方法。

（5）语句

System.out.println("本人兴趣爱好有: 打篮球、跳舞、玩游戏!!! ");是语句，语句可以有一条或者多条，每条语句以分号结束。该语句为输出语句，可以在控制台原样输出语句内双引号中的内容。

> **提示**　在IDEA中，补全main()方法，可以将光标定位到类的花括号内，输入main并按Tab键。

2.1.2　Java的注释

Java的注释主要用于提高程序的可读性，是对程序的某个功能或某段代码的解释说明，可以让开发人员更好地阅读代码并理解代码的作用。注释只在Java源文件中有效，在编译程序时编译器会忽略这些注释，不会将其编译到字节码文件中。

Java提供3种注释，分别为单行注释、多行注释和文档注释。

1. 单行注释

单行注释用符号"//"表示，其后内容为注释内容，用于对程序中某一行代码进行注释。单行注释既可以单独占一行，也可以放在语句之后。

2. 多行注释

多行注释以符号"/*"开头、以符号"*/"结尾，被其包含的内容均为注释内容，注释内容可以占一行，也可以占多行。

3. 文档注释

文档注释以符号"/**"开头、以符号"*/"结尾，中间每行均以"*"开头。开发人员可以使用 JDK 提供的 javadoc 工具将文档注释提取出来，生成一份 API 帮助文档。

【例 2-2】Java 程序中 3 种注释的应用。

【操作步骤】

（1）在包 cn.edu.cvit 下创建类 Notes。

（2）在文本编辑器视图中，撰写代码如下。

```java
package cn.edu.cvit;
/**
 * Java 的注释
 * 1.单行注释: 可单独占一行，也可放于语句后
 * 2.多行注释: 可注释一行，也可注释多行
 * 3.文档注释: 可使用工具，提取注释并生成API 帮助文档
 */
public class Notes {
  //main()方法，单行注释，单独占一行
  public static void main(String[] args) {
    System.out.println("单行注释，可放在语句后");               //定义变量
    System.out.println("多行注释，可放在任意位置");
    /*
    多行注释，注释内容可占一行或者多行
    System.out.println("放在注释中的 Java 语句不被编译执行");
    */
    System.out.println("文档注释，每一行均由*开头");
    /**
     * 文档注释
     * 通常用于说明某段代码的功能
     * 或者分析编程思路
     */
  }
}
```

（3）在文本编辑器视图中单击 ▶ 按钮，运行程序，结果如图 2-2 所示。

图 2-2　例 2-2 运行结果

提示 （1）放在注释中的输出语句没有被执行。
（2）所有注释，无论是单行注释、多行注释还是文档注释，均不被执行。

2.1.3　Java 的关键字

Java 的关键字是 Java 语言预先定义的、有特殊意义的单词，也称为保留字。Java 的关键字对 Java 的编译器而言具有特殊的意义，它们用来表示数据类型、修饰符、异常处理、程序结构等，关键字不能用作变量名、方法名、类名、包名和参数名。Java 中常用的关键字有 50 个，下面列举了这些关键字。

abstract	assert	boolean	break	byte
case	catch	char	class	const
continue	default	do	double	else
enum	extends	final	finally	float
for	goto	if	implements	import
instanceof	int	interface	long	native
new	package	private	protected	public
return	strictfp	short	static	super
switch	synchronized	this	throw	throws
transient	try	void	volatile	while

对于这些关键字，读者无须硬记，通过日后的学习，自然会清楚它们的作用。在前面的 Java 程序中，读者已见过的关键字有 class（类）、public（修饰符）、void（无返回值）。

Java 的关键字都是小写的，其中 const 和 goto 没有任何意义，但 Java 仍将其作为关键字，因此不能将其作为自定义的标识符。

2.1.4　Java 的标识符

在 Java 中，包名、类名、对象名、变量名、常量名等需要由开发人员命名的名称必须由标识符组成。Java 中的标识符由字母（A~Z、a~z）、数字（0~9）、下画线（_）和美元符号（$）组成，不能以数字开头，不能是 Java 的关键字，不能含有非法的特殊符号，且区分大小写。

合法与非法的标识符举例如下。

合法的标识符：one$、_2leaf、$threeFunction。

非法的标识符：4$sum、class、@www。第 1 个以数字开头，第 2 个是 Java 关键字，第 3 个含有非法的特殊符号。

标识符需要遵守如下规则。

（1）包名：所有字母一律小写，例如 cn.edu.cvit。

（2）类名和接口名：每个单词首字母大写，其余字母小写，例如 SumOfTwoNumber。

（3）常量名和参数名：所有字母都大写，单词间以下画线连接，例如 DAY_OF_WEEK。

（4）变量名和方法名：第一个单词的字母全部小写，从第二个单词开始，首字母大写，其余字母小写，例如 printStar()。

（5）true、false 和 null 不可以作为自定义标识符，它们在 Java 中具有特殊的意义。

2.1.5 数据类型

计算机的出现为人类节省了大量的计算时间。慢慢地，人们的需求越来越复杂，不仅需要计算机进行计算，还需要它处理各类事务。因此，需要计算机能够处理更丰富的数据，Java 的数据类型就是为了计算机能够处理各种各样的数据而诞生的。

Java 语言是强类型语言，Java 中每一种数据均有自己的数据类型，Java 的数据类型分为两大类，基本类型和引用类型。基本类型分为数值类型、字符类型和布尔类型，引用类型分为类、接口、数组、空类型、枚举和注解，如图 2-3 所示。

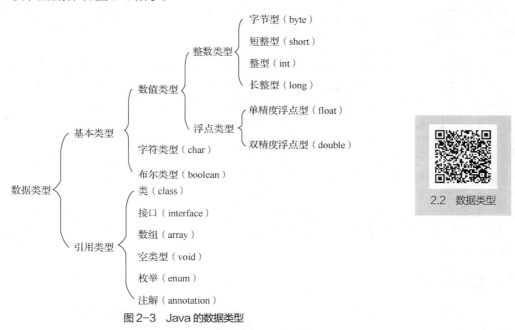

图 2-3 Java 的数据类型

本单元主要介绍 Java 基本的数据类型，引用类型详见之后的单元。

1. 整数类型

取值为整数的数据类型为整数类型，Java 中整数类型分为字节型（byte）、短整型（short）、整型（int）、长整型（long）。4 种整数类型数据在内存中所占空间的大小是不同的，读者在使用时根据需要选择所需类型即可。不同的整数类型数据所占内存空间和取值范围如表 2-1 所示。

表 2-1 不同的整数类型数据所占内存空间和取值范围

数据类型	所占内存空间	取值范围
字节型	1 个字节（8 位）	$-2^7 \sim 2^7-1$
短整型	2 个字节（16 位）	$-2^{15} \sim 2^{15}-1$
整型	4 个字节（32 位）	$-2^{31} \sim 2^{31}-1$
长整型	8 个字节（64 位）	$-2^{63} \sim 2^{63}-1$

每种数据类型都有对应的类型说明符，4 种整数类型的类型说明符表示如下。

（1）字节型类型说明符为 byte。

（2）短整型类型说明符为 short。

（3）整型类型说明符为 int。

（4）长整型类型说明符为 long。

这些类型说明符在定义常量、变量时使用。

2. 浮点类型

浮点类型数据取值一般为实数，根据数据的取值范围分为单精度浮点型和双精度浮点型两种类型。单精度浮点型的类型说明符为 float，双精度浮点型的类型说明符为 double。2 种浮点类型数据所占内存空间和取值范围如表 2-2 所示。

表 2-2　2 种浮点类型数据所占内存空间和取值范围

数据类型	所占内存空间	取值范围
单精度浮点型	4 个字节（32 位）	$-3.4e+38\sim-1.4e-45$，$1.4e-45\sim3.4e+38$
双精度浮点型	8 个字节（64 位）	$-1.8e+308\sim-4.9e-324$，$4.9e-324\sim1.8e+308$

单精度浮点型数据尾数可以精确到 7 位有效数字，双精度浮点型数据尾数可精确到 15 位有效数字，通常情况下，浮点类型数据很难完全精确，因为小数点后最后几位数会出现浮动。

3. 字符类型

取值为单个字符的数据类型为字符类型，类型说明符为 char。字符类型在 Java 语言中占用 2 个字节（16 位），取值范围为 0～65535。字符类型和短整型数据都占用 2 个字节，但是字符类型数据可以取到更大的正整数，因为字符类型数据没有负数。

4. 布尔类型

Java 中的布尔类型数据表示的是逻辑值，类型说明符为 boolean，在内存中占 1 个字节（8 位），取值只能是 true 或者 false，用于表示逻辑表达式或者关系表达式的值。Java 中所有判断条件结果的数据类型均为布尔类型。

2.1.6　常量

Java 中的常量是指在程序运行过程中值不发生改变的量。Java 中的常量分为整型常量、浮点型常量、字符型常量、布尔型常量、字符串常量、null 常量等。

1. 整型常量

整型常量是整数类型数据，有二进制、八进制、十进制和十六进制 4 种表示形式。

二进制整型常量：由 0 和 1 组成的数字序列，二进制整型常量以 0b 或者 0B 开头，如 0b01101101。

八进制整型常量：由 0～7 组成的数字序列，八进制整型常量以 0 开头，如 0756。

十进制整型常量：由 0～9 组成的数字序列，十进制整型常量不能以 0 开头，如 789。

十六进制整型常量：由 0～9、A～F（a～f）组成的数字序列，十六进制整型常量以 0x 或者 0X 开头，如 0xA92。

默认的整型常量为 int 类型，若要表示长整型常量，需要在数字序列后加上 l 或者 L，如 7894329L。

【例 2-3】编写程序，表示 Java 中的各种整型常量。

【操作步骤】

（1）在包 cn.edu.cvit 下创建类 ConstDemo1。

（2）在文本编辑器视图中，撰写代码如下。

```
package cn.edu.cvit;
/**
 * Java 中的整型常量
 */
```

```java
public class ConstDemo1 {
    public static void main(String[] args) {
        System.out.println("二进制整型常量: "+0b0110);
        System.out.println("八进制整型常量: "+0765);
        System.out.println("十进制整型常量: "+8976);
        System.out.println("十六进制整型常量: "+0X9FE1);
        System.out.println("长整型常量: "+46858959L);
    }
}
```

（3）在文本编辑器视图中单击 ▶ 按钮，运行程序，结果如图 2-4 所示。

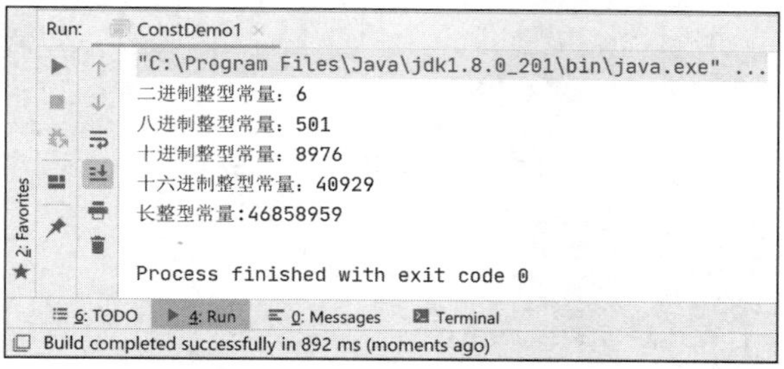

Run: ConstDemo1 ×
"C:\Program Files\Java\jdk1.8.0_201\bin\java.exe" ...
二进制整型常量: 6
八进制整型常量: 501
十进制整型常量: 8976
十六进制整型常量: 40929
长整型常量:46858959

Process finished with exit code 0

6: TODO   4: Run   0: Messages   Terminal
Build completed successfully in 892 ms (moments ago)

2.3　常量

图 2-4　例 2-3 运行结果

> **提示**（1）二进制、八进制和十六进制整型常量均转换为十进制整型常量后输出。
> （2）长整型常量在输出时不显示数字序列后的 l 或者 L。

2. 浮点型常量

浮点型常量用于表示数学中的小数，分为单精度浮点型常量和双精度浮点型常量，后者表示的数据精度更高，取值范围更大。

单精度浮点型常量需要在数字序列后加 f 或者 F，双精度浮点型常量在数字序列后可以加 d 或者 D，也可以什么都不加。例如，15.3f、35.9、78.983d，第 1 个常量为单精度浮点型常量，第 2 个和第 3 个常量均为双精度浮点型常量。浮点型常量还可以用指数形式表示，例如，1.34e+3f。

3. 字符型常量

字符型常量用于表示一个字符，该字符是用英文半角单引号标识的。字符型常量可以是单个字母、单个数字、标点符号、特殊字符或者由反斜杠开头的转义字符。例如，'A'、'9'、'@'、'\n'，其中，'\n'是转义字符，代表回车换行。

4. 布尔型常量

布尔型常量用于区别一个事物的真假，其值为 true 和 false。true 代表真，false 代表假。

5. 字符串常量

字符串常量用于表示一个字符串，该字符串是用英文半角双引号标识的。例如，"I love you!!!"、"student"、"123_456"。

6. null 常量

null 常量表示对象的引用为空，详见单元 5。

【例 2-4】编写程序，分别输出 Java 的各种类型常量值。

【操作步骤】

（1）在包 cn.edu.cvit 下创建类 ConstDemo2。

（2）在文本编辑器视图中，撰写代码如下。

```
package cn.edu.cvit;
/**
 * Java 中的常量
 */
public class ConstDemo2 {
    public static void main(String[] args) {
        System.out.println("单精度浮点型常量: "+(10/3.0f));        //单精度浮点型常量
        System.out.println("双精度浮点型常量: "+(10/3.0));         //双精度浮点型常量
        System.out.println("字符型常量: "+'A');                    //字符型常量
        System.out.println("布尔型常量: "+true+"和"+false);        //布尔型常量
        System.out.println("字符串常量: "+"string");               //字符串常量
        System.out.println("null 常量: "+null);                    //null 常量
    }
}
```

（3）在文本编辑器视图中单击 ▶ 按钮，运行程序，结果如图 2-5 所示。

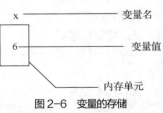

图2-5　例2-4运行结果

提示　（1）读者可以自行设置各类型常量值。
　　（2）浮点型常量值会有误差。
　　（3）在输出语句中，字符串常量可以与输出的其他字符串放在一个双引号内。

2.1.7　变量

变量是指在程序运行过程中值发生变化的量。Java 中的变量是程序存储的最基本单元，变量通常由数据类型、变量名和变量值 3 部分组成。

Java 中的变量必须先定义后使用，一个变量在内存中占用一个内存单元。变量名和变量值是两个不同的概念，变量的存储如图 2-6 所示，方框代表一个内存单元，x 是变量名，6 是变量值。

图2-6　变量的存储

1. 变量定义

一般格式如下。

数据类型　变量名 1[=值 2],变量名 2[=值 2]…变量名 *n*[=值 *n*];

例如，int a=10;表示定义整型变量 a 并为其赋初始值 10。

2. 使用说明

（1）数据类型用类型说明符表示，即变量所能存储数据的数据类型。

（2）变量名应符合自定义标识符要求。

（3）类型说明符与变量名之间至少用一个空格间隔。

（4）最后一个变量名之后必须以分号结尾。

（5）格式中[ ]里的内容可以省略，即在定义变量时可以为其赋初始值，也可以不赋。

（6）一条语句可定义多个相同数据类型变量。

（7）各变量名之间用英文半角逗号分隔。

【例 2-5】编写程序，分别实现各种数据类型变量的使用。

【操作步骤】

（1）在包 cn.edu.cvit 下创建类 VariableDemo。

（2）在文本编辑器视图中，撰写代码如下。

```java
package cn.edu.cvit;
/**
 * Java 中的变量
 */
public class VariableDemo {
  public static void main(String[] args) {
    int a=100;                                       //整型变量
    float b;                                         //浮点型变量
    b=2.5f;
    char ch1='A',ch2='a';                            //字符型变量
    boolean b1=false;                                //布尔型变量
    //输出各数据类型变量的值
    System.out.println("a="+a+",b="+b+",ch1="+ch1+",ch2="+ch2+",b1="+b1);
  }
}
```

（3）在文本编辑器视图中单击 ▶ 按钮，运行程序，结果如图 2-7 所示。

2.4 变量

图 2-7 例 2-5 运行结果

提示 （1）在定义变量的同时可以为其赋初始值，也可以通过之后的赋值语句赋值。
（2）如果变量值发生变化，则后赋的值会覆盖之前的值。

2.1.8 数据类型的转换

在 Java 程序中，处理不同数据类型之间的运算涉及数据类型的转换。根据转换方式的不同，数据类型转换分为自动类型转换（隐式转换）和强制类型转换（显式转换）两种。

1. 自动类型转换

自动类型转换是由编译器自动完成的数据类型的转换，即将数据类型取值范围小的数据直接转换为数据类型取值范围大的数据，例如，当一个整型数据与一个双精度浮点型数据进行运算时，编译器会将整型数据转换为双精度浮点型数据进行运算。

2.5 数据类型的转换

自动类型转换需要满足两个条件，一是两种数据类型之间可兼容，二是目标数据类型取值范围大于源数据类型取值范围。

在 Java 的自动类型转换中，字节型、短整型、整型、长整型、单精度浮点型、双精度浮点型以及字符类型数据均可以参与混合运算，取值范围按照从小到大的转换原则，数值类型数据转换顺序为 byte→short→int→long→float→double，字符类型数据可以转换为整型数据，即 char→int。

2. 强制类型转换

当自动类型转换不能满足需要时，可以使用强制类型转换，强制类型转换的目标数据取值范围小于源数据取值范围。强制类型转换一般格式如下。

目标类型 变量名=(目标类型)值;

【例 2-6】编写程序，实现 Java 中的数据类型转换。

【操作步骤】

（1）在包 cn.edu.cvit 下创建类 TypeTransform。

（2）在文本编辑器视图中，撰写代码如下。

```java
package cn.edu.cvit;
/**
 * Java 中的数据类型转换
 */
public class TypeTransform {
  public static void main(String[] args) {
    //自动类型转换
    byte b1=9;
    short s1=10;
    int a=11;
    long l=123456L;
    float f=15.5f;
    double d=25.678;
    char ch='A';
    double sum;
    sum=b1+s1+a+l+f+d+ch;
    a=(int)f;                        //强制类型转换
    System.out.println("输出各种数据类型自动转换后的和: "+sum);
    System.out.println("浮点型数据强制转换成整型数据后: "+a);
  }
}
```

（3）在文本编辑器视图中单击 ▶ 按钮，运行程序，结果如图 2-8 所示。

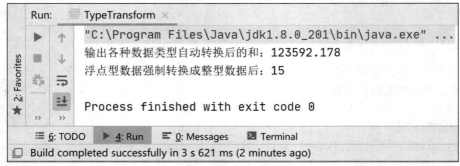

图 2-8　例 2-6 运行结果

> **提示** （1）在字节型、短整型、整型、长整型、字符类型、单精度浮点型和双精度浮点型数据进行混合运算时，结果为取值范围最大的数据类型双精度浮点型，即运行时，所有数据类型均将自动转换为取值范围最大的数据类型。
> （2）将单精度浮点型数据进行强制类型转换后，数据有丢失。

2.1.9 运算符和表达式

运算符是一种用来对数据进行操作的符号，也称为操作符。表达式是由常量、变量、运算符等组成的有意义的式子，每个表达式都有确定的值，称为表达式的值。表达式的值的类型称为表达式的数据类型，常量和变量被称为特殊的表达式。

在 Java 中，参与运算的数据被称为操作数（或者运算量），根据操作数的个数可将运算符分为单目、双目和三目运算符，每种运算都有一种对应的运算符。Java 中常用的运算符有算术运算符、赋值运算符、关系运算符、逻辑运算符、条件运算符、位运算符等，本单元重点介绍前 5 种运算符。

2.6　运算符和表达式

在 Java 中，运算符有优先级，优先级高的先运算，优先级低的后运算。同时，运算符有结合性，结合性可以明确同等优先级运算符的运算顺序。结合性分为左结合性和右结合性，左结合性就是从左向右运算，右结合性就是从右向左运算。

1. 算术运算符

算术运算符是进行数学运算的符号，Java 中的算术运算符有+、-、*、/、%、++和--等，如表 2-3 所示。

表 2-3　Java 中的算术运算符

操作数	运算符	含义	用法举例	结果
单目	+	正号	+10	10
	-	负号	a=5;a=-a	-5
双目	+	加法	a=5+10	15
	-	减法	a=5-8	-3
	*	乘法	a=3*3	9
	/	除法	a=5/3	1
	%	取模	a=5%3	2
单目	++	自增（前）	a=5;b=++a;	a=6,b=6
	++	自增（后）	a=5;b=a++;	a=6,b=5
	--	自减（前）	a=5;b=--a;	a=4,b=4
	--	自减（后）	a=5;b=a--;	a=4,b=5

在使用算术运算符时应注意以下几点。

（1）正号、负号、自增、自减运算符为单目运算符，其余算术运算符为双目运算符。

（2）单目运算符优先级高于双目运算符。

（3）*、/和%运算符优先级高于+（加）和-（减）运算符。

（4）双目运算符的两个操作数如果数据类型不同，系统将进行自动类型转换。

（5）除法运算符的两个操作数均为整数时，其结果为整数，即只取整数部分，小数部分被舍弃，例如，5/2，结果应该是 2。如果两个操作数中有一个为浮点类型数据，其结果为浮点类型数据，例如，5.0/2 或者 5/2.0，结果均为 2.5。

（6）取模运算符也称求余数运算符，在使用其进行取模运算时，结果为两个数相除后的余数，结果的正负号与被除数相同，例如，−7%3 的结果为−1，−7%−3 的结果为−1，7%−3 的结果为 1。Java中取模运算符的操作数既可以是整型数据，又可以是浮点类型数据，例如，15.5%5 的结果为0.5。

（7）自增、自减运算符只能用于变量，不能用于常量或者表达式。

（8）加号运算符同时也是字符串连接符，例如，"student"+"Tom"，结果为字符串"studentTom"。

（9）算术运算符中的+（加）、−（减）、++、−−运算符具有右结合性，其余算术运算符具有左结合性。

【例 2-7】编写程序，实现算术运算符的使用。

【操作步骤】

（1）在包 cn.edu.cvit 下创建类 OperatorDemo1。

（2）在文本编辑器视图中，撰写代码如下。

```java
package cn.edu.cvit;
/**
 * 算术运算符
 */
public class OperatorDemo1 {
  public static void main(String[] args) {
    int a=3+(-4)-1;                                //正、负、加、减运算
    int b=a*5;                                     //乘法运算
    int c=b/4;                                     //除法运算
    double d=b/4.0;
    int e=-7%3;                                    //取模运算
    double f=16.5%5;
    System.out.println("a="+a+",b="+b+",c="+c+",d="+d+",e="+e+",f="+f);
  }
}
```

（3）在文本编辑器视图中单击 ▶ 按钮，运行程序，结果如图 2-9 所示。

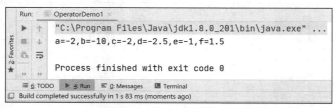

图2-9　例2-7运行结果

提示 （1）算术运算符中的*、/、%运算符优先级相同。

（2）在输出各变量值时，使用字符串连接符可以连接字符串和变量，原样输出字符串以及变量的值，字符串连接符不输出。

【例 2-8】编写程序，实现自增、自减运算符的使用。

【操作步骤】

（1）在包 cn.edu.cvit 下创建类 OperatorDemo2。

（2）在文本编辑器视图中，撰写代码如下。

```java
package cn.edu.cvit;
/**
 * 自增、自减运算符
 */
```

```java
public class OperatorDemo2 {
  public static void main(String[] args) {
    int i=5,j;
    j=++i;                                           //自增在前
    System.out.println("j="+j+",i="+i);
    j=i++;                                           //自增在后
    System.out.println("j="+j+",i="+i);
    j=--i;                                           //自减在前
    System.out.println("j="+j+",i="+i);
    j=i--;                                           //自减在后
    System.out.println("j="+j+",i="+i);
  }
}
```

（3）在文本编辑器视图中单击 ▶ 按钮，运行程序，结果如图 2-10 所示。

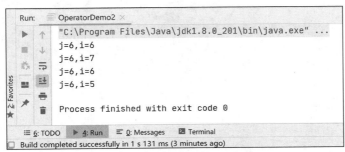

图 2-10 例 2-8 运行结果

 提示　（1）自增、自减运算符在变量前，变量自增（自减）1 作为表达式的值；自增、自减运算符在变量后，变量的值作为表达式的值，之后变量自增（自减）1。例如，++i 表达式的值为变量 i 自增 1 后的值，i++ 表达式的值为变量 i 的值，而两个表达式执行后变量 i 自身均增 1。
（2）无论自增、自减运算符在变量前还是变量后，最终变量的值均自增（自减）1。

2. 赋值运算符

Java 中的赋值运算符为=，其作用是将赋值运算符右端的常量、变量或者表达式的值赋给赋值运算符左端的变量。Java 还提供了复合赋值运算符，即将算术运算符或位运算符进行组合，从而简化赋值语句，常用复合赋值运算符有+=、-=、*=、/=和%=。Java 中的赋值运算符及常用复合赋值运算符如表 2-4 所示。

表 2-4　Java 中的赋值运算符及常用复合赋值运算符

操作数	运算符	含义	用法举例	结果
双目	=	赋值	a=10	a=10
	+=	加等于	a=5;a+=10	a=15
	-=	减等于	a=5;a-=10	a=-5
	*=	乘等于	a=5;a*=10	a=50
	/=	除等于	a=5;a/=2.0	a=2.5
	%=	模等于	a=5;a%=2	a=1

在使用赋值运算符时应注意以下几点。

（1）赋值运算符左端只能是变量，不能是常量或者表达式。

（2）复合赋值运算符的运算原则相当于将复合赋值运算符左端的变量复制到复合赋值运算符的右端，然后将右端表达式的值赋给左端的变量，例如 int a=10;a+=20;，第 2 条语句相当于 a=a+20;。

（3）如果复合赋值运算符右端为表达式，运算时相当于将右端表达式用圆括号括起来再参与运算，例如 int a=10,b=20;a*=b+30;，第 3 条语句相当于 a=a*(b+30);。

（4）赋值运算符具有右结合性。

【例 2-9】编写程序，实现赋值运算符的使用。

【操作步骤】

（1）在包 cn.edu.cvit 下创建类 OperatorDemo3。

（2）在文本编辑器视图中，撰写代码如下。

```java
package cn.edu.cvit;
/**
 * 赋值运算符
 */
public class OperatorDemo3 {
  public static void main(String[] args) {
    int a=10;                               //赋值运算符
    a+=a-=a*=a/=a%3;                         //复合赋值运算符
    /**
     * 多个复合赋值运算符的运算原则：每次运算时原变量值保持不变，表达式的值继续参与运算，直到整条赋值语句结束，将最终结果赋给变量
     * 第1步，计算 a%=3，表达式的值为 1
     * 第2步，计算 a/=1，表达式的值为 10
     * 第3步，计算 a*=10，表达式的值为 100
     * 第4步，计算 a-=100，表达式的值为-90
     * 第5步，计算 a+=-90，表达式的值为-80
     */
    System.out.println("a="+a);
  }
}
```

（3）在文本编辑器视图中单击 ▶ 按钮，运行程序，结果如图 2-11 所示。

图 2-11　例 2-9 运行结果

提示　（1）赋值运算符左端必须是变量，右端可以是常量、变量或表达式。

（2）在一条赋值语句中，可以对多个变量赋相同的初始值，但必须对每个变量都单独赋值，例如，int a=10,b=10;，不能写成 int a=b=10;。

（3）对于已定义的多个相同数据类型的变量，可以赋相同的值，例如，int a,b,c; a=b=c=10;。

3. 关系运算符

在程序中经常需要比较两个量的大小关系，以决定程序下一步的工作。比较两个量的大小关系的运算符称为关系运算符。Java 中的关系运算符包括>、 <、 ==、 >=、 <=和!=这 6 种，如表 2-5 所示。

表 2-5　Java 中的关系运算符

操作数	运算符	含义	用法举例	结果
双目	>	大于	10>8	true
	<	小于	10<8	false
	==	等于	10==8	false
	>=	大于等于	10>=8	true
	<=	小于等于	10<=8	false
	!=	不等于	10!=8	true

在使用关系运算符时应注意以下几点。

（1）关系运算符的优先级低于算术运算符，高于赋值运算符。在 6 种关系运算符中，<、<=、>、>=的优先级相同，高于==和!=，==和!=的优先级相同。

（2）关系表达式的结果为布尔类型数据。

（3）关系运算符的结合性为左结合。

【例 2-10】编写程序，实现关系运算符的使用。

【操作步骤】

（1）在包 cn.edu.cvit 下创建类 OperatorDemo4。

（2）在文本编辑器视图中，撰写代码如下。

```java
package cn.edu.cvit;
/**
 * 关系运算符
 */
public class OperatorDemo4 {
  public static void main(String[] args) {
    int a=10,b=8;
    System.out.println("a>b 吗?"+(a>b));
    System.out.println("a<b 吗?"+(a<b));
    System.out.println("a==b 吗?"+(a==b));
    System.out.println("a!=b 吗?"+(a!=b));
  }
}
```

（3）在文本编辑器视图中单击 ▶ 按钮，运行程序，结果如图 2-12 所示。

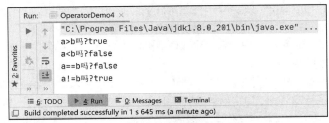

图 2-12　例 2-10 运行结果

> **提示** （1）关系运算符不可以连写，例如10>5>3，正确写法为10>5 && 5>3，其中"&&"为逻辑运算符，详见下文。
> （2）关系运算符通常用于条件判断，详见单元3。

4. 逻辑运算符

Java 中的逻辑运算符有&、|、||、^、&&和!这6种，如表2-6所示。

表2-6 Java 中的逻辑运算符

操作数	运算符	含义	用法举例	结果
双目	&	逻辑与	true & true	true
			true & false	false
			false & true	false
			false & false	false
	|	逻辑或	true | true	true
			true | false	true
			false | true	true
			false | false	false
	^	逻辑异或	true ^ true	false
			true ^ false	true
			false ^ true	true
			false ^ false	false
	&&	短路与	true && true	true
			true && false	false
			false && true	false
			false && false	false
	||	短路或	true || true	true
			true || false	true
			false || true	true
			false || false	false
单目	!	逻辑非	!true	false

在使用逻辑运算符时应注意以下几点。

（1）逻辑运算符的优先级低于算术运算符和关系运算符，高于赋值运算符。在6个逻辑运算符中，优先级由高到低的顺序是! > & > ^ > | > && > ||。

（2）逻辑与和短路与运算符：只要有一个操作数的值为 false，则结果为 false；两个操作数的值均为 true 时，则结果为 true。

（3）逻辑或和短路或运算符：只要有一个操作数的值为 true，则结果为 true；两个操作数的值均为 false 时，则结果为 false。

（4）逻辑异或运算符：两个操作数的值不同时，结果为 true；反之，结果为 false。

（5）逻辑与和短路与的区别：短路与运算符左端表达式的值为 false 时，不再运算右端表达式。例如，int a=10,b=20;a>10 && b++>20;，运算后，b 的值仍为 20，如果将短路与改为逻辑与，则运算后，b 的值为 21。

（6）逻辑或和短路或的区别：短路或左端表达式的值为 true 时，不再运算右端表达式。

（7）逻辑非运算符具有右结合性，其余逻辑运算符具有左结合性。

【例 2-11】编写程序，实现逻辑运算符的使用。

【操作步骤】

（1）在包 cn.edu.cvit 下创建类 OperatorDemo5。

（2）在文本编辑器视图中，撰写代码如下。

```java
package cn.edu.cvit;
/**
 * 逻辑运算符
 */
public class OperatorDemo5 {
  public static void main(String[] args) {
    int a=10,b=20;
    //逻辑与和短路与的区别
    System.out.println("短路与: "+(a>b && a++<b)+",a="+a);
    System.out.println("逻辑与: "+(a>b & a++<b)+",a="+a);
    //逻辑或和短路或的区别
    System.out.println("短路或: "+(a<b || b++<a)+",b="+b);
    System.out.println("逻辑或: "+(a<b | b++<a)+",b="+b);
  }
}
```

（3）在文本编辑器视图中单击 ▶ 按钮，运行程序，结果如图 2-13 所示。

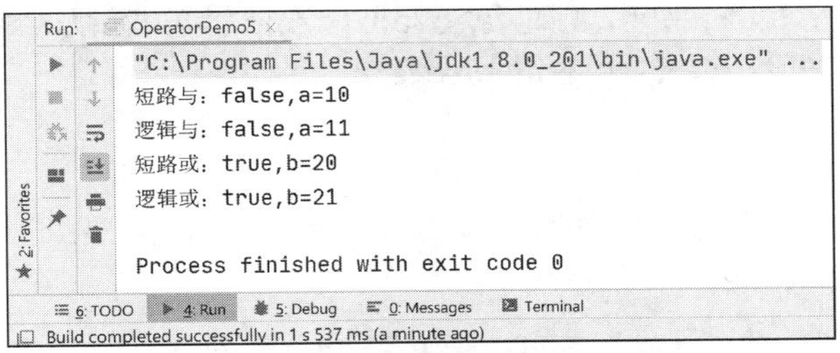

```
Run:    OperatorDemo5 ×
  ▶  ↑   "C:\Program Files\Java\jdk1.8.0_201\bin\java.exe" ...
  ■  ↓   短路与: false,a=10
  ⚡ ⇥   逻辑与: false,a=11
        短路或: true,b=20
        逻辑或: true,b=21

        Process finished with exit code 0

  ≡ 6: TODO   ▶ 4: Run   ⚙ 5: Debug   ◎ 0: Messages   ▣ Terminal
  ☐ Build completed successfully in 1 s 537 ms (a minute ago)
```

图 2-13　例 2-11 运行结果

提示　（1）本例中逻辑与和逻辑或表达式运算后，变量值发生了变化。

　　　　（2）本例中短路与和短路或表达式运算后，变量值未发生变化。

5. 条件运算符

Java 中的条件运算符 "?:" 是唯一的三目运算符，一般格式如下。

表达式 1?表达式 2:表达式 3

其中，表达式 1 为判断条件，其结果为布尔类型数据 true 或者 false。当表达式 1 的值为 true 时，条件表达式的值为表达式 2 的值，否则，条件表达式的值为表达式 3 的值。

在使用条件运算符时应注意以下几点。

（1）条件表达式的?和:是一对条件运算符，不可以分开使用。

（2）条件运算符的优先级高于赋值运算符，低于其他运算符。

（3）条件运算符可以嵌套使用，具有右结合性。

【例 2-12】编写程序，利用条件运算符求两个数中的最大数。

【操作步骤】

（1）在包 cn.edu.cvit 下创建类 OperatorDemo6。

（2）在文本编辑器视图中，撰写代码如下。

```java
package cn.edu.cvit;
/**
 * 利用条件运算符求两个数中的最大数
 */
public class OperatorDemo6 {
  public static void main(String[] args) {
    int a=10,b=20,max;                               //定义变量
    //通过条件运算符将变量 a、b 中的最大值赋给变量 max
    max=a>b?a:b;
    System.out.println("max="+max);                 //输出变量 max 的值
  }
}
```

（3）在文本编辑器视图中单击 ▶ 按钮，运行程序，结果如图 2-14 所示。

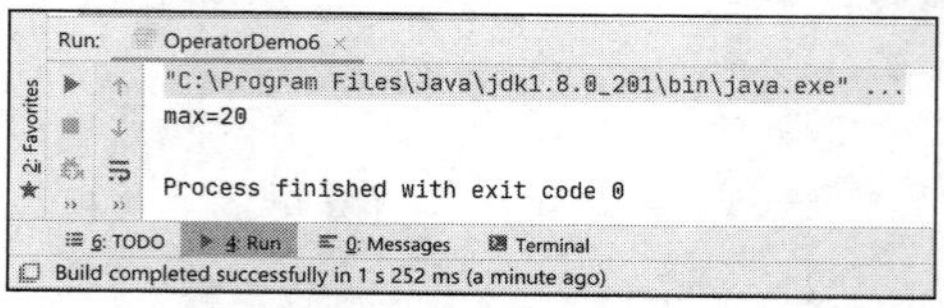

```
Run:    OperatorDemo6 ×
  ▶  ↑   "C:\Program Files\Java\jdk1.8.0_201\bin\java.exe" ...
  ■  ↓   max=20
  ⏸  ≡
  ★  ⇤   Process finished with exit code 0
  ≣ 6: TODO   ▶ 4: Run   ℗ 0: Messages   ⊞ Terminal
 ⊡ Build completed successfully in 1 s 252 ms (a minute ago)
```

图 2-14　例 2-12 运行结果

 提示 （1）条件运算符可以嵌套使用，例如，a>b?a:b>c?b:c，可以理解为 a>b?a:(b>c?b:c)。

（2）条件运算符相当于单元 3 中的 if…else 语句。

6. 运算符的优先级

在进行比较复杂的表达式运算时，必须清楚运算符的优先级，才可以掌握运算的先后顺序。Java 运算符的优先级由高到低排序如表 2-7 所示。

表 2-7　Java 运算符的优先级由高到低排序

优先级	运算符	运算符种类	结合性
1	.、[]、()	点及括号运算符	从左向右
2	+（正号）、-（负号）、++、--、!、~（数据类型）	算术运算符	从右向左
3	*、/、%	算术运算符	从右向左
4	+（加）、-（减）	算术运算符	从左向右
5	<<、>>	位运算符	从左向右
6	<、<=、>、>=	关系运算符	从左向右
7	==、!=	关系运算符	从左向右
8	&	逻辑运算符	从左向右
9	^	逻辑运算符	从左向右
10	|	逻辑运算符	从左向右
11	&&	逻辑运算符	从左向右
12	||	逻辑运算符	从左向右
13	?:	条件运算符	从右向左
14	=、+=、-=、*=、/=、%=、<<=、>>=、&=、^=、|=	赋值运算符、复合赋值运算符	从右向左

Java 表达式的运算顺序：优先级高的运算符先运算，同等优先级则看运算符的结合性。

2.1.10 控制台输出和输入

在 Java 中，控制台输出和输入是基础且常见的功能。

2.7 控制台输入
输出语

1. 控制台输出

Java 的控制台输出语句有 3 种，分别为 System.out.println();、System.out.print();和 System.out.printf();，第 3 种延续了 C 语言的控制台输出语句，读者可查阅 C 语言相关资料了解。

System.out.println();语句是常用的控制台输出语句，主要功能是将圆括号里的内容转换成字符串输出到控制台窗口并换行。

System.out.print();语句与第 1 种控制台输出语句的区别是输出字符串后不换行。

两种控制台输出语句中圆括号里的输出项之间用字符串连接符连接，用双引号标识的字符串原样输出，如果是常量、变量或者表达式则输出对应的值，例如：

```
int a=100;
System.out.println("a="+a);
```

输出结果为 a=100。

2. 控制台输入

Java 的控制台输入语句需要通过对象来获取输入内容。首先需要用 Scanner 类创建 Scanner 对象，然后通过调用该对象的相关方法来接收从键盘输入的不同数据类型的数据。

（1）创建 Scanner 对象。

一般格式如下。

```
Scanner 对象名=new Scanner(System.in);
```

使用说明如下。

① 对象名是合法的自定义标识符。

② System.in 是标准输入流。

③ Scanner 类在 java.util 包下，java.util 包是 Java 内置的工具包，其中包含一系列常用的工具类，使用时需要导入包，在类文件的包名下方使用 import 关键字导入相应的类，如使用 import java.util.Scanner，导入 Scanner 类，使用 java.util.*;导入 java.util 包下的所有类。

（2）Scanner 对象常用的方法。

Scanner 对象可以接收多种数据类型的数据，通过 Scanner 对象调用相关方法，控制台会一直等待输入数据，按 Enter 键后结束等待，Scanner 类中常用输入数据的方法如表 2-8 所示。

表 2-8　Scanner 类中常用输入数据的方法

方法名	方法的描述
nextByte()	输入字节型数据
nextShort()	输入短整型数据
nextInt()	输入整型数据
nextLong()	输入长整型数据
nextFloat()	输入单精度浮点型数据
nextDouble()	输入双精度浮点型数据
next()	输入字符串，不能得到带空格的字符串
nextLine()	输入字符串，可以得到带空格的字符串

next()方法忽略有效字符之前的空格、Tab 键和 Enter 键，输入过程中按空格键就停止输入，空格及空格后的内容均被放入缓冲区，Tab 键和 Enter 键被视为结束符，因此，使用它不能得到带空格的字

符串。nextLine()方法输入的是按 Enter 键之前的所有字符，使用它可以得到带空格的字符串。

Scanner 属于 Java 自带的类，类的对象创建方法详见单元 5。

【例 2-13】编写程序，从键盘输入一个整数并输出。

【操作步骤】

（1）在包 cn.edu.cvit 下创建类 ConsoleInput。

（2）在文本编辑器视图中，撰写代码如下。

```java
package cn.edu.cvit;
import java.util.Scanner;
/**
 * 控制台输入语句
 */
public class ConsoleInput {
  public static void main(String[] args) {
    int n;                                        //定义一个整型变量
    Scanner sc=new Scanner(System.in);            //创建 Scanner 对象
    System.out.print("请输入一个整数: ");          //输出相应提示
    //调用 Scanner 对象的 nextInt()方法接收从键盘输入的整数，并赋给变量 n
    n=sc.nextInt();
    System.out.println("所输入的数据是: "+n);       //输出从键盘输入的数据
    sc.close();                                    //关闭资源
  }
}
```

（3）在文本编辑器视图中单击 ▶ 按钮，运行程序，结果如图 2-15 所示。

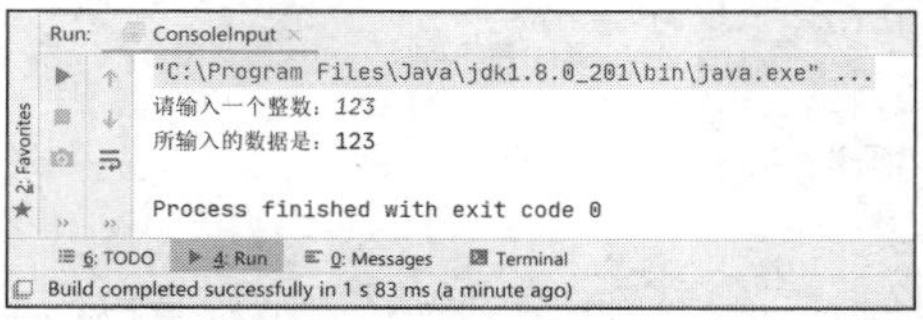

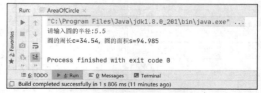

图 2-15　例 2-13 运行结果

> **提示**　（1）如果在输入数据前不给出相应提示，则整个界面将只有闪烁的光标，用户不清楚需要干什么，给出友好的提示是开发人员应有的素质。
> （2）使用 Scanner 对象后需要关闭资源。

2.2　任务实现

2.2.1　任务 1：计算圆的周长和面积

1. 任务描述

从键盘输入圆的半径，数据类型为双精度浮点型，根据圆的周长和面积公式计算出圆的周长和面积并输出，运行结果如图 2-16 所示。

2. 任务分析

（1）定义程序所需要的变量：圆的半径、周长和面积。

图 2-16　计算圆的周长和面积

（2）导入 Scanner 类，并创建 Scanner 对象。

（3）输出"输入圆的半径"的提示信息。

（4）调用 Scanner 类中的 nextDouble()方法，从键盘输入圆的半径后按 Enter 键。

（5）计算圆的周长和面积并输出。

3. 任务实施

（1）在包 cn.edu.cvit 下创建类 AreaOfCircle。

（2）在文本编辑器视图中，撰写代码如下。

```java
package cn.edu.cvit;
import java.util.Scanner;                           //导入 Scanner 类
/**
 * 圆的周长和面积
 */
public class AreaOfCircle {
  public static void main(String[] args) {
    double r,c,s;                                   //定义圆的半径、周长和面积变量
    Scanner sc=new Scanner(System.in);              //创建 Scanner 对象
    System.out.print("请输入圆的半径:");             //提示输入圆的半径
    //调用 Scanner 对象的 nextDouble()方法，将从键盘输入的数据赋给半径变量 r
    r=sc.nextDouble();
    //计算圆的周长和面积
    c=2*3.14*r;
    s=3.14*r*r;
    //输出圆的周长和面积
    System.out.println("圆的周长 c="+c+"，圆的面积 s="+s);
    sc.close();                                     //关闭资源
  }
}
```

4. 实践贴士

（1）该任务中变量的数据类型也可以设置为单精度浮点型，读者可根据需要自行设置。

（2）如果在一个程序中某个常量被多次使用，那么可以定义一个常量标识符，详见单元 6 中的 final 关键字。

2.2.2　任务 2：计算成绩

1. 任务描述

从键盘输入某学生 3 门课程的成绩，数据类型为单精度浮点型，计算该学生 3 门课程的总成绩并输出，运行结果如图 2-17 所示。

2. 任务分析

（1）定义程序所需要的变量：3 门课程的成绩和总成绩。

图 2-17　成绩合算

（2）导入 Scanner 类，并创建 Scanner 对象。

（3）输出"输入成绩"的提示信息。

（4）调用 Scanner 类中的 nextFloat()方法，从键盘输入 3 门课程的成绩，各门课程的成绩之间用空格分隔，按 Enter 键完成输入。

（5）计算 3 门课程的总成绩并输出。

3. 任务实施

（1）在包 cn.edu.cvit 下创建类 TotalScore。

（2）在文本编辑器视图中，撰写代码如下。

```java
package cn.edu.cvit;
import java.util.Scanner;    //导入 Scanner 类
/**
 * 成绩计算
 */
public class TotalScore {
  public static void main(String[] args) {
    float score1,score2,score3,sum;                      //定义 3 门课程的成绩及总成绩变量
    Scanner sc=new Scanner(System.in);                   //创建 Scanner 对象
    //提示输入 3 门课程的成绩，将从键盘输入的数据分别赋给 score1、score2、score3
    System.out.print("请输入 3 门课程的成绩: ");
    score1=sc.nextFloat();
    score2=sc.nextFloat();
    score3=sc.nextFloat();
    sum=score1+score2+score3;                            //计算 3 门课程的总成绩
    System.out.println("该同学 3 门课程的总成绩: "+sum); //输出 3 门课程的总成绩
    //关闭资源
    sc.close();
  }
}
```

4. 实践贴士

同时输入多个数据时可用空格或者 Tab 键分隔，按 Enter 键结束输入。

2.3　任务拓展：逆序输出 3 位正整数

任务描述

在日常生活中，人们往往习惯于沿着事物发展的正方向去探索问题的解决办法。然而，在某些独特情境下，若能尝试用逆向思维解决问题，从问题的相反面入手，或许会发现，原本看似"山穷水尽疑无路"的困境，瞬间转变为"柳暗花明又一村"的豁然开朗。开动脑筋，尝试使用逆向思维解决逆序输出的问题，通过编写程序来亲身体验一下吧。

本任务要求编写逆序输出 3 位正整数的程序。从键盘任意输入 3 位正整数，运行程序后，输出该数的逆序数，运行结果如图 2-18 所示。

图 2-18　逆序输出 3 位正整数

📖 任务分析

逆序输出 3 位正整数，需要通过 Scanner 类实现从键盘输入数据，并通过 Scanner 对象的 nextInt() 方法获取从键盘输入的正整数，将其赋给指定变量。通过求 3 位正整数的个、十、百位数的算法，计算出每位数，将原 3 位正整数的个位数与百位数交换，重新组合成新的 3 位正整数，从而获得逆序数。

📖 任务实施

逆序输出 3 位正整数的任务实施步骤如下。

（1）在包 cn.edu.cvit 下创建类 ReverseNum。

（2）在文本编辑器视图中，撰写代码如下。

```java
package cn.edu.cvit;
import java.util.Scanner;
/**
 * 逆序输出 3 位正整数
 */
public class ReverseNum {
    public static void main(String[] args) {
    //定义变量 n1 为正整数，变量 n2 为变量 n1 的逆序数，变量 g 为个位数，变量 s 为十位数，变量 b 为百位数
        int n1,n2,g,s,b;
        Scanner sc=new Scanner(System.in);          //创建 Scanner 对象 sc
        System.out.print("请输入一个 3 位正整数: ");    //提示输入一个 3 位正整数
        n1=sc.nextInt();                            //变量 n1 存储 3 位正整数
        g=n1%10;                                    //求解个位数
        s=n1/10%10;                                 //求解十位数
        b=n1/100;                                   //求解百位数
        //重新组合 3 位正整数，将原 3 位正整数的个位数与百位数交换，十位数不变
        n2=g*100+s*10+b;
        System.out.println(n1+"的逆序数为: "+n2);       //输出逆序数
        sc.close();
    }
}
```

📖 实践贴士

（1）还可以将这个 3 位正整数对 100 取模，所得结果再除以 10，即 n1%100/10，计算十位数。

（2）如果未定义逆序数变量，输出语句可以写成 System.out.println(n1+"的逆序数为: "+(g*100+ s*10+b));，表达式中的圆括号不能省略。

（3）程序运行后，如果从键盘输入非整型数据，将出现输入不匹配异常，如图 2-19 所示。

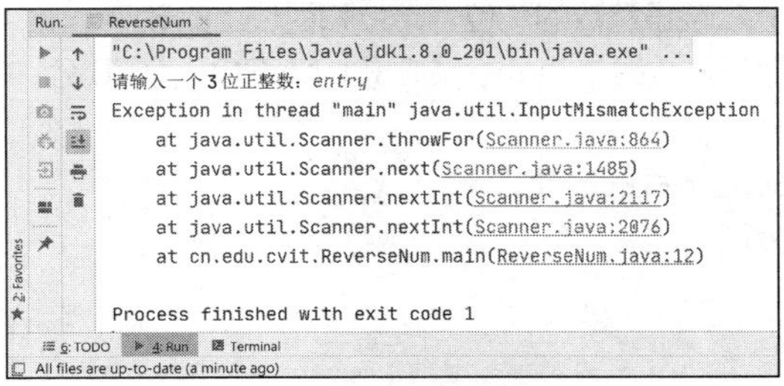

图 2-19　输入不匹配异常

单元2 思维导图

单元小结

　　本单元详细介绍了 Java 的基本语法、语句，重点描述了 Java 程序的基本结构，Java 的注释、关键字、标识符、数据类型、常量、变量、运算符和表达式，以及控制台输出和输入语句等内容。

习题

一、选择题

1. （　　）不是 Java 的基本类型。
   A. 整型　　　　　　　B. 字符串类型　　　　C. 字符类型　　　　　D. 布尔类型
2. （　　）不属于算术运算符。
   A. ++　　　　　　　　B. %　　　　　　　　　C. &&　　　　　　　　D. *
3. 下列标识符中，合法的是（　　）。
   A. 12ab　　　　　　　B. $_34　　　　　　　　C. class　　　　　　　D. user@
4. 若 int a = -11;a %= 3;，则执行后，变量 a 的值是（　　）。
   A. 3　　　　　　　　　B. -3　　　　　　　　　C. 2　　　　　　　　　D. -2
5. 定义两个整型变量 a 和 b，其初始值均为 20，正确的是（　　）。
   A. int a,b=20;　　　　B. int a=20,b;　　　　C. int a=20,b=20;　　D. int a=b=20;

二、判断题

1. Java 语言的注释方式有 3 种，分别是单行注释、多行注释、文档注释。（　　）
2. Java 中的变量名可以由英文字母、数字、下画线和美元符号组成，但标识符不能以下画线开头，也不能是 Java 中的保留关键字。（　　）
3. Java 的变量名严格区分大小写。（　　）
4. Java 运算符中，赋值运算符优先级最低。（　　）

三、计算题

设 a=3,b=4,c=5，写出下列表达式的值。

1. a+b>c&&b==c
2. !(a>b)&&!(c==1)
3. a<c&&c<b
4. a>b||--c<=b
5. a%2+b/--c

四、编程题

1. 编写程序，输出半径为 r 的圆的面积。
2. 编写程序，输出一个 3 位正整数的个位、十位和百位上的数字。
3. 已知张同学的 3 门课程及成绩：Java 为 90 分，MySQL 为 60 分，Office 为 89 分。编写程序，求以下内容。
   （1）Java 课程与 MySQL 课程的成绩之差。
   （2）3 门课程的平均成绩。

单元3
Java控制结构

计算机语言的程序控制结构是由计算机之父——图灵提出来的。他认为所有的程序，无论复杂性如何，只需要用3种控制结构就可以将它设计出来，这3种控制结构被称为三大基本控制结构，即顺序、选择（分支）和循环结构，其执行原理如图3-1所示。本单元的学习目标如下。

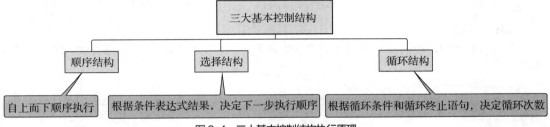

图3-1 三大基本控制结构执行原理

知识目标

- ✧ 掌握Java控制语句的分类
- ✧ 掌握每一种Java控制语句的功能、一般格式和用法
- ✧ 熟悉中断语句的功能、一般格式和用法

技能目标

- ✧ 能够使用控制语句完成任务
- ✧ 能够编写具有良好可读性、符合编码规范的Java程序

素养目标

- ✧ 具备持之以恒的学习态度
- ✧ 懂得互帮互助、共同进步的学习方式

3.1 知识储备

3.1.1 顺序结构

顺序结构是最常用的程序控制结构之一，也是最简单的程序控制结构之一，它是自上而下依次执行。顺序结构执行过程如图3-2所示。

在顺序结构中只要按照解决问题的顺序写出相应语句即可。

【例 3-1】编写一个程序，计算 10 与 20 的和，在控制台输出结果。

例 3-1 流程图如图 3-3 所示。

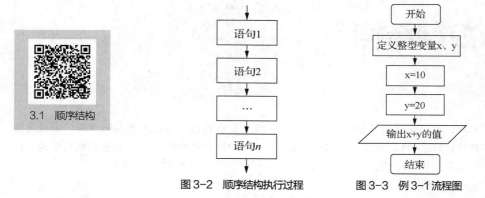

图 3-2　顺序结构执行过程　　　图 3-3　例 3-1 流程图

3.1　顺序结构

【操作步骤】

（1）新建 unit03 项目，在项目 unit03 的 src 目录下创建包 cn.edu.cvit，在包 cn.edu.cvit 下创建类 Sum。

（2）在文本编辑器视图中，撰写代码如下。

```java
package cn.edu.cvit;
/**
 * 求两个整数的和
 */
public class Sum {
  public static void main(String[] args) {          //main()方法
    int x,y;                                        //定义整型变量 x 和 y
    x=10;                                           //给变量 x 赋值
    y=20;                                           //给变量 y 赋值
    System.out.println(x+y);                        //输出 x+y 的值
  }
}
```

在文本编辑器视图中单击 ▶ 按钮，运行程序，结果如图 3-4 所示。

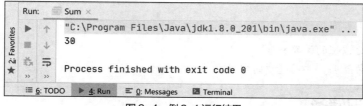

图 3-4　例 3-1 运行结果

提示　（1）在定义变量的同时可以给变量赋初始值，即 int x=10,y=20;可以代替 main()方法中的前 3 条语句。

（2）通常顺序结构中语句的先后顺序不可调换，但在不影响运行结果的情况下也可以调换顺序，如本例中的变量 x 和 y 的赋值语句顺序可以调换。

【例 3-2】编写程序，求指定边长的正方形面积。

例 3-2 流程图如图 3-5 所示。

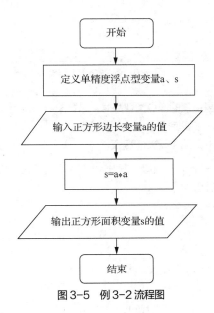

图 3-5　例 3-2 流程图

【操作步骤】

（1）在包 cn.edu.cvit 下创建类 SquareArea。

（2）在文本编辑器视图中，撰写代码如下。

```java
package cn.edu.cvit;
import java.util.Scanner;
/**
 * 求指定边长的正方形面积
 */
public class SquareArea {
  public static void main(String[] args) {
    //定义正方形边长 a 和面积 s 为单精度浮点型变量
    float a,s;
    //输出"请输入正方形边长："提示信息
    System.out.println("请输入正方形边长: ");
    //创建 Scanner 对象
    Scanner sc=new Scanner(System.in);
    //将从键盘输入的单精度浮点型数据赋给变量 a
    a=sc.nextFloat();
    //计算正方形面积，并将其赋给变量 s
    s=a*a;
    System.out.println("正方形面积: "+s);          //输出正方形面积变量 s 的值
    sc.close();                                    //关闭资源
  }
}
```

（3）在文本编辑器视图中单击 ▶ 按钮，运行程序，结果如图 3-6 所示。

45

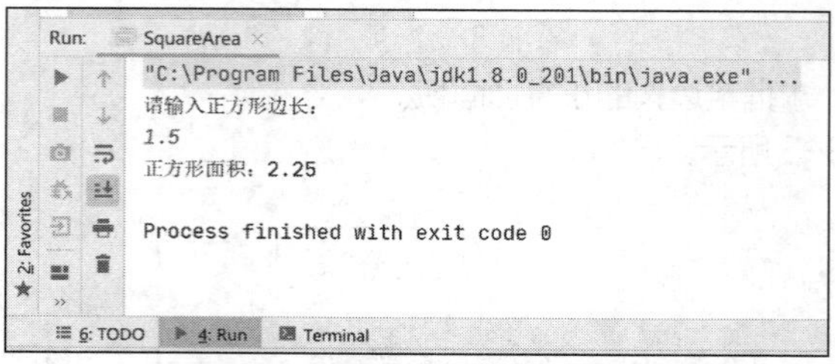

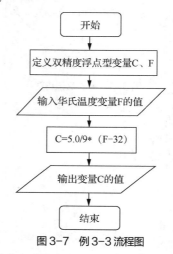

图 3-6　例 3-2 运行结果

> **提示**　（1）在程序中接收从键盘输入的浮点类型数据，需要使用 Scanner 对象的 nextFloat()方法或者 nextDouble()方法，不能使用 nextInt()方法。
> （2）在使用 Scanner 对象后需要关闭资源。

【例 3-3】编写程序，输入一个华氏温度，输出对应的摄氏温度。华氏温度与摄氏温度转换公式为 C=5/9(F−32)，输出要有文字说明。

例 3-3 流程图如图 3-7 所示。

```
            开始

  定义双精度浮点型变量C、F

   输入华氏温度变量F的值

      C=5.0/9*（F−32）

       输出变量C的值

            结束
```

图 3-7　例 3-3 流程图

【操作步骤】

（1）在包 cn.edu.cvit 下创建类 Temperature。

（2）在文本编辑器视图中，撰写代码如下。

```java
package cn.edu.cvit;
import java.util.Scanner;
/**
 * 华氏温度转换为摄氏温度
 */
public class Temperature {
  public static void main(String[] args) {
    double C,F;                               //定义双精度浮点型变量 C 和 F
    System.out.print("请输入华氏温度 F: ");    //输出提示信息，不换行
    Scanner sc=new Scanner(System.in);        //创建 Scanner 对象
    //从键盘输入华氏温度赋给变量 F
    F=sc.nextFloat();
    //根据公式计算对应的摄氏温度，其中 5 或者 9 需要保留 1 位小数，否则得不到预想的结果
```

```
    C=5.0/9*(F-32);
    //输出转换后的摄氏温度变量 C 的值
    System.out.println("转换为摄氏温度为: "+C);
    sc.close();                                //关闭资源
  }
}
```

（3）在文本编辑器视图中单击 ▶ 按钮，运行程序，结果如图 3-8 所示。

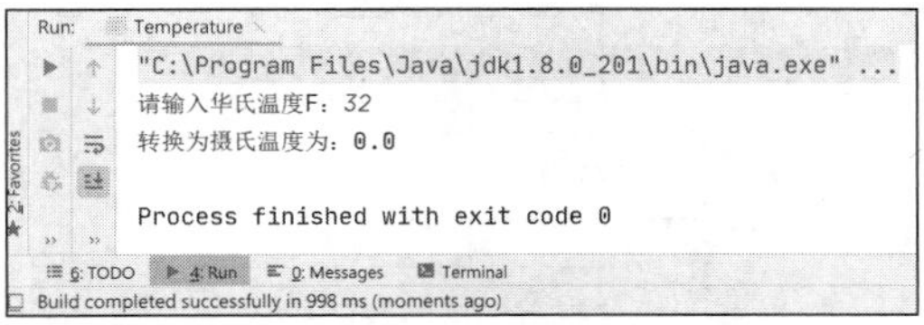

```
Run:     Temperature
  ▶  ↑    "C:\Program Files\Java\jdk1.8.0_201\bin\java.exe" ...
  ■  ↓    请输入华氏温度F: 32
  ⚏  ⇥    转换为摄氏温度为: 0.0
  ⚐  ≣
  ⚑       Process finished with exit code 0

      ⚏ 6: TODO  ▶ 4: Run  ≡ 9: Messages  ⯈ Terminal
  □ Build completed successfully in 998 ms (moments ago)
```

图 3-8 例 3-3 运行结果

> **提示**（1）5.0/9 与 5/9 的区别：华氏温度与摄氏温度转换公式 C=5/9(F-32)转换成 Java 语言的表达式为 C=5.0/9*(F-32)，其中 5.0/9 也可以写成 5/9.0 或者 5.0/9.0，但绝不可以写成 5/9，5/9 为两个整数的除法运算，其结果为 0。
> （2）5.0/9*(F-32)与 5.0/9(F-32)的区别：前者为 Java 语言的表达式，后者为数学中的运算式。

3.1.2 选择结构

我们在日常生活中经常需要根据条件做出选择，例如，一年一度的高考成绩出来后，每位考生会根据自己的兴趣爱好，以及近年来不同院校不同专业的分数段来确定报考的志愿。程序也一样，通过选择结构来确定程序的执行顺序，选择结构一般分为 if 单分支结构、if…else 双分支结构、if…else if…else 多分支结构、if 语句嵌套、switch 多分支结构。

1. if 单分支结构

（1）一般格式如下。

```
if(条件表达式){
    语句块;
  }
```

（2）执行过程如下。

if 单分支结构（简称单分支）原理为：当条件表达式成立时，执行语句块，之后再执行 if 后的语句；当条件表达式不成立时，跳过语句块，直接执行 if 后的语句。if 单分支结构执行过程如图 3-9 所示。

（3）说明如下。

① 条件表达式一般是逻辑表达式或者关系表达式，一定要用圆括号标识。

② 条件表达式后不允许加分号，如果加分号，就意味着语句块为空语句。例如：

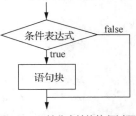

图 3-9 if 单分支结构执行过程

```
if(条件表达式);{
    语句块;
  }
```

其中第一个分号将被看作条件表达式成立时要执行的语句块（空语句），而其后

3.2 选择结构

的语句块无论条件表达式是否成立均会执行。

③ 如果 if 后的语句块中只有一条语句，花括号可以省略。

例如：

```
if(条件表达式) 语句1;
```

【例 3-4】编写一个程序，输入两个浮点数，按从小到大的顺序输出这两个数。

例 3-4 流程图如图 3-10 所示。

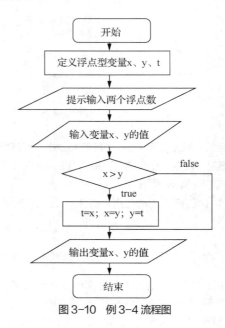

图 3-10　例 3-4 流程图

【操作步骤】

（1）在包 cn.edu.cvit 下创建类 CompareNum1。

（2）在文本编辑器视图中，撰写代码如下。

```java
package cn.edu.cvit;
import java.util.Scanner;
/**
 * 从小到大输出两个浮点数
 */
public class CompareNum1 {
  public static void main(String[] args) {
    float x,y,t;                                    //定义浮点型变量 x、y、t
    System.out.print("请输入两个浮点数: ");          //提示输入两个浮点数
    Scanner sc=new Scanner(System.in);              //创建 Scanner 对象
    //输入两个浮点数,分别将其赋给变量 x 和变量 y
    x=sc.nextFloat();
    y=sc.nextFloat();
    //判断,如果 x>y,交换变量 x 和变量 y 的值,其中变量 t 为中间变量
    if(x>y){
        t=x;x=y;y=t;
    }
```

```
        System.out.println("从小到大的顺序: "+x+", "+y);        //输出变量 x 和变量 y 的值
        sc.close();                                           //关闭资源
    }
}
```

（3）在文本编辑器视图中单击 ▶ 按钮，运行程序，结果如图 3-11 所示。

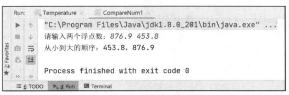

图 3-11　例 3-4 运行结果

提示　（1）在将两个变量的值交换时需要使用中间变量，但切记每条语句的含义，若将 **if** 后花括号内的代码写成 **t=x;y=x;y=t;**，则会得到错误的交换结果，如图 3-12 所示。

图 3-12　错误的交换结果

（2）使用 Scanner 类需要导入包，其在 java.util 包下，在接下来的例子中也需要注意这个知识点。

【例 3-5】编写一个程序，实现从键盘输入两个整数，输出其中的最大值。

例 3-5 流程图如图 3-13 所示。

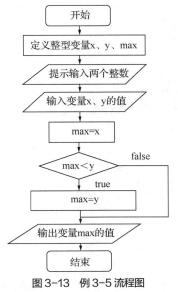

图 3-13　例 3-5 流程图

【操作步骤】

（1）在包 cn.edu.cvit 下创建类 MaxNum。

（2）在文本编辑器视图中，撰写代码如下。

```
package cn.edu.cvit;
import java.util.Scanner;
/**
 * if 单分支结构实现输出两个整数中的最大值
 */
public class MaxNum {
  public static void main(String[] args) {
    int x,y,max;                                    //定义变量
    System.out.print("请输入两个整数: ");            //提示输入两个整数
    Scanner sc=new Scanner(System.in);              //创建 Scanner 对象
    //输入两个整数, 分别将其赋给变量 x 和 y
    x=sc.nextInt();
    y=sc.nextInt();
    max=x;                                          //将变量 x 的值赋给变量 max
    //判断, 如果 max<y 则将变量 y 的值赋给变量 max
    if(max<y){
        max=y;
    }
    System.out.println("最大值为: "+max);            //输出变量 max 的值
    sc.close();                                     //关闭资源
  }
}
```

（3）在文本编辑器视图中单击 ▶ 按钮，运行程序，结果如图 3-14 所示。

图 3-14　例 3-5 运行结果

　提示　（1）变量 max 的值始终为最大数。

（2）print 语句输出不换行，println 语句输出换行。

2. if…else 双分支结构

（1）一般格式如下。

```
if(条件表达式){
    语句块 1;
}else{
    语句块 2;
}
```

（2）执行过程如下。

if…else 双分支结构原理为：当条件表达式成立时，执行语句块 1，再执行 if 后的语句；当条件表达式不成立时，执行语句块 2，再执行 if 后的语句。if…else 双分支结构执行过程如图 3-15 所示。

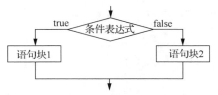

图 3-15　if…else 双分支结构执行过程

（3）说明如下。

① if 与 else 之后均没有分号。

② if 和 else 后的语句可以是一条语句，也可以是多条语句组成的复合语句。

③ if…else 是一条语句，而不是两条语句（if 语句和 else 语句），else 不能作为一条语句单独使用，它必须作为 if…else 语句的一部分，与 if 配对使用。

④ else 子句之后没有表达式。

【例 3-6】将例 3-5 的任务改用 if…else 双分支结构来实现，若变量 x 的值大，输出变量 x 的值，否则输出变量 y 的值。

例 3-6 流程图如图 3-16 所示。

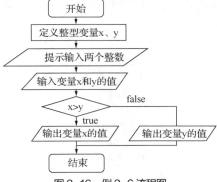

图 3-16　例 3-6 流程图

【操作步骤】

（1）在包 cn.edu.cvit 下创建类 MaxNum1。

（2）在文本编辑器视图中，撰写代码如下。

```java
package cn.edu.cvit;
import java.util.Scanner;
/**
 * if…else 双分支结构实现输出两个整数中的最大值
 */
public class MaxNum1 {
  public static void main(String[] args) {
    int x,y;                                    //定义变量
    System.out.print("请输入两个整数: ");        //提示输入两个整数
    Scanner sc=new Scanner(System.in);          //创建 Scanner 对象
    //输入两个整数, 分别将其赋给变量 x 和 y
    x=sc.nextInt();
    y=sc.nextInt();
    //比较两个变量值, 若 x>y, 输出变量 x 的值, 否则输出变量 y 的值
    if(x>y){
```

51

```
        System.out.println("最大值为: "+x);
    }else{
        System.out.println("最大值为: "+y);
    }
    sc.close();                                              //关闭资源
    }
}
```

（3）在文本编辑器视图中单击 ▶ 按钮，运行程序，结果如图 3-17 所示。

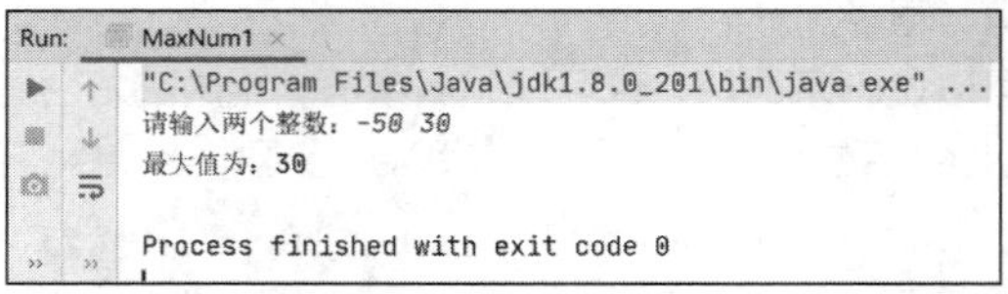

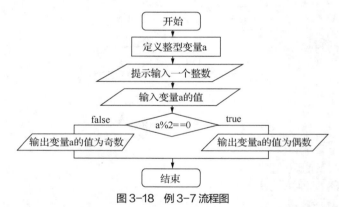

图 3-17　例 3-6 运行结果

> **提示** （1）如果程序既可以通过单分支结构实现，又可以通过双分支结构实现，建议使用后者，这样可以使代码更简洁。
> （2）在双分支结构中，条件表达式成立则执行 if 子句块，不成立则执行 else 子句块。

【例 3-7】编写一个程序，判断从键盘输入的整数是奇数还是偶数。

例 3-7 流程图如图 3-18 所示。

```
                开始
                 │
          定义整型变量a
                 │
          提示输入一个整数
                 │
          输入变量a的值
                 │
  false    ◇ a%2==0 ◇    true
输出变量a的值为奇数      输出变量a的值为偶数
                 │
                结束
```

图 3-18　例 3-7 流程图

【操作步骤】

（1）在包 cn.edu.cvit 下创建类 OddOrEven。

（2）在文本编辑器视图中，撰写代码如下。

```
package cn.edu.cvit;
import java.util.Scanner;
/**
 * 判断输入的整数是奇数还是偶数
 */
public class OddOrEven {
    public static void main(String[] args) {
        int a;                                          //定义一个整型变量a
        System.out.print("请输入一个整数: ");           //提示输入一个整数
        Scanner sc=new Scanner(System.in);              //创建 Scanner 对象
```

```
        a=sc.nextInt();                                    //从键盘输入一个整数
        //判断变量a的值能否被2整除。如果能，输出变量a的值为偶数；否则，输出变量a的值为奇数
        if(a%2==0){
            System.out.println(a+"为偶数");
        }else{
            System.out.println(a+"为奇数");
        }
        sc.close();                                        //关闭资源
    }
}
```

（3）在文本编辑器视图中单击 ▶ 按钮，运行程序，结果如图 3-19 所示。

图 3-19　例 3-7 运行结果

提示　（1）如果输入浮点数，运行结果会出现输入类型不匹配异常，如图 3-20 所示。

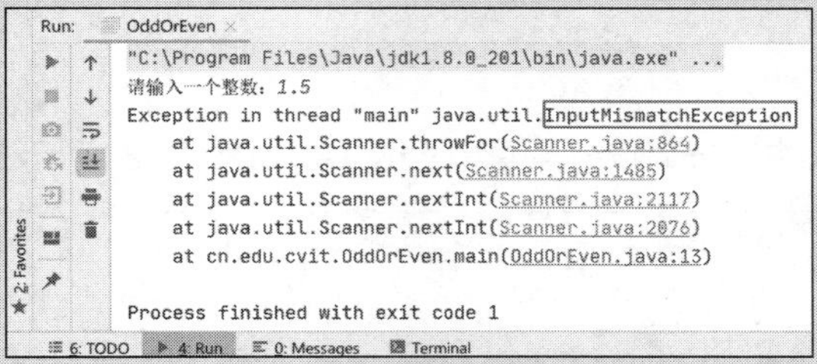

图 3-20　输入类型不匹配异常

（2）判断输入的整数是奇数还是偶数的条件是其能否被 2 整除。

【例 3-8】编写程序，判断从键盘输入的年份是否为闰年。满足下列条件之一的年份为闰年。

（1）能被 4 整除且不能被 100 整除的年份（例如，2004 年为闰年）。

（2）能被 400 整除的年份（例如，2000 年为闰年）。

例 3-8 流程图如图 3-21 所示。

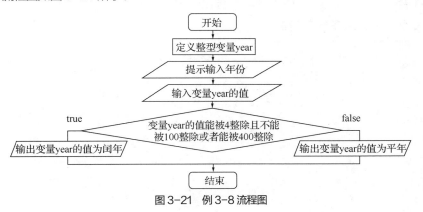

图 3-21　例 3-8 流程图

【操作步骤】

（1）在包 cn.edu.cvit 下创建类 IsLeap。

（2）在文本编辑器视图中，撰写代码如下。

```java
package cn.edu.cvit;
import java.util.Scanner;
/**
 * 判断输入的年份是否为闰年
 */
public class IsLeap {
  public static void main(String[] args) {
    int year;                                    //定义年份变量 year
    System.out.print("请输入年份: ");            //提示输入年份
    Scanner sc=new Scanner(System.in);           //创建 Scanner 对象
    year=sc.nextInt();                           //从键盘输入年份
    //判断输入的年份是否为闰年
    if(year%4==0 && year%100!=0 ||year%400==0){
      System.out.println(year+"为闰年");
    }else{
      System.out.println(year+"为平年");
    }
    sc.close();                                  //关闭资源
  }
}
```

（3）在文本编辑器视图中单击 ▶ 按钮，运行程序，结果如图 3-22 所示。

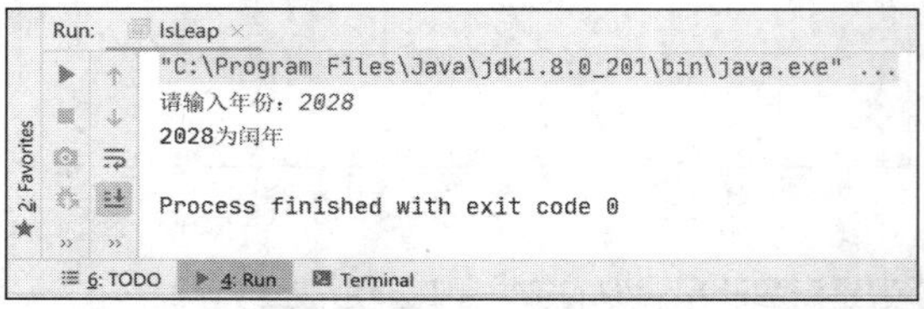

图 3-22　例 3-8 运行结果

提示 （1）输入年份满足上述两个条件中的一个即为闰年，同时注意区分短路与（&&）和短路或（||）以及其优先级。

（2）验证程序是否正确，可以输入特殊的年份进行测试。

3. if…else if…else 多分支结构

（1）一般格式如下。

```
if(条件表达式1){
    语句块1;
} else if(条件表达式2){
    语句块2;
    }
    …
    else if(条件表达式n){
    语句块n;
    }else{
```

```
        语句块 n+1;
    }
```

（2）执行过程如下。

多分支结构原理为：依次判断条件表达式的值，当某个条件表达式的值为 true 时，执行其对应的语句块，然后跳转到整个 if 语句之外继续执行程序。如果所有条件表达式的值均为 false，则执行语句块 n+1。

if…else if…else 多分支结构执行过程如图 3-23 所示。

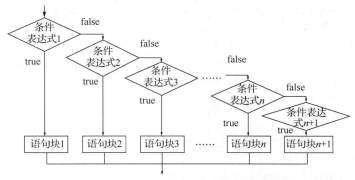

图 3-23　if…else if…else 多分支结构执行过程

【例 3-9】用键盘输入成绩，判断其属于哪个等级。我们将成绩分为 5 个等级：成绩大于等于 90，等级为 A；成绩大于等于 80 且小于 90，等级为 B；成绩大于等于 70 且小于 80，等级为 C；成绩大于等于 60 且小于 70，等级为 D；成绩小于 60，等级为 E。

例 3-9 流程图如图 3-24 所示。

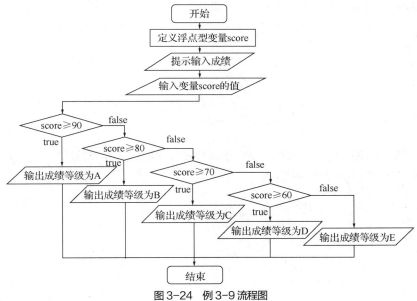

图 3-24　例 3-9 流程图

【操作步骤】

（1）在包 cn.edu.cvit 下创建类 Grades。

（2）在文本编辑器视图中，撰写代码如下。

```
package cn.edu.cvit;
import java.util.Scanner;
```

```
/**
 * 百分制成绩等级判断
 */
public class Grades {
    public static void main(String[] args) {
        float score;                                    //定义成绩变量
        System.out.print("请输入成绩: ");               //提示输入成绩
        Scanner sc=new Scanner(System.in);              //创建 Scanner 对象
        score=sc.nextFloat();                           //输入成绩
        //判断成绩等级并输出
        if(score>=90){
            System.out.println("成绩等级为: A");
        }else if(score>=80){
            System.out.println("成绩等级为: B");
        }else if(score>=70){
            System.out.println("成绩等级为: C");
        }else if(score>=60){
            System.out.println("成绩等级为: D");
        }else{
            System.out.println("成绩等级为: E");
        }
        sc.close();                                     //关闭资源
    }
}
```

（3）在文本编辑器视图中单击 ▶ 按钮，运行程序，结果如图 3-25 所示。

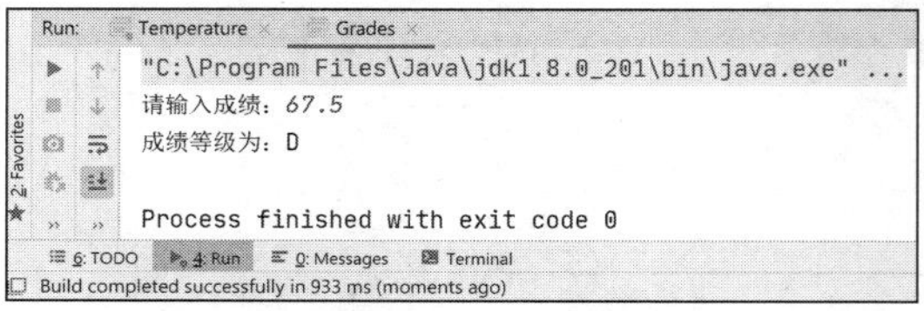

图 3-25　例 3-9 运行结果

提示　（1）如果输入数据不在 0～100，会输出错误的结果，只需要在输入数据后加一个判断语句就可以解决这个问题，改进后的代码如下。

```
package cn.edu.cvit;
import java.util.Scanner;
/**
 * 改进后的百分制成绩等级判断
 */
public class ImprovedGrades {
    public static void main(String[] args){
        float score;                                    //定义成绩变量
        System.out.print("请输入成绩: ");               //提示输入成绩
        Scanner sc=new Scanner(System.in);              //创建 Scanner 对象
        score=sc.nextFloat();                           //输入成绩
        //判断成绩是否在 0～100
        if(score>=0 || score<=100){
```

```
            //判断成绩等级并输出
            if(score>=90){
                System.out.println("成绩等级为: A");
            }else if(score>=80){
                System.out.println("成绩等级为: B");
            }else if(score>=70){
                System.out.println("成绩等级为: C");
            }else if(score>=60){
                System.out.println("成绩等级为: D");
            }else{
                System.out.println("成绩等级为: E");
            }
        }else{
            System.out.println("请输入成绩: ");
        }
        sc.close();                                        //关闭资源
    }
}
```

（2）在 if…else if…else 多分支结构中，当所有的条件表达式均不成立时，执行最后一个 else 子句块。

4. if 语句嵌套

（1）一般形式如下。

在一个 if 语句中，包含一个或多个 if 语句，称为 if 语句嵌套。if 语句嵌套有以下 4 种形式。

① 第 1 种形式。

```
if(条件表达式 1)
    if(条件表达式 2)语句块；内嵌 if
```

执行过程如图 3-26 所示。

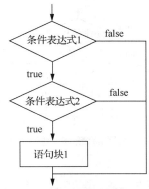

图 3-26　if 语句嵌套的第 1 种形式执行过程

② 第 2 种形式。

```
if(条件表达式 1)
    if(条件表达式 2)语句块 1;      内嵌 if…else
    else 语句块 2;
```

执行过程如图 3-27 所示。

③ 第 3 种形式。

```
┌if(条件表达式1)语句块1;
│
└else┌if(条件表达式2)语句块2;     ┐
      └else 语句块3;              ├ 内嵌if…else
                                  ┘
```

执行过程如图 3-28 所示。

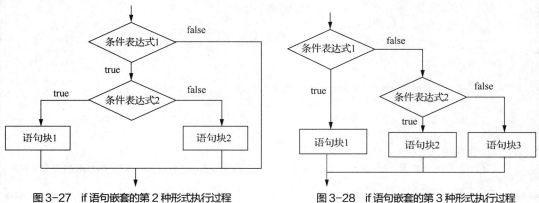

图 3-27　if 语句嵌套的第 2 种形式执行过程　　　图 3-28　if 语句嵌套的第 3 种形式执行过程

④ 第 4 种形式。

```
┌if(条件表达式1)
│    ┌if(条件表达式2)语句块1;     ┐
│    └else   语句块2;            ├ 内嵌if…else
│                                ┘
└else
     ┌if(条件表达式3)语句块3;     ┐
     └else   语句块4;            ├ 内嵌if…else
                                 ┘
```

执行过程如图 3-29 所示。

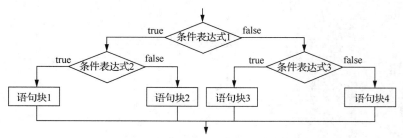

图 3-29　if 语句嵌套的第 4 种形式执行过程

（2）说明如下。

① Java 语言规定，在 if 语句嵌套中，else 子句总是与离它最近的 if 子句配对，没有 else 子句的 if 子句除外。

例如：

```
if(条件表达式1){
    if(条件表达式2){
        语句块1;
```

```
    }else{
        语句块 2;
    }
}
```

上例中只有一个 else 子句但有两个 if 子句，else 子句到底与哪个 if 子句配对呢？通常其与最近的 if 子句配对。如果想让 else 子句与第一个 if 子句配对，可以将上例改为如下形式：

```
if(条件表达式 1){
    if(条件表达式 2){
        语句块 1;
    }
}else{
    语句块 2;
}
```

用花括号标识第 2 个 if 子句，使之变成了一条单独的语句，即内嵌 if 语句没有 else 子句，因此，else 子句将与第一个 if 子句配对。

② 编写 if 语句嵌套通常采用缩进的形式，结构更加清晰，但编写格式并不能影响 else 子句与 if 子句的配对关系。例如，将上例改为如下形式：

```
if(条件表达式 1){
    if(条件表达式 2){
        语句块 1;
    }else{
        语句块 2;
    }
}
```

虽然从格式上看 else 子句与第一个 if 语句对齐，但并不能说明它与第一个 if 语句配对。

【例 3-10】编写程序，输出分段函数 $y = \begin{cases} 1, x > 0 \\ 0, x = 0 \\ -1, x < 0 \end{cases}$ 的值。

例 3-10 流程图如图 3-30 所示。

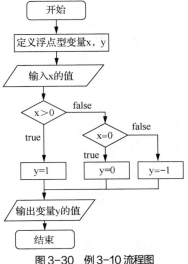

图 3-30　例 3-10 流程图

【操作步骤】

（1）在包 cn.edu.cvit 上创建类 PiecewiseFun。

（2）在文本编辑器视图中，撰写代码如下。

```java
package cn.edu.cvit;
import java.util.Scanner;
/**
 * 分段函数
 */
public class PiecewiseFun {
    public static void main(String[] args) {
        float x,y;                                    //定义变量 x、y
        System.out.print("请输入 x 的值:");            //提示输入 x 的值
        Scanner sc=new Scanner(System.in);            //创建 Scanner 对象
        x=sc.nextFloat();                             //输入数据
        //判断变量 x 的取值范围，求解变量 y 的值
        if(x>0){
            y=1.0;
        }else if(x==0){
            y=0;
        }else{
            y=-1.0;
        }
        System.out.println("y="+y);                   //输出变量 y 的值
        sc.close();                                   //关闭资源
    }
}
```

（3）在文本编辑器视图中单击 ▶ 按钮，运行程序，结果如图 3-31 所示。

图 3-31　例 3-10 运行结果

5. switch 多分支结构

（1）一般格式如下。

```
switch(表达式){
    case    常量表达式 1:语句块 1;[break;]
    case    常量表达式 2:语句块 2;[break;]
    …
    case    常量表达式 n:语句块 n;[break;]
    [default:语句组;[break;]]
}
```

（2）执行过程如下。

switch 多分支结构执行过程如图 3-32 所示。

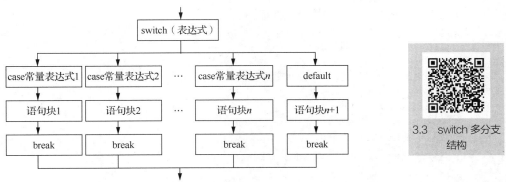

图 3-32　switch 多分支结构执行过程

3.3　switch 多分支结构

（3）说明如下。

① switch 语句括号里的表达式数据类型可以是整型、枚举或者字符串类型，当 switch 语句后的"表达式"的值与某个 case 子句后的"常量表达式"的值相同时，就执行该 case 子句后的语句块；当执行到 break 语句，就跳出 switch 语句，转向执行 switch 语句的下一条语句。

② 如果没有任何一个 case 子句后的"常量表达式"的值与 switch "表达式"的值相同，则执行 default 语句后的语句块，再执行 switch 语句的下一条语句。

③ 每一个 case 子句后的常量表达式的值不能相同。

④ 各 case 子句与 default 语句的出现没有先后顺序，可以先出现 case 子句后出现 default 语句，也可以先出现 default 语句后出现 case 子句。

⑤ 在 case 子句后的语句块中虽然包含一条以上执行语句，但可以不用花括号标识，系统会自动按顺序执行本 case 子句后的所有语句。

⑥ 执行完 case 子句后的语句块，如果没有 break 语句，则跳转到下一个 case 子句继续执行。case 子句后的常量表达式只起语句标号作用，并不在该处进行条件判断。在执行 switch 语句时，根据 switch 语句后的表达式的值找到相同的 case 子句后的常量表达式的值，之后不再进行判断。

【例 3-11】使用 switch 多分支结构实现例 3-9 的任务。

例 3-11 流程图如图 3-33 所示。

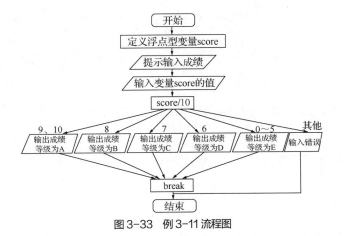

图 3-33　例 3-11 流程图

【操作步骤】

（1）在包 cn.edu.cvit 下创建类 SwitchTest。

（2）在文本编辑器视图中，撰写代码如下。

```java
package cn.edu.cvit;
import java.util.Scanner;
/**
 * 利用switch多分支结构，将百分制成绩转换为A~E等级
 */
public class SwitchTest {
  public static void main(String[] args) {
    float score;                                        //定义变量
    System.out.print("请输入成绩: ");                    //输出提示信息
    Scanner sc=new Scanner(System.in);                  //创建Scanner对象
    score=sc.nextFloat();                               //输入成绩
    //利用switch多分支结构判断成绩范围，输出对应的等级
    switch((int)(score/10))
    {
      case 9:
      case 10:
        System.out.println("成绩等级为: A");break;
      case 8:
        System.out.println("成绩等级为: B");break;
      case 7:
        System.out.println("成绩等级为: C");break;
      case 6:
        System.out.println("成绩等级为: D");break;
      case 5:
      case 4:
      case 3:
      case 2:
      case 1:
      case 0:
        System.out.println("成绩等级为: E");break;
      default:
        System.out.println("输入错误，请输入【0~100】的数!");break;
    }

    sc.close();                                         //关闭资源
  }
}
```

（3）在文本编辑器视图中单击 ▶ 按钮，运行程序，结果如图3-34所示。

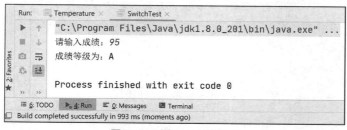

图3-34　例3-11运行结果

> **提示** （1）每个有独立语句块的 case 子句后必须有 break 语句，多个 case 子句执行相同代码时，只需要保证在最后一个 case 子句后有语句块，同时有 break 语句。
> （2）输入的成绩为浮点类型数据，因此需要将 score/10 表达式的值进行强制类型转换，得到整型数据。

【例 3-12】判断并输出星期的英文单词对应的中文。

例 3-12 流程图如图 3-35 所示。

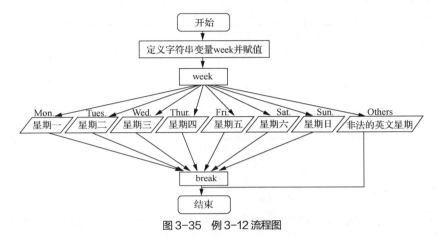

图 3-35　例 3-12 流程图

【操作步骤】

（1）在包 cn.edu.cvit 下创建类 SwitchOfString。

（2）在文本编辑器视图中，撰写代码如下。

```java
package cn.edu.cvit;
/**
 * 字符串类型表达式在 switch 中的应用
 */
public class SwitchOfString {
  public static void main(String[] args) {
    //定义字符串变量并赋值，字符串将在单元8中详细介绍
    String week="Fri.";
    //利用 switch 语句判断并输出星期的英文单词对应的中文
    switch (week){
      case "Mon.":
        System.out.println(week+":星期一");break;
      case "Tues.":
        System.out.println(week+":星期二");break;
      case "Wed.":
        System.out.println(week+":星期三");break;
      case "Thur.":
        System.out.println(week+":星期四");break;
      case "Fri.":
        System.out.println(week+":星期五");break;
      case "Sat.":
```

63

```
        System.out.println(week+":星期六");break;
    case "Sun.":
        System.out.println(week+":星期日");break;
    default:
        System.out.println("非法的英文星期!!! ");break;
    }
  }
}
```

（3）在文本编辑器视图中单击 ▶ 按钮，运行程序，结果如图 3-36 所示。

图 3-36　例 3-12 运行结果

3.1.3　循环结构

3.4　循环结构

"循环"，顾名思义是指不断重复同样的工作，只有完成任务或者遇到特殊情况才会结束。Java 语言中的循环结构是指重复执行一条或者多条语句，直到不满足条件为止。循环结构、顺序结构和选择结构共同构成了 Java 语言的三大基本控制结构，是 Java 程序的重要组成元素。Java 语言循环结构的基本形式有 3 种：while 循环（当型循环）、do…while 循环（直到型循环）和 for 循环。

1．while 循环

　　while 循环表示先判断循环条件，当满足给定的循环条件时执行循环体，并且在循环终端处流程自动返回循环入口；如果不满足循环条件，则流程退出循环体，直接到达循环出口。因为是"当满足循环条件时执行循环体"，即先判断后执行，所以称该循环为当型循环。

（1）一般格式如下。

```
while(表达式){
    循环体语句块;
}
```

　　其中，表达式是循环条件，循环体语句块为循环体。

（2）执行过程如下。

　　求解表达式的值，当值为 true 时，执行循环体语句块；当值为 false 时，结束循环。while 循环执行过程如图 3-37 所示。

（3）说明如下。

　　① while 循环的循环体语句块可以是单条语句，也可以是复合语句，复合语句的花括号不可以省略。

　　② while 循环的循环体语句块中应有使循环趋于结束的语句，否则将出现无限循环。

　　【例 3-13】利用 while 循环求 1～100 的整数和。

　　例 3-13 流程图如图 3-38 所示。

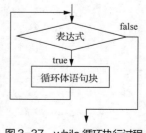

图 3-37　while 循环执行过程

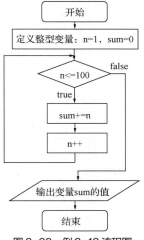

图 3-38　例 3-13 流程图

【操作步骤】

（1）在包 cn.edu.cvit 下创建类 SumByWhile。

（2）在文本编辑器视图中，撰写代码如下。

```java
package cn.edu.cvit;
/**
 * 利用 while 循环求 1～100 的整数和
 */
public class SumByWhile {
  public static void main(String[] args) {
    //定义循环变量 n 和累加变量 sum，并为其赋初始值
    int n=1,sum=0;
    //设置 while 循环条件，即设置循环变量终值为 100
    while(n<=100){
      sum+=n;                                          //累加求和
      n++;                                             //循环变量自增
    }
    System.out.println("1～100 的整数和为: "+sum);        //输出累加变量 sum 的值
  }
}
```

（3）文本编辑器视图中单击 ▶ 按钮，运行程序，如图 3-39 所示。

图 3-39　例 3-13 运行结果

【例 3-14】 利用 while 循环求 5!

例 3-14 流程图如图 3-40 所示。

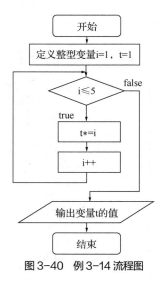

图 3-40　例 3-14 流程图

【操作步骤】

（1）在包 cn.edu.cvit 下创建类 Factorial。

（2）在文本编辑器视图中，撰写代码如下。

```java
package cn.edu.cvit;
/**
 * 利用 while 循环求 5!
 */
public class Factorial {
  public static void main(String[] args) {
    int i=1,t=1;                              //定义循环变量 i=1 和累乘变量 t=1
    while(i<=5){                              //设置循环条件，即设置循环变量终值
      t*=i;                                   //累乘
      i++;                                    //循环变量自增
    }
    System.out.println("5!="+t);             //输出累乘变量 t 的值
  }
}
```

（3）在文本编辑器视图中单击 ▶ 按钮，运行程序，结果如图 3-41 所示。

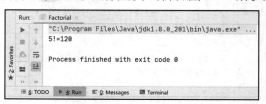

图 3-41　例 3-14 运行结果

> **提示**　累加变量初始值为 0，而累乘变量初始值应该为 1。

2. do…while 循环

do…while 循环也是 Java 语言中应用比较广泛的循环语句，在 do…while 循环中先执行循环体，再

判断循环条件是否成立。

（1）一般格式如下。

```
do{
    循环体语句块;
}while(表达式);
```

while 表达式后的分号不可省略。

（2）执行过程如下。

do…while 循环也称直到型循环，即先执行一次循环体语句块，然后求解表达式的值，表达式的值为 true 则继续执行循环体语句块，表达式的值为 false，则结束循环。do…while 循环执行过程如图 3-42 所示。

（3）说明如下。

① 可以用 while 循环和 do…while 循环处理同一问题，一般情况下二者处理结果相同。但是如果在一开始表达式的值就为 false，则两者的处理结果不同，这种情况下，while 循环一次也不执行循环体语句块，而 do…while 循环执行一次循环体语句块。

② 循环体语句块可以是单条语句，也可以是由花括号标识的多条语句（复合语句）。

③ do…while 循环可以改造成"语句+while 循环"，其流程图如图 3-43 所示，虚线框内的部分为 while 循环。

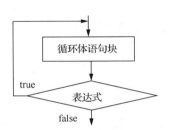

图 3-42　do…while 循环执行过程

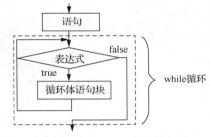

图 3-43　语句+while 循环流程图

④ do…while 循环的循环体语句块中应有使循环趋于结束的语句，否则将出现无限循环。

【例 3-15】输出[100,200]的能被 7 整除的数。

数据范围为[100,200]，因此，循环变量的初始值为 100，循环条件为循环变量小于等于 200；要求数能被 7 整除，因此可以用循环变量除以 7 的余数等于 0 作为条件，例 3-5 流程图如图 3-44 所示。

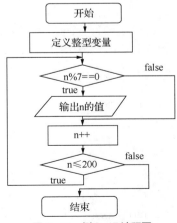

图 3-44　例 3-15 流程图

【操作步骤】

（1）在包 cn.edu.cvit 下创建类 DoWhileTest1。

（2）在文本编辑器视图中，撰写代码如下。

```java
package cn.edu.cvit;
/**
 * 输出[100,200]的能被7整除的数
 */
public class DoWhileTest1 {
  public static void main(String[] args) {
    int n=100;                              //定义循环变量n，初始值为100
                                            //循环判断并输出
    do{
      //判断变量n的值能否被7整除：能，输出变量n的值；不能，判断下一个数
      if(n%7==0){
        System.out.print(n+"\t");
      }
      n++;                                  //循环变量自增
    }while(n<=200);                         //表达式后的分号不能省略
  }
}
```

（3）在文本编辑器视图中单击 ▶ 按钮，运行程序，结果如图 3-45 所示。

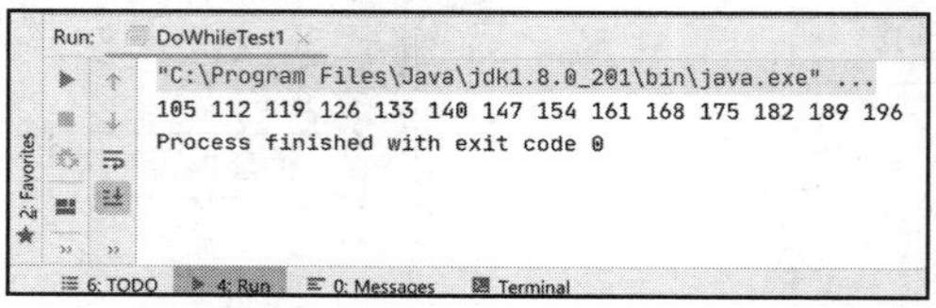

```
Run:        DoWhileTest1
  ▶    "C:\Program Files\Java\jdk1.8.0_201\bin\java.exe" ...
       105 112 119 126 133 140 147 154 161 168 175 182 189 196
       Process finished with exit code 0
```

图 3-45　例 3-15 运行结果

> **提示**　在 do…while 循环中，循环体语句块至少执行一次。

【例 3-16】 输出所有的水仙花数（水仙花数是指一个 3 位数，其个、十、百位数的立方和等于这个数，例如 $153=1^3+5^3+3^3$，153 就是水仙花数）。

水仙花数的定义决定了循环变量初始值为 100，循环条件为循环变量小于等于 999，需要通过表达式求出其个、十、百位数，例 3-16 流程图如图 3-46 所示。

【操作步骤】

（1）在包 cn.edu.cvit 下创建类 DoWhileTest2。

（2）在文本编辑器视图中，撰写代码如下。

```java
package cn.edu.cvit;
/**
 * 输出所有的水仙花数
 */
public class DoWhileTest2 {
  public static void main(String[] args) {
```

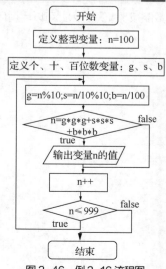

图 3-46　例 3-16 流程图

```
                                                    //定义循环变量并赋初始值
    int n=100;
    int g,s,b;
    //循环判断水仙花数
    do{
      g=n%10;                                       //求解个位数
      s=n/10%10;                                    //求解十位数
      b=n/100;                                      //求解百位数
      //判断循环变量 n 的值是否满足水仙花数的条件
      if(n==g*g*g+s*s*s+b*b*b) {
          System.out.print(n + "\t");               //满足条件输出循环变量 n 的值
      }
      n++;                                          //循环变量自增
    }while(n<=999);                                 //循环条件
  }
}
```

（3）在文本编辑器视图中单击 ▶ 按钮，运行程序，结果如图 3-47 所示。

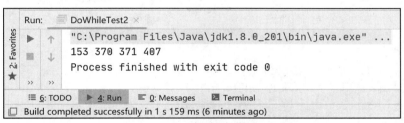

图 3-47　例 3-16 运行结果

3. for 循环

Java 语言中的 for 循环是循环结构中较灵活的一种，它可以代替 while 循环和 do…while 循环。for 循环不仅可以解决循环次数确定的循环问题，还可以解决循环次数不确定的循环问题，其功能强大、应用广泛。

（1）一般形式如下。

for(表达式 1;表达式 2;表达式 3) 循环体语句块;

（2）执行过程如下。

① 求解表达式 1，确定循环变量的初始值。

② 求解表达式 2，若其值为 true，执行 for 语句中指定的循环体语句块，然后执行第③步；若其值为 false，结束循环，执行 for 语句后的语句块。

③ 求解表达式 3。

④ 转回第②步。

for 循环执行过程如图 3-48 所示。

（3）说明如下。

① 表达式 1 确定循环变量的初始值，表达式 2 确定循环条件，表达式 3 确定循环变量增量。

② for 循环中的 3 个表达式可以任意省略，但表达式 1 和表达式 2 末尾的分号不能省略。表达式省略将在例 3-17 中详细说明。

【例 3-17】利用 for 循环求[1,100]的所有自然数的和。

例 3-17 流程图如图 3-49 所示。

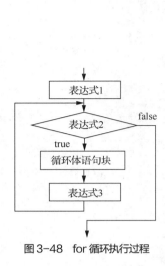

图 3-48　for 循环执行过程

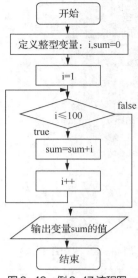

图 3-49　例 3-17 流程图

【操作步骤】

（1）在包 cn.edu.cvit 下创建类 SumByFor。

（2）在文本编辑器视图中，撰写代码如下。

```java
package cn.edu.cvit;
/**
 * 利用 for 循环求[1,100]的所有自然数的和
 */
public class SumByFor {
  public static void main(String[] args) {
    int i,sum=0;                                  //定义变量
    //for 循环开始，确定循环变量初始值、循环条件和循环变量增量
    for(i=1;i<=100;i++){
      sum+=i;                                     //循环体语句块，累加求和
    }
    System.out.println("sum="+sum);              //输出变量 sum 的值
  }
}
```

（3）在文本编辑器视图中单击 ▶ 按钮，运行程序，结果如图 3-50 所示。

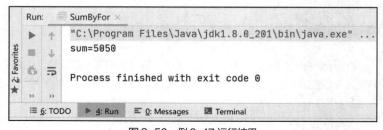

图 3-50　例 3-17 运行结果

提示 （1）省略表达式 1，循环次数过多。

一般格式：

```
for(;表达式2;表达式3){
    循环体语句块;
}
```

省略表达式 1 说明未给循环变量赋初始值，此时，需要在 for 循环前给循环变量赋初始值，例如，省略表达式 1 后的例 3-17 代码如下。

```
package cn.edu.cvit;
/**
 * 利用 for 循环求[1,100]的所有自然数的和（省略表达式1）
 */
public class SumByFor {
  public static void main(String[] args) {
    int i=1,sum=0;                              //定义变量
    for(;i<=100;i++){                           //for 循环省略表达式1
      sum+=i;                                   //累加求和
    }
    System.out.println("sum="+sum);             //输出变量 sum 的值
  }
}
```

（2）省略表达式 2 相当于省略循环条件，即不判断循环条件是否满足，循环将无法结束，出现无限循环，也称之为"死循环"。

一般格式：

```
for(表达式1;;表达式3){
    循环体语句块;
}
```

若想使程序正常结束循环，需要在循环体语句块中加入条件判断语句，并使用 break 语句强制结束循环（break 语句将在 3.1.4 小节详细介绍），例如，省略表达式 2 后的例 3-17 代码如下。

```
package cn.edu.cvit;
/**
 * 利用 for 循环求[1,100]的所有自然数的和（缺省表达式2）
 */
public class SumByFor {
  public static void main(String[] args) {
    int i,sum=0;                                //定义变量
    for(i=1;;i++){                              //for 循环省略表达式2
      if(i>100){                                //判断循环变量 i 的值是否大于100
        break;                                  //结束循环
      }
      sum+=i;                                   //累加求和
    }
    System.out.println("sum="+sum);             //输出变量 sum 的值
  }
}
```

（3）省略表达式 3 相当于省略循环变量增量，循环将无法结束，出现无限循环。

一般格式：

```
for(表达式1；表达式2;){
    循环体语句块；
}
```

若想使程序正常结束循环，需要在循环体语句块中加入循环变量增量语句，例如，省略表达式 3 后的例 3-17 代码如下。

```
package cn.edu.cvit;
/**
 *  利用 for 循环求[1,100]的所有自然数的和（省略表达式 3）
 */
public class SumByFor {
  public static void main(String[] args) {
      int i,sum=0;                                    //定义变量
      for(i=1;i<=100;){                               //for 循环省略表达式 3
          sum+=i;                                     //累加求和
          i++;                                        //循环变量自增 1
      }
      System.out.println("sum="+sum);                 //输出变量 sum 的值
  }
}
```

（4）3 个表达式全部省略，for 循环将具有上述（1）～（3）中的 3 个特性。

一般格式：

```
for(;;) {
    循环体语句块；
}
```

没有循环变量初始值，没有循环条件，没有循环变量增量，将无法结束循环，出现无限循环。如果想使程序正常执行，需要分别添加代替各表达式的语句，例如，省略 3 个表达式后的例 3-17 代码如下。

```
package cn.edu.cvit;
/**
 *  利用 for 循环求[1,100]的所有自然数的和（省略 3 个表达式）
 */
public class SumByFor {
  public static void main(String[] args) {
      int i=1,sum=0;                                  //定义变量
      for(;;){                                        //for 循环 3 个表达式均省略
          sum+=i;                                     //累加求和
          i++;                                        //循环变量自增 1
          if(i>100){                                  //判断结束循环的循环条件
              break;                                  //结束循环
          }
      }
      System.out.println("sum="+sum);                 //输出变量 sum 的值
  }
}
```

【例 3-18】一个叫米粒的百万富翁某天遇到了一个叫熊大的人对他说，我想和你签订一份合同：在整整一个月中，我每天给你 10 万元，而你第一天只需给我一分钱，以后每天给我的钱都是前一天的两倍。

请为米粒算一算一个月后总计需要支付熊大多少钱，这份合同他该不该签呢？

按照一个月 30 天来算，米粒某天需支付给熊大的钱为前一天给的钱加 2 的 i 次方（其中 i 为天数），例 3-18 流程图如图 3-51 所示。

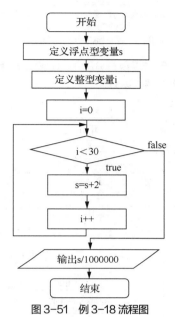

图 3-51　例 3-18 流程图

【操作步骤】

（1）在包 cn.edu.cvit 下创建类 MoneyByFor。

（2）在文本编辑器视图中，撰写代码如下。

```
package cn.edu.cvit;
import static java.lang.Math.pow;             //导入使用 pow()方法所需的包
/**
 * 熊大的小算盘
 */
public class MoneyByFor {
  public static void main(String[] args) {
    double s=0;                               //定义变量 s，存储米粒每天需要给熊大的钱
    int i;                                    //定义循环变量
    for (i=0;i<30;i++) {                      //for 循环的循环变量从 0 自增到 29
      s=s+pow(2.0,i);                         //计算米粒某天需要支付给熊大的钱
    }
    s=s/1000000;                              //将钱的单位从"分"转换为"万"
    System.out.println("米粒一个月后总计需要支付: " +s+"万元");
  }
}
```

（3）在文本编辑器视图中单击 ▶ 按钮，运行程序，结果如图 3-52 所示。

提示　（1）pow(double a, double b)方法的功能是求幂，其中，参数 a 为基数，参数 b 为幂次。

（2）pow(double a, double b)方法在 java.lang.Math 包下，使用时需要导入包。

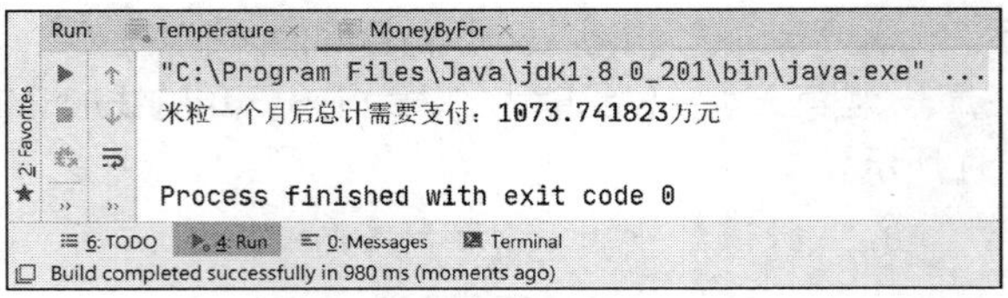

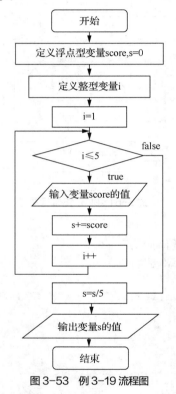

图 3-52　例 3-18 运行结果

【例 3-19】在校园歌手大赛中，5 位评委打分的平均分将是选手的最后得分。请编写一个程序，输入 5 位评委的打分后，可以输出选手的最终得分。

例 3-19 流程图如图 3-53 所示。

图 3-53　例 3-19 流程图

【操作步骤】

（1）在包 cn.edu.cvit 下创建类 SingerScore。

（2）在文本编辑器视图中，撰写代码如下。

```java
package cn.edu.cvit;
import java.util.Scanner;
/**
 * 输出选手的最终得分
 */
public class SingerScore {
  public static void main(String[] args) {
    float score,s=0;                              //定义评委打分和最终得分变量
    int i;                                        //定义循环变量
    Scanner sc=new Scanner(System.in);            //创建 Scanner 对象
    for(i=1;i<=5;i++) {                           //for 循环
```

```
        System.out.print("请输入得分: ");              //提示输入评委打分
        score=sc.nextFloat();                        //输入评委打分
        s=s+score;                                   //累加评委打分
    }
    s=s/5;                                           //计算评委打分的平均分
    //输出变量 s 的值，使用了 printf 输出语句
    System.out.printf("选手最终得分: %.2f",s);
    sc.close();                                      //关闭资源
    }
}
```

（3）在文本编辑器视图中单击 ▶ 按钮，运行程序，结果如图 3-54 所示。

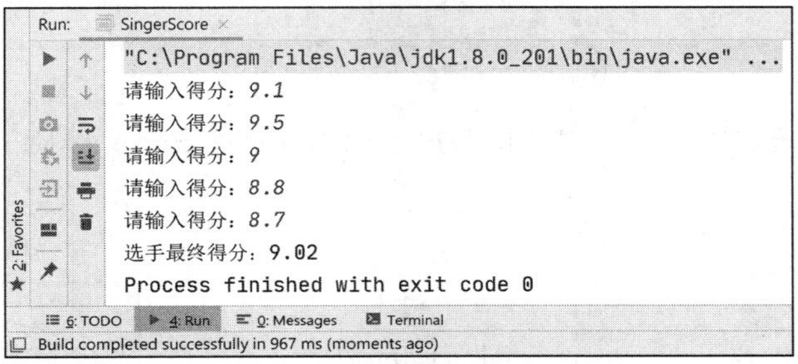

```
Run:       SingerScore ×
  ▶   ↑      "C:\Program Files\Java\jdk1.8.0_201\bin\java.exe" ...
  ■   ↓      请输入得分: 9.1
  ◎   ⇥      请输入得分: 9.5
  ⬞   ⬓      请输入得分: 9
  ⬒   🖶      请输入得分: 8.8
  ⬓   🗑      请输入得分: 8.7
            选手最终得分: 9.02
            Process finished with exit code 0
     ≣ 6: TODO   ▶ 4: Run   ≣ 0: Messages   ▣ Terminal
  ⬛ Build completed successfully in 967 ms (moments ago)
```

图 3-54　例 3-19 运行结果

提示 （1）在 printf 输出语句中，输出项之间用逗号分隔。
（2）%.2f 代表输出的浮点类型数据保留两位小数。

4．3 种循环的比较

（1）while 循环和 do…while 循环适合在循环次数不确定时使用，而在循环次数确定时使用 for 循环更方便、快捷。

（2）do…while 循环先执行循环体，后判断循环条件，而 while 循环和 for 循环先判断循环条件，后执行循环体，因此 do…while 循环更适合至少执行一次循环体的场合。

（3）while 循环和 do…while 循环中给循环变量赋初始值是在 while 和 do…while 语句前完成，而 for 循环中给循环变量赋初始值是在表达式 1 中完成。

5．循环嵌套

如果一个循环结构的循环体内包含另一个完整的循环结构，则称这种循环结构为循环嵌套，又称之为多重循环。常用循环嵌套为两重循环，外层循环结构称为外循环，内层循环结构称为内循环。

（1）一般格式如下。

Java 语言中有 3 种循环结构，它们之间可以互相嵌套，形成多种多样的嵌套，例如，两重循环的具体形式为：

```
①while(){                ②while(){                ③while(){
    ⋮                        ⋮                        ⋮
    while()                  do                       for(;;)
    {…}                      {…}                      {…}
}                            while();              }
                         }
```

```
④do{
    ⋮
    do
    {…}
    while();
} while();
```

```
⑤do{
    ⋮
    while()
    {…}
} while();
```

```
⑥do{
    ⋮
    for(;;)
    {…}
} while();
```

```
⑦for(;;){
    ⋮
    for(;;)
    {…}
}
```

```
⑧for(;;){
    ⋮
    while()
    {…}
}
```

```
⑨for(;;){
    ⋮
    do
    {…}
    while();
}
```

（2）执行过程如下。

以两重循环的具体形式①、④、⑦为例，其执行过程分别如图 3-55～图 3-57 所示。

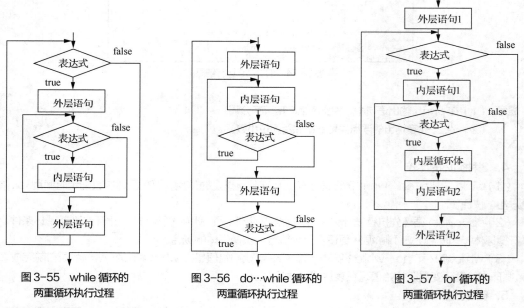

图 3-55 while 循环的
两重循环执行过程

图 3-56 do…while 循环的
两重循环执行过程

图 3-57 for 循环的
两重循环执行过程

（3）说明如下。

循环嵌套与 if 语句嵌套一样，不能出现交叉现象，例如，上述具体形式①中正确循环嵌套关系如图 3-58 所示，错误循环嵌套关系如图 3-59 所示。

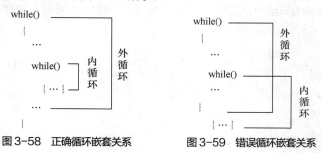

图 3-58 正确循环嵌套关系

图 3-59 错误循环嵌套关系

【例 3-20】编写一个程序，利用循环嵌套，输出如图 3-60 所示的矩形。

从图 3-60 可以看出，共计输出 4 行，每行有 8 个"*"，因此，需要既有控制行的变量，又有控制列（即输出个数）的变量，控制行的变量将由 1 自增到 4，控制列的变量将由 1 自增到 8，选择 for 循环比较恰当。例 3-20 流程图如图 3-61 所示。

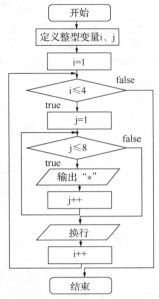

```
********
********
********
********
```

图 3-60　例 3-20 输出矩形　　　　　　图 3-61　例 3-20 流程图

【操作步骤】

（1）在包 cn.edu.cvit 下创建类 RectangleByFor。

（2）在文本编辑器视图中，撰写代码如下。

```
package cn.edu.cvit;
/**
 * 输出矩形
 */
public class RectangleByFor {
  public static void main(String[] args) {
    int i,j;                                  //定义循环变量
    for(i=1;i<=4;i++){                        //外循环，控制输出行数
      for(j=1;j<=8;j++)                       //内循环，控制每行输出个数
        System.out.print("*");                //内循环的循环体语句块
      System.out.println();                   //每完成一次内循环后换行
    }
  }
}
```

（3）在文本编辑器视图中单击 ▶ 按钮，运行程序，结果如图 3-62 所示。

 提示　（1）内循环的循环体语句块中如果只有一条语句则可以省略花括号。
　　　　（2）内循环的循环变量也可以在外循环的循环体语句块中定义。

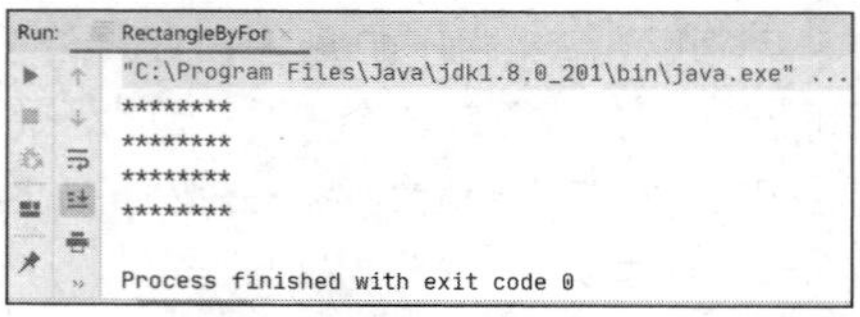

图3-62　例3-20运行结果

【**例 3-21**】编写一个程序，利用循环嵌套，输出如图 3-63 所示的三角形。

输出矩形与输出三角形最大的区别是输出三角形时每行输出的"*"的个数不同，仔细观察不难发现，输出三角形时每行输出的"*"的个数恰好与它所对应的行数相同，因此，内层循环变量的终值为外层循环变量，例 3-21 流程图如图 3-64 所示。

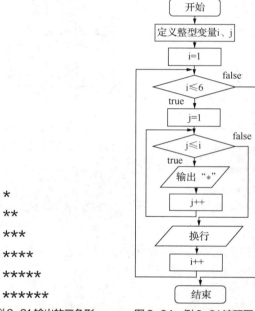

```
*
**
***
****
*****
******
```

图3-63　例3-21输出的三角形　　　　图3-64　例3-21流程图

【**操作步骤**】

（1）在包 cn.edu.cvit 下创建类 TriangleByFor。

（2）在文本编辑器视图中，撰写代码如下。

```java
package cn.edu.cvit;
/**
 * 输出三角形
 */
public class TriangleByFor {
  public static void main(String[] args) {
    int i, j;                                   //定义循环变量
    for (i = 1; i <= 6; i++) {                   //外循环中循环变量 i 控制输出行数
        for (j = 1; j <= i; j++)                 //内循环中循环变量 j 控制每行输出个数
          System.out.print("*");                 //内循环的循环体语句块

        System.out.println();                    //每完成一次内循环后换行
    }
  }
}
```

（3）在文本编辑器视图中单击 ▶ 按钮，运行程序，结果如图 3-65 所示。

图 3-65　例 3-21 运行结果

提示　（1）例 3-20 与例 3-21 唯一的区别是内循环的循环变量终值不同，前者是固定值，后者是随着外循环的循环变量变化而变化的值。
（2）内循环的循环体语句块中第一条输出语句不能换行，否则每输出一个"*"都会换行。

3.1.4　中断语句

Java 中有两个中断语句，它们用于改变控制语句执行过程，分别是 break 语句和 continue 语句。

1. break 语句

break 语句通常用在 switch 语句和循环语句中。break 语句用在 switch 语句中时，可使程序跳出 switch 语句，直接执行 switch 后的语句，break 语句在 switch 语句中的用法在 3.1.2 小节中已经介绍。break 语句还可以用在循环语句中，使程序结束循环而执行循环语句后的语句，break 语句经常与 if 语句配合使用，即满足条件便结束循环。

3.5　break 和 continue 语句

（1）一般格式如下。

```
break;
```

（2）执行过程如下。

break 语句用在 3 种循环语句中的执行过程如图 3-66～图 3-68 所示。

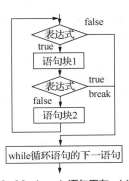

图 3-66　break 语句用在 while
循环语句中的执行过程

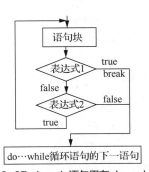

图 3-67　break 语句用在 do…while
循环语句中的执行过程

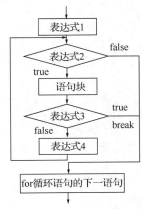

图 3-68　break 语句用在 for
循环语句中的执行过程

【例 3-22】编写一个程序，要求从键盘输入多科成绩，当输入数据为负数时，结束成绩输入并输出总成绩。

根据上述要求，可以用 while 循环来实现该程序，将其表达式的值设置为 true，在循环体语句块中通过 if 语句和 break 语句实现输入数据为负数时结束循环，输出总成绩。例 3-22 流程图如图 3-69 所示。

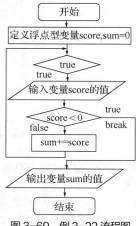

图 3-69　例 3-22 流程图

【操作步骤】

（1）在包 cn.edu.cvit 下创建类 TotalByBreak。

（2）在文本编辑器视图中，撰写代码如下。

```java
package cn.edu.cvit;
import java.util.Scanner;
/**
 * 成绩汇总
 */
public class TotalByBreak {
  public static void main(String[] args) {
    float score,sum=0;                              //定义变量并赋初始值
    Scanner sc=new Scanner(System.in);              //创建 Scanner 对象
    while(true){                                    //循环条件永远为 true
      System.out.print("请输入成绩: ");             //提示输入成绩
      score=sc.nextFloat();                         //从键盘输入成绩
      if(score<0)                                   //判断变量 score 的值是否为负数
       break;                                       //如果成绩为负数，结束循环
      sum+=score;                                   //如果成绩为非负数，累加成绩
    }
    System.out.println("sum="+sum);                 //输出总成绩变量 sum 的值
  }
}
```

（3）在文本编辑器视图中单击 ▶ 按钮，运行程序，结果如图 3-70 所示。

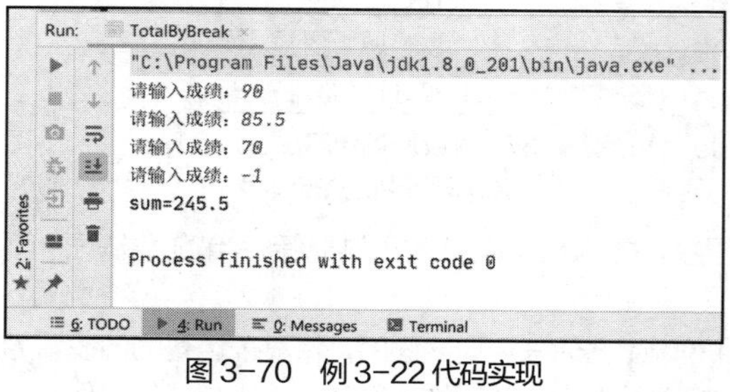

```
Run:    TotalByBreak ×
  ▶    ↑   "C:\Program Files\Java\jdk1.8.0_201\bin\java.exe" ...
  ■    ↓   请输入成绩: 90
       ⇥   请输入成绩: 85.5
  ◎    ⇥   请输入成绩: 70
  ⊕    ⇥   请输入成绩: -1
  ⇥    🖶   sum=245.5
  ★    🗑
             Process finished with exit code 0

  ≡ 6: TODO   ▶ 4: Run   ⨀ 9: Messages   ▦ Terminal
```

图 3-70　例 3-22 代码实现

提示 （1）如果不使用 break 语句，循环将无法结束。

（2）break 语句通常与 if 语句配合使用。

2. continue 语句

continue 语句的作用是跳过本次循环，即跳过循环体语句块中剩余的语句而强行执行下一次循环。continue 语句只用在 for、while、do…while 等循环的循环体语句块中，常与 if 语句配合使用。

（1）一般格式如下。

```
continue;
```

（2）执行过程如下。

以 while 循环为例，continue 语句用在 while 循环语句中的执行过程如图 3-71 所示。

【例 3-23】 编写一个程序，输出 100 以内能被 13 整除的数。

例 3-23 流程图如图 3-72 所示。

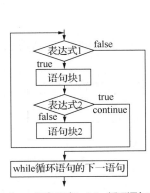

图 3-71　continue 语句用在 while 循环语句中的执行过程

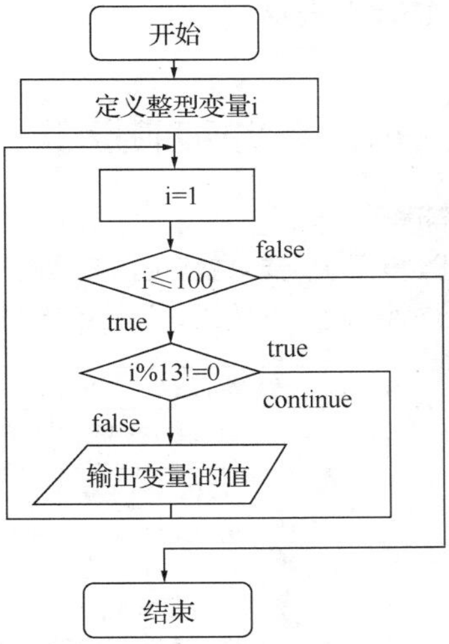

图 3-72　例 3-23 流程图

【操作步骤】

（1）在包 cn.edu.cvit 下创建类 ContinueTest。

（2）在文本编辑器视图中，撰写代码如下。

```
package cn.edu.cvit;
/**
 *输出 100 以内能被 13 整除的数
 */
public class ContinueTest {
  public static void main(String[] args) {
    int i;                                          //定义循环变量
    System.out.print("100 以内能被 13 整除的数有: ");  //输出提示信息
    for(i=1;i<=100;i++){                            //for 循环
      if(i%13!=0)                                   //判断循环变量能否被 13 整除
        continue;                                   //如果不能整除，结束本次循环
      System.out.print(i+" ");                      //如果能整除，输出循环变量 i 的值
    }
  }
}
```

（3）在文本编辑器视图中单击 ▶ 按钮，运行程序，结果如图 3-73 所示。

图 3-73　例 3-23 运行结果

提示　（1）输出提示信息语句要放在循环外。
（2）输出的各数据之间用空格分隔，避免连在一起。

3.2　任务实现

3.2.1　任务 1：实现四则运算

1. 任务描述

编写四则运算程序，要求参与运算的两个操作数是随机生成的[0,99]的整数，运算符由用户使用键盘输入，通过程序计算结果并输出，运行结果如图 3-74 所示。

图 3-74　四则运算运行结果

2. 任务分析

（1）通过类 Random 中的 nextInt()方法，程序可生成[0,99]的随机整数，该类及方法在单元 8 有详细介绍。

（2）运算符的数据类型定义为字符串类型，通过类 Scanner 中的 nextLine()方法实现从键盘输入运算符。

（3）通过 switch 多分支结构，程序可实现四则运算。

3. 任务实施

（1）在包 cn.edu.cvit 下创建类 Arithmetic。

（2）在文本编辑器视图中，撰写代码如下。

```
package cn.edu.cvit;
import java.util.Random;
import java.util.Scanner;
/**
 * 四则运算
```

```
*/
public class Arithmetic {
  public static void main(String[] args) {
    //x、y 为操作数变量，result 为运算结果变量
    float  x、y,result=0.0f;
    String operator;                                    //定义运算符变量 operator
    Random r=new Random();                              //实例化 Random 类对象
    x=r.nextInt(100);                                   //随机生成操作数
    y=r.nextInt(100);
    Scanner sc=new Scanner(System.in);                  //创建 Scanner 类对象
    System.out.println("===============四则运算开始===============");
    System.out.print("请输入运算符【+, -, *, /】: ");      //输出提示信息
    operator=sc.nextLine();                             //从键盘输入运算符
    switch (operator){ //根据运算符判断执行哪种运算
      case "+":
        result=x+y;break;
      case "-":
        result=x-y;break;
      case "*":
        result=x*y;break;
      case "/":
        //判断除数是否为 0，如果为 0，输出提示信息
        if(y!=0){
            result=x/y;
        }else{
            System.out.println("除数不能为 0。");
        }
        break;
      default:
        //运算符输入错误提示
        System.out.println("运算符输入错误!!! ");break;
    }
    System.out.println(x+operator+y+"="+result);        //输出运算式及运算结果
    System.out.println("===============四则运算结束===============");
  }
}
```

4．实践贴士

（1）在四则运算中必须给运算结果变量赋初始值，否则会出现未初始化的错误提示，如图 3-75 所示。

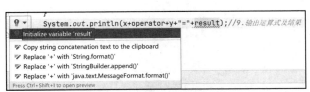

图 3-75　未初始化的错误提示

（2）在进行除法运算前必须进行除数是否为 0 的判断，否则，一旦除数为 0，程序会出现除数为 0 异常，如图 3-76 所示。

```
    ▶  ↑    "C:\Program Files\Java\jdk1.8.0_201\bin\java.exe" ...
          ↓  Exception in thread "main" java.lang.ArithmeticException: / by zero
                   at cn.edu.cvit.Demo.main(Demo.java:5)

          Process finished with exit code 1
```

图 3-76　除数为 0 异常

3.2.2　任务 2：实现随机出题

1. 任务描述

随机出题程序的主要功能是随机生成一道四则运算题，由用户作答，程序判断答案是否正确，如果正确给予鼓励，如果错误给出正确答案，运行结果如图 3-77 所示。

2. 任务分析

（1）通过类 Random 中的 nextInt() 方法，程序可生成[0,9]的随机数作为操作数。

（2）通过键盘输入、输出语句，程序可实现主菜单功能。

（3）通过多分支结构，程序可实现不同的运算。

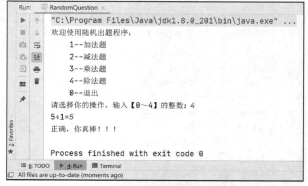

图 3-77　随机出题运行结果

3. 任务实施

（1）在包 cn.edu.cvit 下创建类 RandomQuestion。

（2）在文本编辑器视图中，撰写代码如下。

```java
package cn.edu.cvit;
import java.util.Random;
import java.util.Scanner;
/**
 * 随机出题
 */
public class RandomQuestion {
  public static void main(String args[]){
    //定义变量: x、y 为操作数, operate 为操作, result 为运算结果
    int x,y,operate,result;
    Random r=new Random();                              //创建 Random 类对象
    x=r.nextInt(10);                                    //随机生成[0,9]的操作数
    y=r.nextInt(10);
    //创建主菜单
    System.out.println("欢迎使用随机出题程序: ");
    System.out.println("\t1--加法题");
    System.out.println("\t2--减法题");
    System.out.println("\t3--乘法题");
    System.out.println("\t4--除法题");
    System.out.println("\t0--退出");
    System.out.print("请选择你的操作，输入【0~4】的整数: ");
```

```
    Scanner sc = new Scanner(System.in);              //创建 Scanner 类对象
    operate=sc.nextInt();                             //用户输入选择的操作
    switch (operate){                                 //根据所选择的操作随机出题
      case 1:                                         //加法题
        System.out.print(x+"+"+y+'=');
        result=sc.nextInt();
        if(result==x+y){
            System.out.println("正确, 你真棒!!! ");
        }else{
            System.out.println("很遗憾, 你答错了, 正确答案是: "+(x+y));
        }
        break;
      case 2:                                         //减法题
        System.out.print(x+"-"+y+'=');
        result=sc.nextInt();
        if(result==x-y){
            System.out.println("正确, 你真棒!!! ");
        }else{
            System.out.println("很遗憾, 你答错了, 正确答案是: "+(x-y));
        }
        break;
      case 3:                                         //乘法题
        System.out.print(x+"×"+y+'=');
        result=sc.nextInt();
        if(result==x*y){
            System.out.println("正确, 你真棒!!! ");
        }else{
            System.out.println("很遗憾, 你答错了, 正确答案是: "+(x*y));
        }
        break;
      case 4:                                         //除法题
        result=1+r.nextInt(9);                        //避免不能整除的情况
        y=1+r.nextInt(9);                             //除数不能为 0
        x=result*y;                                   //确定被除数, 且能整除
        System.out.print(x + "÷" + y+'=');
        result=sc.nextInt();
        if(result==x/y){
            System.out.println("正确, 你真棒!!! ");
        }else{
            System.out.println("很遗憾, 你答错了, 正确答案是: "+(x/y));
        }
        break;
      case 0:
        System.exit(0);                               //退出系统
      default:
        System.out.print("请输入 0~4 的整数!!! "); //输入操作错误提示
    }
  }
}
```

4．实践贴士

（1）在随机出题程序中，难点是实现小九九的除法。首先需要保证被除数能被除数整除，主要采用的方法是逆推法，即用商和除数相乘逆推出被除数；其次需要保证除数不能为 0，主要采用的方法是设置除数的取值范围为[1,9]。

（2）输出正确答案采用的方法是直接输出表达式，没有定义变量，读者也可以通过定义变量来实现。

（3）如果想实现多次随机出题，在程序中添加循环结构即可。

3.3 任务拓展：实现棒、老虎、鸡、虫游戏

📖 任务描述

兴趣是最好的老师，如果让你在玩中学，你是否会主动开启游戏对战呢？约上几个朋友共同学习，一起玩几局游戏，享受学习的快乐吧！

编写猜拳小游戏——棒、老虎、鸡、虫游戏，游戏规则是棒打老虎、老虎吃鸡、鸡吃虫、虫吃棒，出拳相同为平局，棒对鸡、老虎对虫为平局。该游戏的运行结果如图 3-78 所示。

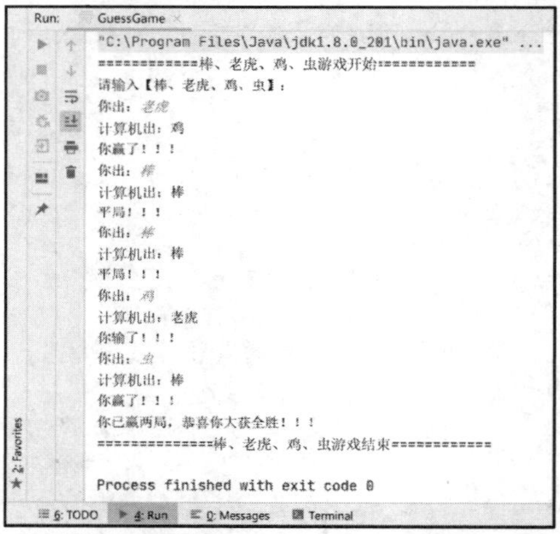

图 3-78　棒、老虎、鸡、虫游戏运行结果

📖 任务分析

棒、老虎、鸡、虫游戏中所出的拳有 4 种类型，可以通过类 Random 中的 nextInt()方法随机生成 1～4 的整数，分别代表棒、老虎、鸡、虫，其中，1 代表棒、2 代表老虎、3 代表鸡、4 代表虫，计算机所出的拳由随机数决定；按照玩家输入的数字，分别输出其代表的玩家所出的拳，这样可使玩家有身临其境的感觉。通过将玩家出拳与计算机出拳对比，可确定游戏玩家本局是否获胜；通过循环结构实现玩家先赢两局为大赢家，玩家先输两局则出局。

📖 任务实施

棒、老虎、鸡、虫游戏任务实施步骤如下。

（1）在包 cn.edu.cvit 下创建类 GuessGame。

（2）在文本编辑器视图中，撰写代码如下。

```java
package cn.edu.cvit;
import java.util.Random;
import java.util.Scanner;
/**
 * 棒、老虎、鸡、虫游戏
 */
public class GuessGame {
  public static void main(String[] args) {
    //定义整型变量：computer 代表电脑出拳，win 代表玩家赢的次数，lose 代表玩家输的次数
    int computer,win=0,lose=0;
    String player;                          //定义玩家字符串变量 player
    Random r=new Random();                  //实例化 Random 对象
    Scanner sc=new Scanner(System.in);      //实例化 Scanner 对象
    //输出游戏开始及输入提示信息
    System.out.println("==========棒、老虎、鸡、虫游戏开始==========");
    System.out.println("请输入【棒、老虎、鸡、虫】: ");
    while(true){                            //开始循环对战
      //随机生成1～4的整数，决定计算机所出的拳，其中1代表棒、2代表老虎、3代表鸡、4代表虫
      computer=r.nextInt(4)+1;
      System.out.print("你出: ");            //提示玩家出拳
      player=sc.next();                     //从键盘输入玩家要出的拳所对应的数字
      switch (computer){                    //判断计算机出拳并输出
        case 1:
          System.out.println("计算机出: 棒");break;
        case 2:
          System.out.println("计算机出: 老虎");break;
        case 3:
          System.out.println("计算机出: 鸡");break;
        case 4:
          System.out.println("计算机出: 虫");break;
      }
      //判断玩家每局的输赢并累加
      switch(player){
        case "棒":
          switch (computer){
            case 1:
            case 3:
              System.out.println("平局!!! ");
                        break;
            case 2:
              System.out.println("你赢了!!! ");
                        win++;
                        break;
            case 4:
              System.out.println("你输了!!! ");
                        lose++;
                        break;
          }
          break;
```

```java
        case "老虎":
          switch (computer){
            case 2:
            case 4:
              System.out.println("平局!!! ");
                        break;
            case 3:
              System.out.println("你赢了!!! ");
                        win++;
                        break;
            case 1:
              System.out.println("你输了!!! ");
                        lose++;
                        break;
          }
          break;
        case "鸡":
          switch (computer){
            case 1:
            case 3:
              System.out.println("平局!!! ");
                        break;
            case 4:
              System.out.println("你赢了!!! ");
                        win++;
                        break;
            case 2:
              System.out.println("你输了!!! ");
                        lose++;
                        break;
          }
          break;
        case "虫":
          switch (computer){
            case 2:
            case 4:
              System.out.println("平局!!! ");
                        break;
            case 1:
              System.out.println("你赢了!!! ");
                        win++;
                        break;
            case 3:
              System.out.println("你输了!!! ");
                        lose++;
                        break;
          }
          break;
        default:
          System.out.println("请输入【棒、老虎、鸡、虫】: ");
                  break;
```

```
    }
    //玩家赢两局，为大赢家
    if(win==2 && lose<2){
        System.out.println("你已赢两局，恭喜你大获全胜!!! ");
        break;                                    //结束循环
    }else if(lose==2 && win<2){                    //玩家输两局，出局
        System.out.println("很遗憾，你已输两局，被淘汰出局!!! ");
        break;                                    //结束循环
    }
}
    System.out.println("============棒、老虎、鸡、虫游戏结束============");
    }
}
```

实践贴士

（1）玩家输赢的次数累加变量需要赋初始值 0，否则会发生编译错误，如图 3-79 所示。

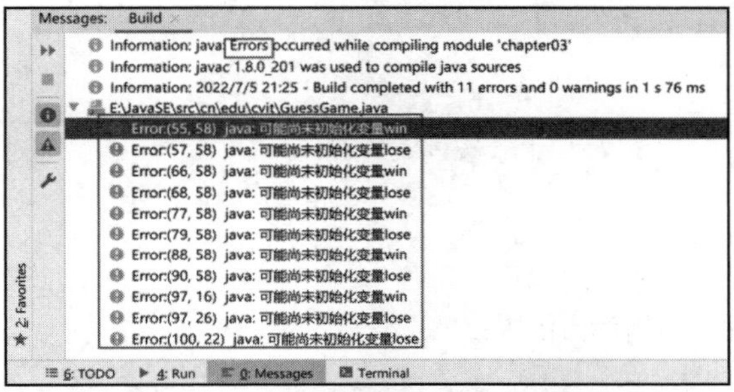

图 3-79　次数累加变量未赋初始值 0 发生编译错误

（2）每个 switch 语句的 case 子句中需要有 break 语句，如果将最外层的 switch 语句的一个 case 子句中的 break 语句注释掉，那么将出现错误结果。注释后的代码段如图 3-80 所示，出现的错误结果如图 3-81 所示。

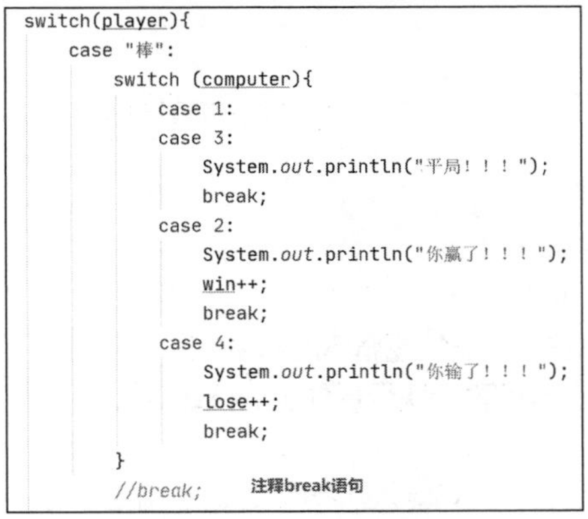

```
switch(player){
    case "棒":
        switch (computer){
            case 1:
            case 3:
                System.out.println("平局！！！");
                break;
            case 2:
                System.out.println("你赢了！！！");
                win++;
                break;
            case 4:
                System.out.println("你输了！！！");
                lose++;
                break;
        }
        //break;   注释break语句
```

图 3-80　注释后的代码段

图 3-81　注释必要的 break 语句后出现错误结果

（3）代码中 while 循环的循环条件为 true，因此，必须要有 break 语句，以便在判断输赢次数达到上限后结束循环，否则，将会出现无限循环。

单元小结

　　本单元详细介绍了 Java 的控制结构及相关语句，重点描述了控制语句的功能、一般格式和用法，以及控制语句在使用中容易出现的错误和解决办法。

习题

一、选择题

1. 下列语句中，不属于循环语句的是（　　）。

　　A. do…while　　　　B. if…else　　　　C. for　　　　D. while

2. 请阅读下面的程序并分析运行结果。

```java
public class Test {
  public static void main(String[] args) {
    for(int x =0;x < 5;x++){
      if(x%2 == 0)
        break;
      System.out.print(x);
    }
  }
}
```

下列运行结果中，正确的是（　　）。

　　A. 13　　　　　　B. 12345　　　　　C. 24　　　　　D. 不输出任何内容

3. 请阅读下面的程序并分析运行结果。

```java
public class Test {
  public static void main(String[] args) {
    int n=5;
    do{
      System.out.print(n--);
    }while(n!=0);
  }
}
```

下列运行结果中，正确的是（　　）。

　　A. 54321　　　　　B. 12345　　　　　C. 135　　　　　D. 不输出任何内容

二、判断题

1. if…else if…else 多分支语句和 switch 语句的用法完全相同。（　　）

2. break 语句既可以用在分支语句中，也可以用在循环语句中。（　　）

3. continue 语句不能用在分支语句中，但可以用在循环语句中。（　　）

4. break 语句和 continue 语句不能单独使用，必须用在分支语句或循环语句中。（　　）

5. 在多重循环中，如果在内循环中使用 break 语句，就能够直接跳至最外层的循环。（　　）

三、编程题

1. 编写程序，实现将从键盘输入的一个 5 位整数逆序输出，例如输入 12345，逆序输出 54321。

2. 编写程序，求 1～100 中所有奇数之和（包括 1 和 100）。

3. 编写程序，求 1! +2! +…+10! 的值。

单元4
方法与数组

04

当程序需要大量重复代码时，简单地复制、粘贴会导致程序结构臃肿、代码可读性及可维护性差，方法的出现解决了这一难题。方法可以达到一次编写、多次使用的效果。数组可以解决大量相同数据类型变量引起的代码冗余和数据处理速度慢的问题。

开发人员始终追求正确、高效的程序，方法与数组能够大大提高编写程序的效率，减少代码冗余。通过对本单元的学习，读者能够熟练掌握方法的声明与调用、一维和二维数组的定义及使用等。本单元的学习目标如下。

知识目标

◇ 掌握方法的声明与调用
◇ 理解方法的递归调用
◇ 掌握方法的重载
◇ 掌握变量的作用域
◇ 掌握一维数组的定义及使用
◇ 理解二维数组的定义及使用

技能目标

◇ 能够使用方法完成任务
◇ 能够使用一维数组完成任务
◇ 能够独立完成任务拓展

素养目标

◇ 树立正确的人生观
◇ 懂得学习是日积月累的过程

4.1 知识储备

4.1.1 方法的声明与调用

方法是一系列实现特定功能的语句，这些语句被收集在一起并命名。我们可以通过方法更容易地执行语句序列（而不是复制整个语句序列），从而实现重复使用相同的代码段，提高代码的重用性，有利于程序的阅读和维护。

4.1 方法的声明与调用

Java 中的方法分为 Java 自带的方法（也称 API）和自定义方法，Java API 在导入相关的包后可直接使用，详见单元 8。

1. 方法的声明

方法的声明包括方法头和方法体两部分。其中方法头确定方法名、参数名称、参数类型、返回值类型和访问权限。方法体由花括号内的语句组成，这些语句用于实现方法的功能。

（1）一般格式如下。

```
[修饰符] 返回值类型 方法名([参数类型 参数名称1],[参数类型 参数名称2]…){
    代码块;
    [return 表达式];
}
```

（2）使用说明如下。

① 修饰符。修饰符可以分为访问权限修饰符和非访问权限修饰符两种，例如，默认 main()方法的修饰符为 public 和 static，即访问权限修饰符 public 和非访问权限修饰符 static。static 修饰的方法只能调用 static 修饰的方法，不能调用非 static 修饰的方法，而非 static 修饰的方法可以调用 static 修饰的方法和非 static 修饰的方法。修饰符可以省略，省略表示采用默认访问权限。

② 返回值类型。如果方法有返回值，则需要明确地写出返回值的类型说明符；如果没有返回值，则需要明确地写出 void。

③ 形式参数。方法名后的圆括号内的参数称为形式参数（简称形参），圆括号不可省略。如果没有形参，参数列表为空；如果有形参，按照格式要求写出形参，多个形参之间用逗号分隔。

④ 返回值。方法中的 return 语句可以结束方法，并将返回值返回调用处，如果方法没有返回值，return 语句可省略。

2. 方法的调用

在程序中需要执行方法时，可通过方法名来调用，发出调用的方法称为主调方法，被调用的方法称为被调方法。

（1）一般格式如下。

```
方法名([实际参数1,实际参数2…]);
```

（2）使用说明如下。

① 实际参数。方法名后圆括号内的参数称为实际参数（简称实参），即使没有实参，圆括号也不可省略。

② 调用方式。如果方法被单独调用，即调用方式为单独的一条语句，则方法必须以分号结束语句；如果方法被放在表达式中调用，则方法结尾的分号应省略。

3. 方法的返回值

方法遵循单一功能原则，若方法执行后有返回值，可将其返回调用处，在主调方法中参与运算。

（1）返回值与 return 语句介绍如下。

在方法调用时能够给主调方法返回一个确定的值，该值称为返回值。通常使用 return 语句实现方法返回返回值。

方法返回返回值语句一般格式：

```
return(表达式);
```

或者为：

```
return 表达式;
```

（2）返回值说明如下。

① 在方法中可以有多个 return 语句，执行到哪一个 return 语句，就从哪一个 return 语句返回。

② return 语句只能返回一个返回值，而不能返回多个返回值。例如：

```
return(x,y);
```

该语句有两个返回值 x 和 y，是错误的。

③ return(表达式);语句中表达式的值的数据类型应与声明方法时方法的数据类型一致。

④ 如果方法中没有 return 语句，并不代表方法没有返回值，只能说明方法的返回值是一个不确定的值。通常不带返回值的方法被指定为空类型，类型说明符为 void。

【例 4-1】创建登录方法（无参数），在 main()方法中调用登录方法，实现简单的登录功能。

【操作步骤】

（1）新建 unit04 项目，在项目 unit04 的 src 目录下创建包 cn.edu.cvit，在包 cn.edu.cvit 下创建类 LoginByMethod。

（2）在文本编辑器视图中，撰写代码如下。

```
package cn.edu.cvit;
import java.util.Scanner;
/**
 * 调用登录方法实现简单的登录功能
 */
public class LoginByMethod {
//定义登录方法
  public static void login(){
    String username,password;                          //定义用户名和密码
    Scanner sc=new Scanner(System.in);                 //创建 Scanner 对象
    System.out.print("请输入用户名: ");                  //提示输入用户名
    username=sc.nextLine();                            //输入用户名
    System.out.print("请输入密码: ");                    //提示输入密码
    password=sc.nextLine();                            //输入密码
    //判断输入的用户名和密码是否正确，若正确，则输出登录成功，若错误，则输出登录失败
    if("admin".equals(username) &&"123".equals(password)){
      System.out.println("登录成功");
    }else{
      System.out.println("登录失败");
    }
  }
  //定义 main()方法
  public static void main(String[] args) {
    login();                                           //调用登录方法
  }
}
```

（3）在文本编辑器视图中单击 ▶ 按钮，运行程序，结果如图 4-1 所示。

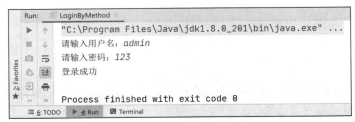

图 4-1 例 4-1 运行结果

提示 （1）main()方法与登录方法login()在类中的顺序对程序的运行没有影响，因为 main()方法是程序的入口。

（2）登录功能中的用户名和密码由读者自行确定，只需将程序中对应的字符串常量 admin 和 123 进行相应的修改。

（3）程序中的 equals()方法是字符串比较方法，详见单元 6。

（4）为了避免空指针异常，建议将指定的用户名和密码字符串常量放在 equals()方法的左侧。

【例 4-2】通过参数传递求两个整数中的最大值并输出。

【操作步骤】

（1）在包 cn.edu.cvit 下创建类 MaxByMethod。

（2）在文本编辑器视图中，撰写代码如下。

```java
package cn.edu.cvit;
/**
 * 创建 max 方法，返回两个整数中的最大值并输出
 */
public class MaxByMethod {
    //定义求最大值的方法，其中 x、y 为形参
    public static int max(int x,int y){
        if(x>y){                                    // 判断两个数的大小
            return x;                               // 如果第一个数大，返回第一个数
        }else{
            return y;                               //否则，返回第二个数
        }
    }
    //定义 main()方法
    public static void main(String[] args) {
        int x=10,y=20;                              // 定义变量 x、y 并赋初始值
        //调用 max()方法，并输出其返回值，其中 x、y 为实参
        System.out.println("最大值为: "+max(x,y));
    }
}
```

（3）在文本编辑器视图中单击 ▶ 按钮，运行程序，结果如图 4-2 所示。

图4-2　例4-2运行结果

提示 （1）max()方法头中的参数称为形参，在 main()方法中调用 max()方法时使用的参数称为实参，实参与形参的传递关系如图 4-3 所示。

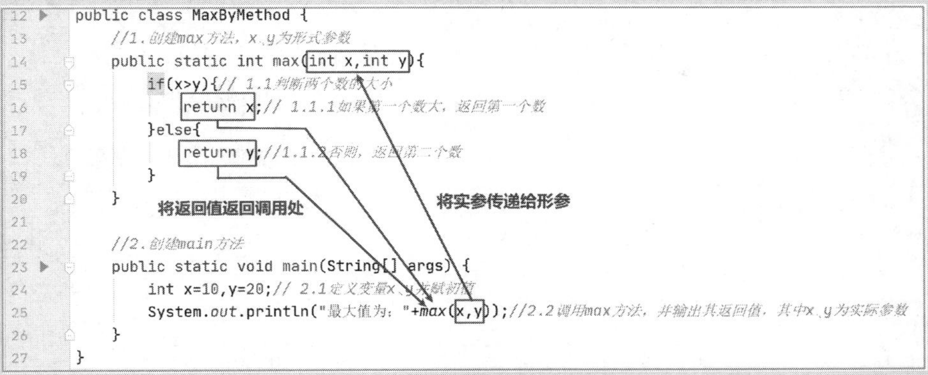

```
12 ▶  public class MaxByMethod {
13        //1.创建max方法，x，y为形式参数
14        public static int max(int x,int y){
15            if(x>y){// 1.1判断两个数的大小
16                return x;// 1.1.1如果第一个数大，返回第一个数
17            }else{
18                return y;//1.1.2否则，返回第二个数
19            }
20        }            将返回值返回调用处            将实参传递给形参
21
22        //2.创建main方法
23 ▶      public static void main(String[] args) {
24            int x=10,y=20;// 2.1定义变量x，y，并赋初值
25            System.out.println("最大值为："+max(x,y));//2.2调用max方法，并输出其返回值，其中x，y为实际参数
26        }
27  }
```

图4-3 实参与形参的传递关系

（2）main()方法中的变量值也可以通过键盘输入，具体实现由读者自行完成。

（3）在参数传递过程中，形参与实参的数据类型相同、个数相同。

4.1.2 方法的递归调用

方法的递归调用就是方法直接或者间接调用自己。方法的递归调用可以将一些问题逐渐简化，是一种常见的用简单程序来解决复杂问题的办法。

【例 4-3】通过方法的递归调用，求 20 以内整数的阶乘。

阶乘问题可以用循环语句轻松解决，但实际上，在数学中阶乘是以递归形式定义的，n 的阶乘的定义如下。

$$f(n)=\begin{cases}1, & n=0\text{或者}1\\ n f(n-1), & n>1\end{cases}$$

4.2 方法的递归调用

当 $n>1$ 时，n 的阶乘为 n 乘以 $n-1$ 的阶乘。因此，可以用方法的递归调用来求解阶乘问题。

【操作步骤】

（1）在包 cn.edu.cvit 下创建类 Factorial。

（2）在文本编辑器视图中，撰写代码如下。

```java
package cn.edu.cvit;
import java.util.Scanner;
/**
 * 递归求20以内整数的阶乘
 */
public class Factorial {
  public static void main(String[] args) {
    int n;                                              //定义变量
    Scanner sc=new Scanner(System.in);                  //创建 Scanner 对象
    System.out.print("请输入20以内的整数:");
    n=sc.nextInt();                                     //输入20以内的整数
    // 输出 n 的阶乘，实现递归调用
    System.out.println(n+"!="+fac(n));
  }
```

```
//定义求阶乘的方法 fac()
public static long fac(int n){
    //判断变量 n 的值,决定是否继续递归,若变量 n 的值为 1,结束递归,否则,继续递归
    if(n==1){                                          //当 n 的值为 1 时,结束递归
        return 1;
    }else{                                             //当 n 的值非 1 时,继续递归
        return n*fac(n-1);
    }
}
```

（3）在文本编辑器视图中单击 ▶ 按钮，运行程序，结果如图 4-4 所示。

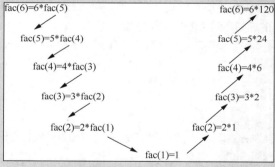

图 4-4　例 4-3 运行结果

提示　（1）递归主要分为数据传递和数值回归两个过程，例如求 6!的递归过程如图 4-5 所示。

```
fac(6)=6*fac(5)                              fac(6)=6*120

    fac(5)=5*fac(4)                       fac(5)=5*24

        fac(4)=4*fac(3)               fac(4)=4*6

            fac(3)=3*fac(2)       fac(3)=3*2

                fac(2)=2*fac(1)  fac(2)=2*1

                        fac(1)=1
```

图 4-5　求 6!的递归过程

　（2）使用方法的递归调用求阶乘时，建议求 20 以内整数的阶乘，否则所求结果会超过目前计算机所支持的整数范围。

4.1.3　方法的重载

4.3　方法的重载

在一个 Java 类中，方法名相同，参数类型、参数个数或者参数顺序不同的多个方法，被称为方法的重载。方法的重载通常常用于功能相似但参数不同的方法中。

方法的重载需要满足如下要求。

（1）在同一个类中。

（2）方法名相同。

（3）参数类型、参数个数或者参数顺序不同。

【例 4-4】利用方法的重载，调用同一方法实现不同功能。

【操作步骤】

（1）在包 cn.edu.cvit 下创建类 SumByMethod。

（2）在文本编辑器视图中，撰写代码如下。

```java
package cn.edu.cvit;
/**
 * 利用方法的重载，求不同参数类型、不同参数个数、不同参数顺序的参数之和
 */
public class SumByMethod {
  public static void main(String[] args) {
    System.out.println("2 个整数的和: "+sum(10,20));
    System.out.println("3 个整数的和: "+sum(10,20,30));
    System.out.println("单精度浮点数与整数的和: "+sum(10.5f,20));
    System.out.println("整数与单精度浮点数的和: "+sum(20,5.6f));
    System.out.println("2 个双精度浮点数的和: "+sum(5.5,4.5));
  }
  //2 个整数的和
  public static int sum(int a,int b){
    return a+b;
  }
  //3 个整数的和
  public static int sum(int a,int b,int c){
    return a+b+c;
  }
  //单精度浮点数与整数的和
  public static float sum(float a,int b){
    return a+b;
  }
  //整数与单精度浮点数的和
  public static float sum(int a,float b){
    return a+b;
  }
  //2 个双精度浮点数的和
  public static double sum(double a,double b){
    return a+b;
  }
}
```

（3）在文本编辑器视图中单击 ▶ 按钮，运行程序，结果如图 4-6 所示。

图 4-6　例 4-4 运行结果

 提示　（1）方法的重载必须满足必要条件，否则会出现编译错误。
　　　　（2）方法的重载可以避免使用过多相似的方法名，造成程序混乱。

4.1.4 变量的作用域

1. 概念

变量的作用域指的是变量的作用范围。在 Java 中，变量的作用域分为 4 种。

4.4 变量的作用域

（1）类级别的作用域

在类的内部定义的静态变量具有类级别的作用域，在整个类中都可以访问。

（2）对象级别的作用域

在类的内部定义的非静态变量具有对象级别的作用域，在该类的所有方法中都可以访问。

（3）方法级别的作用域

在方法中定义的变量具有方法级别的作用域，只能在该方法中访问。

（4）代码块级别的作用域

在花括号内定义的变量具有代码块级别的作用域，只能在该代码块中访问。

2. 说明

（1）类级变量是定义在类中的静态变量。类级变量保存在内存的公共存储单元中，当任何一个对象访问静态变量时，得到的值都是相同的。

（2）当一个对象对类级变量进行修改时，保存在类的内存的公共存储单元中的值也将被修改。

（3）在同一变量的作用域内，不允许出现变量名相同的变量，否则会出现编译错误。

【例 4-5】运行程序，观察各级变量的作用域。

【操作步骤】

（1）在包 cn.edu.cvit 下创建类 Scope。

（2）在文本编辑器视图中，撰写代码如下。

```java
package cn.edu.cvit;
/**
 * 变量的作用域
 */
public class Scope {
    static int sum=0;                              //定义类级变量 sum
    int m=100;                                     //定义对象级变量 m
    {                                              //定义代码块级变量 n
        int n=200;
        System.out.println("代码块级变量 n="+n);
    }
    public static void main(String[] args) {       //main()方法
        Scope scope=new Scope();                   //实例化 Scope 对象
        System.out.println("对象级变量 m="+scope.m);
        int sum=10;                                //定义方法级变量 sum
        add();
        System.out.println("方法级变量 sum="+sum);   //输出方法级变量 sum
    }
    public static void  add()                      //求和方法 add()
    {
        int num1=10,num2=20;
        sum=num1+num2;                             //修改类级变量 sum
        System.out.println("类级变量 sum="+sum);     //输出类级变量 sum
    }
}
```

（3）在文本编辑器视图中单击 ▶ 按钮，运行程序，结果如图 4-7 所示。

图 4-7　例 4-5 运行结果

> **提示**　（1）代码块级变量在类加载过程中直接使用。
> （2）对象级变量必须先实例化对象，再由对象调用。
> （3）在调用 add()方法后，直接输出 main()方法中方法级变量 sum 的值。
> （4）在 add()方法中，将两个数的和赋给类级变量 sum，因此，在 main()方法中调用 add()后，输出类级变量 sum 的值。

【例 4-6】扩展例 4-1，在登录方法 login()中实现用户名或者密码错误则重新登录，错误达到 3 次则退出系统的功能。

【操作步骤】

（1）在包 cn.edu.cvit 下创建类 LoginByRecursion。

（2）在文本编辑器视图中，撰写代码如下。

```java
package cn.edu.cvit;
import java.util.Scanner;
/**
 * 递归扩展登录功能，错误 3 次则退出系统
 * 过程分析:
 * 1.定义静态变量 i=0, 记录登录次数
 * 2.当用户名或者密码错误时，登录次数自增，并判断其是否达到 3 次，未达到则重新登录，达到则退出系统
 */
public class LoginByRecursion {
  static int i=0;                                        //定义静态变量 i，记录登录次数
  public static void login(){                            //定义登录方法
    String username,password;                            //定义用户名和密码
    Scanner sc=new Scanner(System.in);                   //创建 Scanner 对象
    System.out.print("请输入用户名: ");                    //提示输入用户名
    username=sc.nextLine();                              //输入用户名
    System.out.print("请输入密码: ");                      //提示输入密码
    password=sc.nextLine();                             //输入密码
    //判断输入的用户名和密码是否正确
    if("admin".equals(username) &&"123".equals(password)){
      System.out.println("登录成功");                     //正确，输出登录成功
    }else{                                              //错误，登录次数自增
      i++;
      if(i==3){                                         //如果达到 3 次
        System.out.println("用户名或者密码错误 3 次，退出系统!!! ");
```

```
            System.exit(0);                                    //退出系统
        }else{                                                 //如果未达到3次，重新登录
            System.out.println("用户名或者密码错误，请重新登录! ");
            login();                                           //递归调用
        }
    }
}
//声明main()方法
public static void main(String[] args) {
    login();                                                   //调用登录方法
}
}
```

（3）在文本编辑器视图中单击 ▶ 按钮，运行程序，结果如图4-8所示。

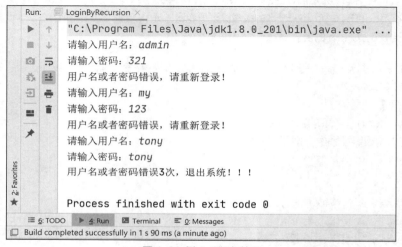

图4-8　例4-6运行结果

提示 （1）语句 System.exit(0);功能为退出系统。

（2）本例与例4-1的不同之处在于，本例通过局部静态变量和递归调用实现了多次登录功能。

4.1.5　一维数组

4.5　一维数组

　　　　在数组（array）出现之前，存储成千上万同一数据类型的数据需要定义成千上万个变量，既麻烦又复杂，而数组可以简化这一过程。

　　　　数组是一个容器，是具有相同数据类型的元素按照一定顺序排列的集合，其元素数据类型可以是基本类型，也可以是引用类型。数组分为一维数组、二维数组和多维数组。一维数组对应的数据模型是队列、堆栈，二维数组对应的数据模型是矩阵，多维数组对应的数据模型不固定，本书重点介绍一维数组和二维数组。

　　如果存储100名同学的Java成绩，是否需要定义100个变量呢？显而易见，定义一个一维数组即可轻松完成。

1. 一维数组定义

一维数组通常有两种定义格式，推荐使用第1种格式。

（1）第 1 种格式如下。

```
数据类型[ ] 数组名;
数组名=new 数据类型[数组长度];
```

例如：

```
int[ ] a;
a=new int[3];
```

也可以写成：

```
int[] a=new int[3];
```

定义一个整型一维数组，数组名为 a，数组长度为 3，在这个定义格式中各部分的含义如下。

① int：数组元素的数据类型。

② [ ]：数组。

③ new：为数组申请内存单元。

④ a：数组名。

⑤ 3：数组长度，即数组元素的个数。

（2）第 2 种格式如下。

```
数据类型 数组名[ ];
数组名=new 数据类型[数组长度];
```

例如：

```
int a[ ];
a=new int[3];
```

定义一个整型变量，变量名是 a，变量值是数组长度为 3 的一维数组，以上两种定义格式的作用完全相同。

2. 一维数组初始化

Java 中的一维数组必须先初始化，才能使用。所谓的初始化就是为每个一维数组元素分配一个内存单元，并为每个数组元素赋值。Java 中的一维数组初始化分为动态初始化和静态初始化两种。

（1）动态初始化介绍如下。

动态初始化是指定数组长度，并由系统自动给数组元素赋初始值。

例如：

```
int[ ] a=new int[100];
```

该语句定义一个整型一维数组 a，数组长度为 100，即 100 个整型数组元素，数组元素分别表示为 a[0]、a[1]、a[2]…a[99]，各数组元素的初始值均为 0。不同数据类型数组元素动态初始化的默认初始值如表 4-1 所示。

表 4-1　不同数据类型数组元素动态初始化的默认初始值

数据类型	默认初始值
byte、short、int、long	0
float、double	0.0
char	一个空字符
boolean	false
引用类型	null

int[ ] a 相当于定义了一个整型一维数组 a，其中各数组元素无初始值，在内存为其分配一个内存单元用于存储数组元素的首地址，new int[100]创建一个一维数组，将数组的地址赋给变量 a，同时在内存分配连续的 100 个内存单元用于存储 100 个数组元素的值。数组在内存中的存储如图 4-9 所示。

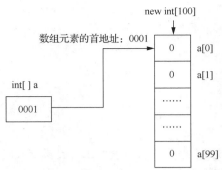

图 4-9　数组在内存中的存储

（2）静态初始化介绍如下。

静态初始化是指在定义变量时，直接给出各数组元素的初始值，但不给出数组长度，数组长度由数组元素的初始值个数决定。

一般格式：

数据类型[　] 数组名=new 数据类型[　]{值1,值2,值3,…,值n}；

通常使用其简化格式：

数据类型[　] 数组名={值1,值2,值3,…,值n}；

例如：

int a[]={1,2,3,4,5,6};

定义一个整型一维数组 a，各数组元素的初始值分别为 1~6 的整数，各数组元素之间用逗号分隔，数组长度为 6。

3. 一维数组元素的访问

一维数组的访问其实是对数组元素的访问，每个数组元素都相当于一个变量，那么如何访问数组元素呢？

一般格式：

数组名[索引]

索引也叫下标，是数组中的标号方式，索引从 0 开始，连续递增且每次增 1，索引的最大值为数组长度减 1。

【例 4-7】编写程序，实现一维数组元素的访问。

【操作步骤】

（1）在包 cn.edu.cvit 下创建类 ArrayDemo1。

（2）在文本编辑器视图中，撰写代码如下。

```
package cn.edu.cvit;
/**
 * 一维数组元素的访问
 */
public class ArrayDemo1 {
  public static void main(String[] args) {
    //定义字符型数组 chArr，并赋初始值
    char[] chArr={'H','E','L','L','O'};
    //分别输出每一个数组元素的值
    System.out.println("第1个数组元素为: "+chArr[0]);
    System.out.println("第2个数组元素为: "+chArr[1]);
    System.out.println("第3个数组元素为: "+chArr[2]);
```

```
      System.out.println("第 4 个数组元素为: "+chArr[3]);
      System.out.println("第 5 个数组元素为: "+chArr[4]);
   }
}
```

（3）在文本编辑器视图中单击 ▶ 按钮，运行程序，结果如图 4-10 所示。

图 4-10　例 4-7 运行结果

提示　（1）如果索引超过数组长度-1，会出现索引越界异常，例如输出 chArr[5]这个数组元素的值，将发生异常，异常如图 4-11 所示。

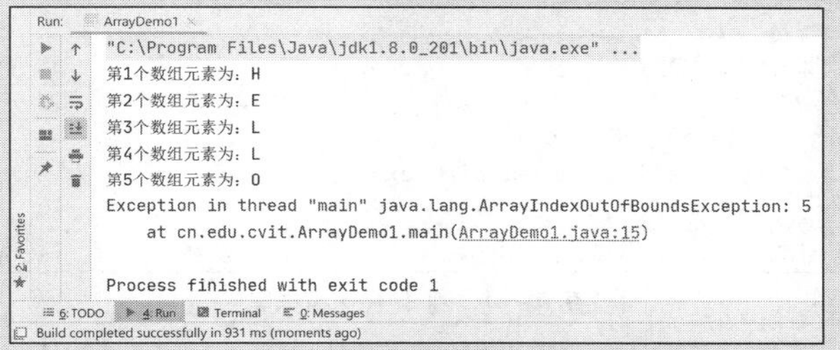

图 4-11　索引越界异常

（2）如果输出数组名，则看到的是一个包含数组标识、数组类型及数组引用的十六进制的地址，如图 4-12 所示。

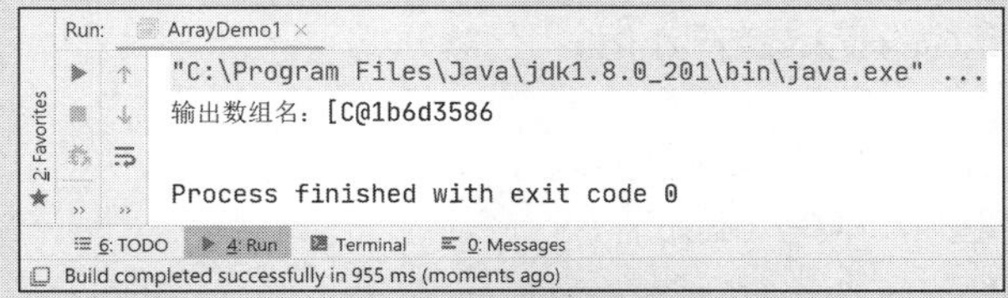

图 4-12　输出数组名

（3）在数组引用时，需要避免空指针异常。如果将一个数组指向 null，那么再次访问该数组时，将出现空指针异常，如图 4-13 所示。

图 4-13　空指针异常

4. 一维数组的遍历

如果一维数组长度较长，访问其中所有的数组元素时，可以使用循环语句实现一维数组的遍历，从而方便、快捷地访问一维数组元素。

【例4-8】一维数组的遍历。

（1）在包 cn.edu.cvit 下创建类 ArrayDemo2。

（2）在文本编辑器视图中，撰写代码如下。

```java
package cn.edu.cvit;
/**
 * 一维数组的遍历
 */
public class ArrayDemo2 {
  public static void main(String[] args) {
    int[] a={10,30,-50,100,60};                    //定义整型一维数组a，并赋初始值
    for(int i=0;i<=a.length-1;i++){                //遍历一维数组
      System.out.print(a[i]+" ");
    }
  }
}
```

（3）在文本编辑器视图中单击 ▶ 按钮，运行程序，结果如图4-14所示。

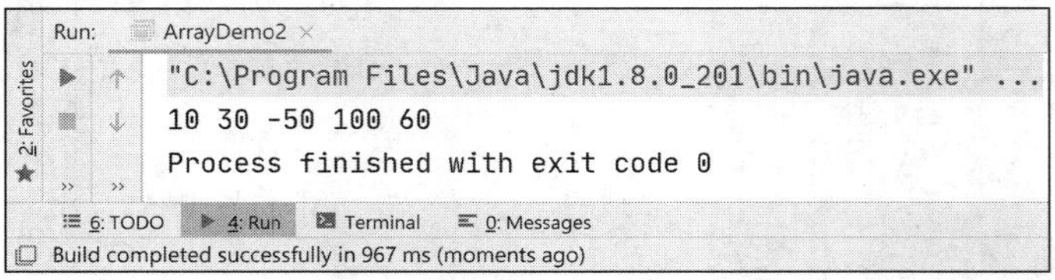

```
Run:    ArrayDemo2 ×
  ▶  ↑   "C:\Program Files\Java\jdk1.8.0_201\bin\java.exe" ...
  ■  ↓   10 30 -50 100 60
  ★      Process finished with exit code 0
      ≡ 6: TODO   ▶ 4: Run   ⊠ Terminal   ≡ 0: Messages
  ☐ Build completed successfully in 967 ms (moments ago)
```

图4-14　例4-8运行结果

> **提示**　（1）代码中的 **a.length** 表示数组 a 的数组长度。
> （2）通过 **for** 循环实现一维数组的遍历的过程中，需要注意的是变量值从 0 开始递增到数组长度减 1，即从数组中第 1 个数组元素访问到最后 1 个数组元素。

【例4-9】求一维数组中的最大值和最小值。

【操作步骤】

（1）在包 cn.edu.cvit 下创建类 ArrayDemo3。

（2）在文本编辑器视图中，撰写代码如下。

```java
package cn.edu.cvit;
/**
 * 求一维数组中的最大值和最小值
 */
public class ArrayDemo3 {
  public static void main(String[] args) {
    //定义单精度浮点型一维数组fArr，并赋初始值
    float[] fArr={15.5f,-30.2f,98.8f,-10f,66.6f};
    float min,max;                                 //定义最小值变量min和最大值变量max
    //将数组中第1个数组元素分别赋给变量min和max
    min=max=fArr[0];
    //遍历一维数组，分别将每一个数组元素与变量min和max的值比较
```

```
        for(int i=1;i<fArr.length;i++){
            if(min>fArr[i]){
                min=fArr[i];
            }
            if(max<fArr[i]){
                max=fArr[i];
            }
        }
        System.out.println("一维数组中最小值为: "+min);
        System.out.println("一维数组中最大值为: "+max);
    }
}
```

（3）在文本编辑器视图中单击 ▶ 按钮，运行程序，结果如图 4-15 所示。

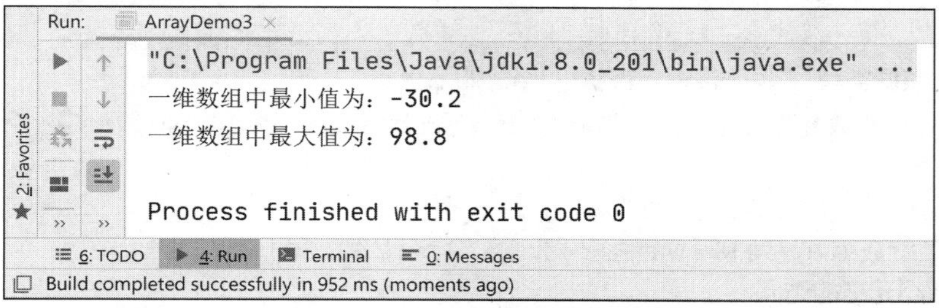

```
Run:    ArrayDemo3 ×
▶  ↑    "C:\Program Files\Java\jdk1.8.0_201\bin\java.exe" ...
■  ↓    一维数组中最小值为: -30.2
   ⇥    一维数组中最大值为: 98.8
   ⇥
        Process finished with exit code 0

≡ 6: TODO   ▶ 4: Run   ◼ Terminal   ≡ 0: Messages
Build completed successfully in 952 ms (moments ago)
```

图 4-15　例 4-9 运行结果

> **提示**（1）在遍历一维数组并比较数组元素与变量值的过程中，因为第 1 个数组元素已经赋给了变量 min 和 max，因此可以从第 2 个数组元素开始比较。
> （2）for 循环中循环变量的终值如果不包含数组长度本身，可以不减 1。

4.1.6　二维数组

如果要统计多名同学多门课程的成绩，使用二维数组可以完成这一任务。

Java 中的二维数组是特殊的一维数组，即一维数组的每一个数组元素都是一个一维数组。从语法的角度看，Java 支持多维数组，但从内存分配原理的角度看，Java 中只有一维数组，没有多维数组，多维数组实质上都是由一维数组演变而来的。

4.6　二维数组

1．二维数组定义

二维数组有两种定义格式，推荐使用第 1 种格式。

（1）第 1 种格式如下。

```
数据类型[ ][ ] 数组名;
数组名=new 数据类型[行数][列数];
```

例如：

```
int[ ][ ] a;
a=new int[3][4];
```

定义一个 3 行 4 列的整型二维数组，数组名为 a，在这个定义格式中各部分的含义如下。

① int：数组元素的数据类型。

②［］［］：二维数组。

③ a：数组名。

（2）第2种格式如下。

数据类型 数组名[ ][ ];
数组名=new 数据类型[行数][列数];

例如：

```
int a[ ][ ];
a=new int[3][4];
```

定义一个整型变量，变量名为a，变量值为3行4列的二维数组。

2. 二维数组初始化

二维数组的动态初始化与一维数组的相同，静态初始化由开发人员完成，且不能指定数组行数及列数，数组行数及列数由系统自动计算。

一般格式：

数据类型[ ][ ] 数组名=new 数据类型[ ][ ]{{第0行初始值},{第1行初始值},{第2行初始值},…,{第n行初始值}};

其中new 数据类型[ ][ ]可省略，省略后的格式如下：

数据类型[ ][ ] 数组名= {{第0行初始值},{第1行初始值},{第2行初始值},…,{第n行初始值}};

例如：

```
int[][] a={{1,2,3},{4,5},{6,7,8}};
```

定义一个二维数组a，其中第0行有3列，第1行有2列，第3行有3列。

3. 二维数组元素的访问

二维数组元素的访问一般格式：

数组名[行索引][列索引];

例如：int[ ][ ] a={{1,2,3,4},{4,5,6,7},{7,8,9,10}};

定义一个二维数组a并赋初始值，表示3行4列的二维数组，第0行各数组元素分别表示为a[0][0]、a[0][1]、a[0][2]、a[0][3]，其余各行以此类推，如表4-2所示。

表4-2　3行4列二维数组

int[][]a	第0列	第1列	第2列	第3列
第0行	a[0][0]	a[0][1]	a[0][2]	a[0][3]
第1行	a[1][0]	a[1][1]	a[1][2]	a[1][3]
第2行	a[2][0]	a[2][1]	a[2][2]	a[2][3]

【例4-10】编写程序实现二维数组元素的访问。

（1）在包cn.edu.cvit下创建类ArrayDemo4。

（2）在文本编辑器视图中，撰写代码如下。

```java
package cn.edu.cvit;
/**
 * 二维数组元素的访问
 */
public class ArrayDemo4 {
  public static void main(String[] args) {
    int[][] a={{1,2,3,4},{4,5,6,7},{7,8,9,10}};
    System.out.println("第0行第0列: "+a[0][0]); //输出第0行第0列数组元素的值
    System.out.println("第1行第1列: "+a[1][1]); //输出第1行第1列数组元素的值
    System.out.println("第2行第2列: "+a[2][2]); //输出第2行第2列数组元素的值
  }
}
```

（3）在文本编辑器视图中单击 ▶ 按钮，运行程序，结果如图 4-16 所示。

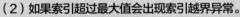
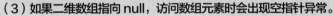

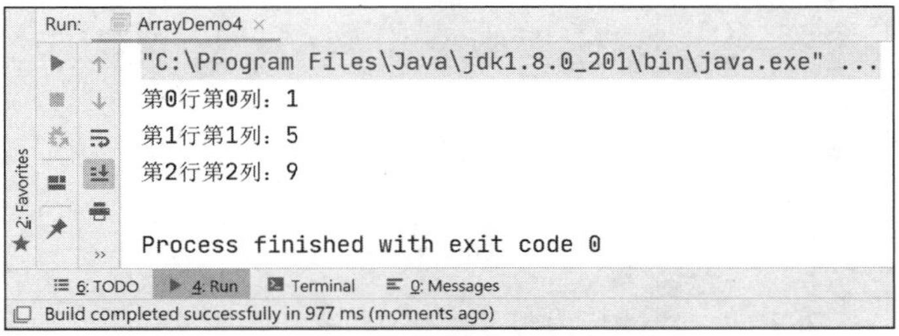

图 4-16　例 4-10 运行结果

> **提示** （1）二维数组中行索引与列索引均从 0 开始标号，行索引最大值为二维数组的行数减 1，列索引
> 最大值为二维数组对应数组元素的长度，即一维数组的数组长度。
> （2）如果索引超过最大值会出现索引越界异常。
> （3）如果二维数组指向 null，访问数组元素时会出现空指针异常。

4. 二维数组的遍历

二维数组的遍历需要循环嵌套实现，外层循环代表二维数组的行，内层循环代表二维数组的列。

【例 4-11】编写程序实现二维数组的遍历。

（1）在包 cn.edu.cvit 下创建类 ArrayDemo5。

（2）在文本编辑器视图中，撰写代码如下。

```java
package cn.edu.cvit;
/**
 * 二维数组的遍历
 */
public class ArrayDemo5 {
  public static void main(String[] args) {
    //定义 3 行 3 列整型二维数组
    int[][] a={{10,11,12},{20,21,22},{30,31,32}};
    System.out.println("二维数组遍历的结果为: ");
    //循环嵌套实现二维数组的遍历，循环变量 i 代表行数，变量值从 0 自增到二维数组的行数减 1
    for(int i=0;i<a.length;i++){
      //循环变量 j 代表列数，变量值从 0 自增到二维数组每一行数组元素的长度
      for(int j=0;j<a[i].length;j++){
        //输出第 i 行第 j 列二维数组元素的值
        System.out.print(a[i][j]+" ");
      }
      //每输出二维数组一行数组元素的值后，输出一个空行
      System.out.println();
    }
  }
}
```

（3）在文本编辑器视图中单击 ▶ 按钮，运行程序，结果如图 4-17 所示。

> **提示** （1）在二维数组的遍历过程中，外层循环变量的终值为 a.length（二维数组的长度），即行数，
> 内层循环变量的终值为 a[i].length（每一行二维数组元素的长度）。
> （2）二维数组每一行的列数可以相同，也可以不相同。

107

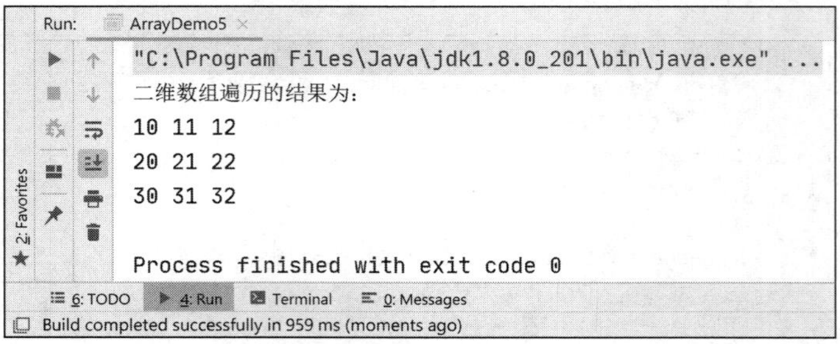

```
Run:      ArrayDemo5 ×
▶  ↑      "C:\Program Files\Java\jdk1.8.0_201\bin\java.exe" ...
■  ↓      二维数组遍历的结果为：
🖈  ➡      10 11 12
🖥  ⬇      20 21 22
🖨  ❚      30 31 32
⚑  🗑
★         Process finished with exit code 0

         ☰ 6: TODO  ▶ 4: Run  ■ Terminal  ☰ 0: Messages
         🖵 Build completed successfully in 959 ms (moments ago)
```

图 4-17　例 4-11 运行结果

【**例 4-12**】定义一个 3 行 4 列的二维数组并赋初始值，输出每一行的最大值。

（1）在包 cn.edu.cvit 下创建类 ArrayDemo6。

（2）在文本编辑器视图中，撰写代码如下。

```java
package cn.edu.cvit;
/**
 * 输出 3 行 4 列的二维数组中每一行的最大值
 */
public class ArrayDemo6 {
  public static void main(String[] args) {
    //定义 3 行 4 列整型二维数组，并赋初始值
    int[][] a={{-15,30,-5,11},{90,-50,85,77},{100,150,-200,36}};
    //遍历二维数组
    for(int i=0;i<a.length;i++){
      //定义每一行最大值变量 max，并将每一行第一个数组元素的值作为其初始值
      int max=a[i][0];
      //将变量 max 的值与第 i 行其余数组元素比较，使其永远为最大值
      for(int j=0;j<a[i].length;j++){
       if(a[i][j]>max){
         max=a[i][j];
        }
      }
      //输出每一行的最大值
      System.out.println("第"+(i+1)+"行的最大值为: "+max);
    }
  }
}
```

（3）在文本编辑器视图中单击 ▶ 按钮，运行程序，结果如图 4-18 所示。

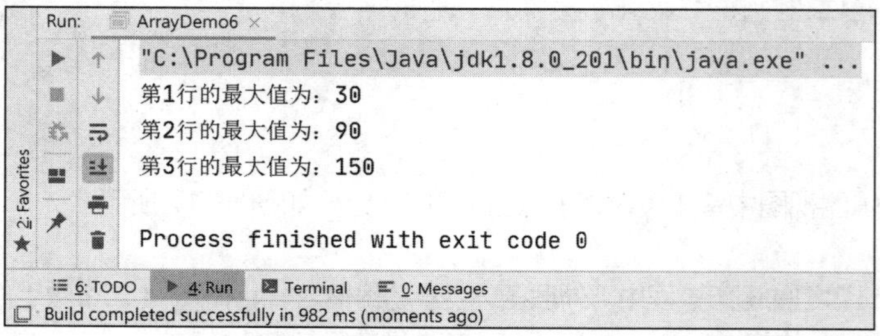

```
Run:      ArrayDemo6 ×
▶  ↑      "C:\Program Files\Java\jdk1.8.0_201\bin\java.exe" ...
■  ↓      第1行的最大值为: 30
🖈  ➡      第2行的最大值为: 90
🖥  ⬇      第3行的最大值为: 150
🖨  ❚
⚑  🗑      Process finished with exit code 0
★
         ☰ 6: TODO  ▶ 4: Run  ■ Terminal  ☰ 0: Messages
         🖵 Build completed successfully in 982 ms (moments ago)
```

图 4-18　例 4-12 运行结果

4.2 任务实现

4.2.1 任务 1：输出图形

1. 任务描述

通过主菜单，用户可选择需要输出的图形，1 表示矩形，2 表示平行四边形，3 表示直角三角形，4 表示等腰三角形，0 表示退出系统。输出图形运行结果如图 4-19 所示。

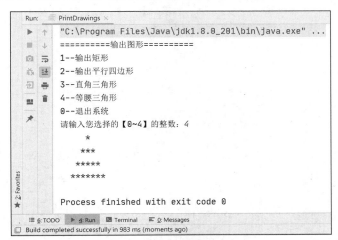

图 4-19　输出图形运行结果

2. 任务分析

（1）根据任务描述，需要声明 4 个方法，用于输出不同的图形。

（2）使用双重循环实现各种图形的输出。

3. 任务实施

（1）在包 cn.edu.cvit 下创建类 PrintDrawings。

（2）在文本编辑器视图中，撰写代码如下。

```
package cn.edu.cvit;
import java.util.Scanner;
/**
 * 输出图形
 */
public class PrintDrawings {
  //定义 main()方法
  public static void main(String[] args) {
    //定义变量 n，用于接收从键盘输入的数字，即选择需要输出的图形
    int n;
    Scanner sc=new Scanner(System.in);
    System.out.println("==========输出图形==========");
    System.out.println("1--矩形");
    System.out.println("2--平行四边形");
    System.out.println("3--直角三角形");
    System.out.println("4--等腰三角形");
```

```
        System.out.println("0--退出系统");
        System.out.print("请输入您选择的【0～4】的整数: ");
        n=sc.nextInt();
        switch(n){
          case 1:rectangle();break;
          case 2:parallelogram();break;
          case 3:triangle1();break;
          case 4:triangle2();break;
          case 0:System.exit(0);
          default:
            System.out.println("输入错误，请输入【0～4】的整数: ");
        }
    }
    //输出矩形
    public static void rectangle(){
      for(int i=1;i<4;i++){                    //外层循环控制行数
        for(int j=1;j<=6;j++){                 //内层循环控制列数
          System.out.print("*");
        }
        System.out.println();                  //每输出一行后换行
      }
    }
    //输出平行四边形
    public static void parallelogram(){
      for(int i=1;i<=4;i++){                   //外层循环控制行数
        //内层循环控制空格数，内层循环变量的值随外层循环变量的值的增加而减少
        for(int k=1;k<=5-i;k++){               //其中的5可以替换为任意大于外层循环变量终值的数
          System.out.print(" ");
        }
        for(int j=1;j<=6;j++){                 //内层循环控制列数
          System.out.print("*");
        }
        System.out.println();
      }
    }
    //输出直角三角形
    public static void  triangle1(){
      for(int i=1;i<=5;i++){                   //外层循环控制行数
        //内层循环控制列数，内层循环变量的值随外层循环变量的值的增加而增加
        for(int j=1;j<=i;j++){
          System.out.print("*");
        }
        System.out.println();
      }
    }
    //输出等腰三角形
    public static void  triangle2(){
      for(int i=1;i<=4;i++){
        for(int k=1;k<=6-i;k++){               //内层循环控制空格数
          System.out.print(" ");
        }
```

```
        //内层循环控制列数
        for(int j=1;j<=2*i-1;j++){
            System.out.print("*");
        }
        System.out.println();
        }
    }
}
```

4．实践贴士

（1）通过不同的方法实现输出不同的图形可以提高程序的可读性和可维护性，如果需要修改某个图形，只需要修改相应的方法。

（2）在任务中需要注意 print()方法和 println()方法的使用，如果不需要换行则使用前者，需要换行则使用后者。

（3）各图形中的行数与列数可自行设置。

4.2.2　任务 2：冒泡排序

1．任务描述

随机生成[1,100]的 10 个整数，将其分别保存到一维数组中，并将 10 个整数按从小到大的顺序排序。冒泡排序运行结果如图 4-20 所示。

冒泡排序的原理是不断比较两个相邻的数，大数下沉，小数上浮，整个过程如同气泡上升。冒泡排序需要两重循环来实现，外层循环执行一次，所有的数比较一轮，并找出其中的最大数，下一轮比较可以少一次；在内层循环执行过程中，如果相邻两个数在比较时，第一个数大于第二个数，则将两个数交换，再将第二个数与第三个数进行比较，如果第二个数大于第三个数则交换，以此类推，内层循环执行一次，此轮的最大数将被放至最后。

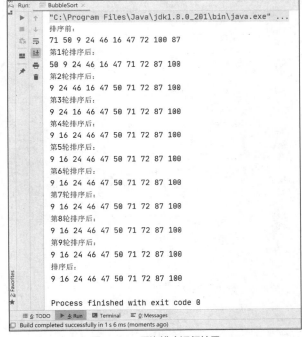

图 4-20　冒泡排序运行结果

2．任务分析

（1）定义一个整型一维数组，数组长度为 10，用于接收随机生成的 10 个整数。

（2）调用类 Random 中的 nextInt()方法，随机生成[0,99]的任意整数，将生成的随机数加 1，可以得到[1,100]的整数。

（3）循环遍历数组，将随机生成的 10 个整数分别保存在数组中。

（4）声明遍历数组的方法，遍历输出排序前的 10 个整数。

（5）利用冒泡排序，将数组中的数组元素按从小到大排序。

（6）调用遍历数组的方法，输出每轮排序的结果。

（7）排序后，调用遍历数组的方法，输出排序后的 10 个整数。

3．任务实施

（1）在包 cn.edu.cvit 下创建类 BubbleSort。

（2）在文本编辑器视图中，撰写代码如下。

```java
package cn.edu.cvit;
import java.util.Random;
/**
 * 冒泡排序
 */
public class BubbleSort {
  public static void main(String[] args) {
    Random r=new Random();
    int[] arr=new int[10];
    for(int i=0;i<=9;i++){
        arr[i]=r.nextInt(100)+1;
    }
    //排序前
    System.out.println("排序前: ");
    printArray(arr);
    sort(arr);
    System.out.println("排序后: ");
    printArray(arr);
  }
  //遍历输出数组元素的值
  public static void printArray(int[] arr){
    for(int i=0;i<arr.length;i++){
        System.out.print(arr[i]+" ");
    }
    System.out.println();
  }
  //冒泡排序方法
  public static void sort(int[] arr){
    //外层循环控制冒泡排序比较的轮数
    for(int i=0;i<arr.length-1;i++){
        //内层循环控制冒泡排序第一轮比较的次数
        for(int j=0;j<arr.length-i-1;j++){
            //比较相邻两个数组元素的值，数组元素值大的放在后边
            if(arr[j]>arr[j+1]){
                //定义临时变量，用于完成两个数组元素的交换
                int temp;
                temp=arr[j];
                arr[j]=arr[j+1];
                arr[j+1]=temp;
            }
        }
        System.out.println("第"+(i+1)+"轮排序后: ");
        printArray(arr);
    }
  }
}
```

4. 实践贴士

（1）数组作为方法的参数传递时，只需要写数组名，其传递的是数组首元素的地址。

（2）内、外循环变量从 0 开始，应避免数组索引越界。

4.2.3 任务 3：成绩统计

1. 任务描述

利用二维数组，统计 5 名同学的 4 科成绩，计算出每名同学各科成绩的总分和平均分。成绩统计运行结果如图 4-21 所示。

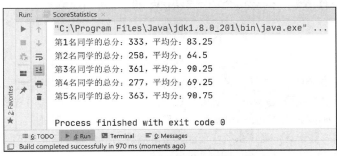

图 4-21 成绩统计运行结果

2. 任务分析

（1）定义一个 5 行 4 列的二维数组并赋初始值，用于存储 5 名同学的 4 科成绩。

（2）遍历二维数组，因为需要计算每名同学的各科成绩总分和平均分，所以，在外层循环与内层循环的中间定义两个变量 sum 和 ave，并给变量 sum 赋初始值 0。

（3）在内层循环内完成对每名同学各科成绩求和。

（4）内层循环每执行一次，输出对应同学的总分和平均分。

3. 任务实施

（1）在包 cn.edu.cvit 下创建类 ScoreStatistics。

（2）在文本编辑器视图中，撰写代码如下。

```java
package cn.edu.cvit;
/**
 * 计算 5 名同学的 4 科成绩的总分和平均分
 */
public class ScoreStatistics {
  public static void main(String[] args) {
    //定义 5 行 4 列的整型二维数组，并赋初始值
    int[][] score={{70,87,95,81},{38,64,79,77},{90,91,92,88},{65,59,73,80},
{98,85,91,89}};
    //遍历二维数组
    for(int i=0;i<score.length;i++){
      int sum=0;                          //定义总分变量并赋初始值
      float ave;                          //定义平均分变量
      //计算每名同学的总分
      for(int j=0;j<score[i].length;j++){
        sum+=score[i][j];
      }
      ave=sum/4.0f;                        //计算每名同学的平均分
      System.out.println("第"+(i+1)+"名同学的总分："+sum+"，平均分："+ave);
    }
  }
}
```

4．实践贴士

（1）如果将总分变量的定义放在外层循环之外，结果将会如何呢？显然，结果将把 5 名同学的 4 科成绩共计 20 个成绩累加。

（2）如果将计算每名同学的平均分的语句中的 4.0f 改为 4，结果中平均分的精度将会发生变化。

4.3 任务拓展：实现迷你考试系统

任务描述

利用所学知识和技能设计并实现"迷你考试系统"。迷你考试系统主要包括登录界面、迷你考试系统主界面、Java 基础试题界面、Office 办公应用试题界面、网页设计（HTML）试题界面、Java 基础试卷界面、Office 办公应用试卷界面、网页设计（HTML）试卷界面以及考试成绩查询界面。该系统运行后，登录人先输入姓名登录迷你考试系统，在迷你考试系统主界面可以选择考试科目，选择科目后开始作答，答完试卷可查询成绩，具体运行结果如下。

（1）登录界面如图 4-22 所示。

图 4-22　登录界面

（2）迷你考试系统主界面如图 4-23 所示。

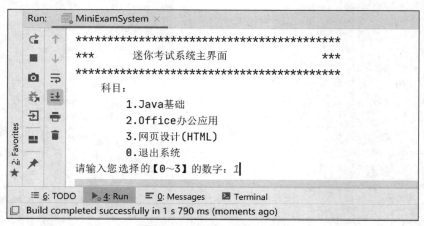

图 4-23　迷你考试系统主界面

（3）Java 基础试题界面如图 4-24 所示。

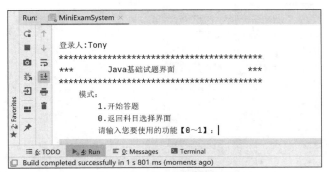

图4-24　Java 基础试题界面

（4）Java 基础试卷界面如图4-25 所示。

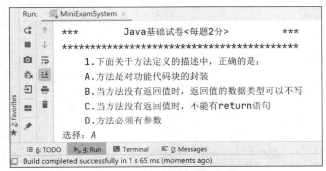

图4-25　Java 基础试卷界面

（5）考试成绩查询界面如图4-26 所示。

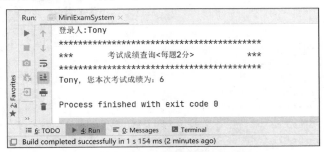

图4-26　考试成绩查询界面

📖 任务分析

　　迷你考试系统从登录界面到考试成绩查询界面分别通过方法实现，登录后，每个界面都将保留登录人姓名，这需要定义全局静态变量，即在所有方法外声明变量。迷你考试系统多处需要登录人输入信息，同样需要定义全局静态变量 Scanner 对象，无须定义多个 Scanner 对象。本任务中迷你考试系统以每个科目只出 3 题为例，后期可随意增减。在试卷界面的方法中定义了两个字符串类型数组，也可以定义为普通变量，定义数组的主要目的是保存登录人答案以便后期查看。

📖 任务实施

　　迷你考试系统实施步骤如下。

（1）在包 cn.edu.cvit 下创建类 MiniExamSystem。

（2）在文本编辑器视图中，撰写代码如下。

```java
package cn.edu.cvit;
import java.util.Scanner;
/**
 * 迷你考试系统
 */
public class MiniExamSystem {
    //定义全局静态变量 username,用于保存登录人姓名
    static String username;
    //定义全局静态变量 sc,用于在各方法中接收从键盘输入的数据
    static Scanner sc=new Scanner(System.in);
    //定义全局静态变量 score,用于保存分数
    static int score;
    //定义 main()方法
    public static void main(String[] args) {
        login();
    }
    //定义登录方法
    public static void login(){
        System.out.println("********************************************");
        System.out.println("***                 登录界面                ***");
        System.out.println("********************************************");
        System.out.println("<输入姓名后按 Enter 键登录>\n");
        System.out.print("\t 请输入姓名: ");
        username=sc.next();
        mainMenu();                          //调用迷你考试系统主界面方法
    }
    //迷你考试系统主界面方法
    public static void mainMenu(){
        int num;
        System.out.println("\n 登录人: "+username);
        System.out.println("********************************************");
        System.out.println("***            迷你考试系统主界面             ***");
        System.out.println("********************************************");
        System.out.println("\t 科目: ");
        System.out.println("\t\t1.Java 基础");
        System.out.println("\t\t2.Office 办公应用");
        System.out.println("\t\t3.网页设计(HTML)");
        System.out.println("\t\t0.退出系统");
        System.out.print("请输入您选择的【0~3】的数字: ");
        num=sc.nextInt();
        switch(num){
            case 1: javaMenu();break;        //调用 Java 基础试题界面方法
            case 2: OfficeMenu();break;      //调用 Office 办公应用试题界面方法
            case 3: HTMLMenu();break;        //调用网页设计（HTML）试题界面方法
            case 0: System.exit(0); break;   //退出系统
            default:
```

```
            System.out.println("输入错误，请输入【0～3】的数字: ");
    }
}
//Java 基础试题界面方法
public static void javaMenu(){
    int num;
    System.out.println("\n 登录人: "+username);
    System.out.println("********************************************");
    System.out.println("***            Java 基础试题界面                  ***");
    System.out.println("********************************************");
    System.out.println("\t 模式: ");
    System.out.println("\t\t1.开始答题");
    System.out.println("\t\t0.返回科目选择界面");
    System.out.print("\t\t 请输入您要使用的功能【0～1】: ");
    num=sc.nextInt();
    switch (num){
        case 1: myJava();break;                 //调用 Java 基础试卷界面方法
        case 0: mainMenu();break;               //调用迷你考试系统主界面方法
        default:
            System.out.println("输入错误，请重新输入【0～1】的数字: ");
    }
}
//Office 办公应用试题界面方法
public static void OfficeMenu(){
    int num;
    System.out.println("\n 登录人: "+username);
    System.out.println("********************************************");
    System.out.println("***          Office 办公应用试题界面              ***");
    System.out.println("********************************************");
    System.out.println("\t 模式: ");
    System.out.println("\t\t1.开始答题");
    System.out.println("\t\t0.返回科目选择界面");
    System.out.print("\t\t 请输入您要使用的功能【0～1】: ");
    num=sc.nextInt();
    switch (num){
        case 1:myOffice();break;
        case 0:mainMenu();break;
        default:
            System.out.println("输入错误，请重新输入【0～1】的数字: ");
    }
}
//网页设计（HTML）试题界面方法
public static void HTMLMenu(){
    int num;
    System.out.println("\n 登录人: "+username);
    System.out.println("********************************************");
    System.out.println("***        网页设计（HTML）试题界面               ***");
    System.out.println("********************************************");
    System.out.println("\t 模式: ");
```

117

```java
        System.out.println("\t\t1.开始答题");
        System.out.println("\t\t0.返回科目选择界面");
        System.out.print("\t\t 请输入您要使用的功能【0~1】: ");
        num=sc.nextInt();
        switch (num){
          case 1:myHTML();break;
          case 0:mainMenu();break;
          default:
            System.out.println("输入错误，请重新输入【0~1】的数字: ");
        }
    }
    //Java 基础试卷界面方法
    public static void myJava(){
        //清空之前成绩
        score=0;
        //定义字符串类型数组 answer，用于存储登录人的答案
        String[] answer=new String[3];
        //定义字符串类型数组 result，用于存储正确答案
        String[] result=new String[3];
        System.out.println("\n 登录人: "+username);
        System.out.println("*********************************************");
        System.out.println("***            Java 基础试卷<每题 2 分>         ***");
        System.out.println("*********************************************");
        System.out.println("\t1.下面关于方法定义的描述中，正确的是: ");
        System.out.println("\tA.方法是对功能代码块的封装");
        System.out.println("\tB.当方法没有返回值时，返回值的数据类型可以不写");
        System.out.println("\tC.当方法没有返回值时，不能有 return 语句");
        System.out.println("\tD.方法必须有参数");
        System.out.print("选择: ");
        answer[0]=sc.next();
        result[0]="A";
        if("A".equals(answer[0]) || "a".equals(answer[0])){
            score+=2;
        }
        System.out.println("\t2.下面关于方法重载的说法中，不正确的是: ");
        System.out.println("\tA.形式参数的个数相同");
        System.out.println("\tB.形式参数的个数不同，数据类型不同");
        System.out.println("\tC.形式参数的个数相同，数据类型不同");
        System.out.println("\tD.形式参数的个数相同，顺序不同");
        System.out.print("选择: ");
        answer[1]=sc.next();
        result[1]="A";
        if("A".equals(answer[1]) || "a".equals(answer[1])){
            score+=2;
        }
        System.out.println("\t3.下面关于数组的说法正确的是: ");
        System.out.println("\tA.定义后的数组长度可以随意改变");
        System.out.println("\tB.同一数组中各数组元素的数据类型可以不同");
```

```java
        System.out.println("\tC.数组的数据类型不是基本类型，而是引用类型");
        System.out.println("\tD.数组元素的索引可以超过数组长度");
        System.out.print("选择: ");
        answer[2]=sc.next();
        result[2]="C";
        if("C".equals(answer[2]) || "c".equals(answer[2])){
            score+=2;
        }
        //调用考试成绩查询界面方法
        getScore();
        sc.close();
}
//Office 办公应用试卷界面方法
public static void myOffice(){
    score=0;                                              //清空之前成绩
    //定义字符串类型数组 answer，用于存储登录人的答案
    String[] answer=new String[3];
    //定义字符串类型数组 result，用于存储正确答案
    String[] result=new String[3];
    System.out.println("\n 登录人: "+username);
    System.out.println("***************************************");
    System.out.println("***    Office 办公应用试卷<每题 2 分>         ***");
    System.out.println("***************************************");
    System.out.println("\t1.计算机的软件系统包括: ");
    System.out.println("\tA.编译软件和应用软件");
    System.out.println("\tB.应用软件和系统软件");
    System.out.println("\tC.系统软件和数据库软件");
    System.out.println("\tD.文字处理软件和程序");
    System.out.print("选择: ");
    answer[0]=sc.next();
    result[0]="B";
    if("B".equals(answer[0]) || "b".equals(answer[0])){
        score+=2;
    }
    System.out.println("\t2.数据在计算机内部进行存储和运算的方式是: ");
    System.out.println("\tA.二进制数");
    System.out.println("\tB.八进制数");
    System.out.println("\tC.十进制数");
    System.out.println("\tD.十六进制数");
    System.out.print("选择: ");
    answer[1]=sc.next();
    result[1]="A";
    if("A".equals(answer[1]) || "a".equals(answer[1])){
        score+=2;
    }
    System.out.println("\t3.Word"页面设置"对话框中，可以设置: ");
    System.out.println("\tA.页边距");
    System.out.println("\tB.纸张方向");
```

```
    System.out.println("\tC.纸张大小");
    System.out.println("\tD.以上都可以");
    System.out.print("选择: ");
    answer[2]=sc.next();
    result[2]="D";
    if("D".equals(answer[2]) || "d".equals(answer[2])){
        score+=2;
    }
    getScore();                                      //调用考试成绩查询界面方法
    sc.close();
}
//网页设计（HTML）试卷界面方法
public static void myHTML(){
    score=0;                                         //清空之前成绩
    //定义字符串类型数组 answer，用于存储登录人的答案
    String[] answer=new String[3];
    //定义字符串类型数组 result，用于存储正确答案
    String[] result=new String[3];
    System.out.println("\n 登录人: "+username);
    System.out.println("******************************************");
    System.out.println("***    网页设计（HTML）试卷<每题 2 分>       ***");
    System.out.println("******************************************");
    System.out.println("\t1.下列属性中用于设置鼠标悬停时提示文字的是: ");
    System.out.println("\tA.title");
    System.out.println("\tB.alt");
    System.out.println("\tC.width");
    System.out.println("\tD.height");
    System.out.print("选择: ");
    answer[0]=sc.next();
    result[0]="A";
    if("A".equals(answer[0]) || "a".equals(answer[0])){
        score+=2;
    }
    System.out.println("\t2.下列标记中用于定义 HTML5 文档所要显示的内容的是: ");
    System.out.println("\tA.<head></head>");
    System.out.println("\tB.<body></body>");
    System.out.println("\tC.<html></html>");
    System.out.println("\tD.<title></title>");
    System.out.print("选择: ");
    answer[1]=sc.next();
    result[1]="B";
    if("B".equals(answer[1]) || "b".equals(answer[1])){
        score+=2;
    }
    System.out.println("\t3.下面选项中属于常用图片格式并且能够做成动画的是: ");
    System.out.println("\tA.JPG 格式");
    System.out.println("\tB.GIF 格式");
    System.out.println("\tC.PSD 格式");
    System.out.println("\tD.PNG 格式");
```

```
        System.out.print("选择: ");
        answer[2]=sc.next();
        result[2]="B";
        if("B".equals(answer[2]) || "b".equals(answer[2])){
            score+=2;
        }
        getScore();                                    //调用考试成绩查询界面方法
        sc.close();
    }
    //考试成绩查询界面方法
    public static void getScore(){
        int num;
        System.out.println("\n登录人: "+username);
        System.out.println("**********************************************");
        System.out.println("***           考试成绩查询<每题2分>            ***");
        System.out.println("**********************************************");
        System.out.println(username+", 您本次考试成绩为: "+score);
    }
}
```

📖 实践贴士

（1）登录人姓名需要定义为全局变量，这样在不同的方法中都可以访问，方法级的局部变量在方法外不能被访问。

（2）建议将迷你考试系统中所有方法预先声明，即使是空方法也预先声明，以免在调用时出现找不到方法的异常。

（3）字符串类型也是引用类型，详见单元8。

单元小结

本单元详细介绍了 Java 的方法与数组，重点描述了方法的声明与调用、方法的递归调用、方法的重载、变量的作用域，以及一维数组与二维数组的定义、初始化和遍历等。

单元 4　思维导图

习题

一、选择题

1. 下列说法中正确的是（　　　）。
   A. Java 中的 main()方法是程序的入口
   B. Java 中的 main()方法可以有多个
   C. Java 程序中类名必须与文件名一致
   D. Java 中的 main()方法可以没有花括号

2. 下面关于方法定义的描述中，正确的是（　　　）。
   A. 方法是对功能代码块的封装
   B. 当方法没有返回值时，返回值的数据类型可以不写
   C. 当方法没有返回值时，不能有 return 语句
   D. 方法必须有参数

3. 下列关于方法重载的说法中，不正确的是（　　　）。

    A. 形式参数的个数相同   B. 形式参数的个数不同，数据类型不同

    C. 形式参数的个数相同，数据类型不同   D. 形式参数的个数相同，顺序不同

4. 下面关于数组的说法正确的是（　　　）。

    A. 定义后的数组长度可以随意改变

    B. 同一数组中各元素的数据类型可以不同

    C. 数组的数据类型不是基本类型，而是引用类型

    D. 数组元素的索引可以超过数组长度

5. 以下能够正确初始化数组的是（　　　）。

    A. int[ ] arr;   B. arr={5,4,3,2,1};

    C. int[ ] arr=new int[6];   D. int[ ] arr=new int[6]{6,5,4,3,2,1};

二、判断题

1. 方法的重载是指在一个程序中定义多个方法名相同，参数类型或者参数个数不同的方法。（　　　）

2. 数组作为方法参数传递的是首地址，基本类型的数据作为方法参数传递的是值。（　　　）

3. 定义一个方法时，其修饰符、返回值类型、方法名的顺序可以互换。（　　　）

4. 数组的最大索引比它的长度小 1。（　　　）

5. 冒泡排序是数组排序的唯一方法。（　　　）

三、编程题

1. 定义一个整型一维数组，求数组元素的和、数组元素的最大值和最小值。

2. 定义一个数组长度为 10 的整型一维数组，随机生成 10 个整数并存入数组中，然后查询从键盘输入的任意一个数是否包含在数组中。

3. 定义一个 3 行 4 列的整型二维数组并赋初始值，输出二维数组中对角线上数组元素的和。

单元5
面向对象基础

面向对象是一种程序设计方法，与结构化程序设计方法相比，面向对象更易维护、复用和扩展，符合人类认识世界的思维方式。本单元的学习目标如下。

知识目标

◇ 了解面向对象的基本概念
◇ 掌握类与对象的定义和使用
◇ 理解类的属性封装
◇ 熟悉关键字与访问权限

技能目标

◇ 能够恰当使用类与对象编写程序
◇ 能够正确使用this关键字和static关键字

素养目标

◇ 培养分析问题的能力
◇ 培养自学意识

5.1 知识储备

5.1.1 面向对象的基本概念

面向对象指把现实中的事务抽象为程序设计中的对象，在 Java 开发过程中，人们常说的一句话就是"一切皆对象"。面向对象可以把需要解决的问题细化成若干独立的对象，通过对象间的配合、连接和协调实现大型复杂系统。

面向对象具有三大特性：封装、继承和多态，下面简单介绍这三大特性。

1. 封装

封装（encapsulation）是 Java 面向对象的核心特性。封装有两层含义，一是将事物的属性和方法封装成一个整体（对象），二是隐藏信息和保证数据安全，将不想让外界知道的信息隐藏起来，避免误操作。例如，平常人们使用手机，只需要知道手机的使用方法，无须知道手机的构造及工作原理。

5.1 面向对象的基本
概念

2. 继承

继承（inheritance）主要用于描述类与类之间的关系，继承是从已有类中派生出新的类，新的类能继承已有类的属性和方法，同时可扩展新的属性和方法。类的继承与现实生活中财产的继承相似，子女可继承父母的财产，同时可以自己创造财富。继承可以减少代码的冗余，提高程序的可维护性、可扩展性和开发效率。

3. 多态

多态（polymorphism）指一个类被继承后，它的属性和方法具有多种形态，即同一属性或者方法在不同的类中有着不同含义。例如，同样的积木，不同的人使用它拼出的结果不同，有人拼出汽车，有人拼出房子。

5.1.2　类与对象

类与对象是面向对象最重要、最基本的组成元素。类是抽象的，是对象的模板；对象是具体的，是类的实例。例如，学生是一个类，张大壮、李小飞、赵小倩都是学生类的对象。学生类可以有姓名、性别等变量（称为成员变量或属性），同时可以有看书、写作等行为（称为成员方法或方法）。每一个对象均有具体的姓名、性别等属性（称为对象属性），同时具有类中的行为（称为对象方法），类中的成员变量对应对象属性，类中的成员方法对应对象方法。类与对象的关系如图 5-1 所示。

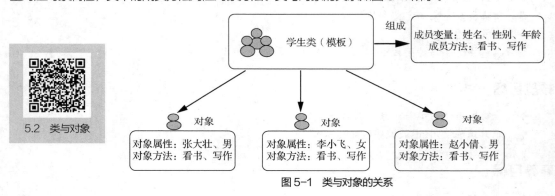

5.2　类与对象

图 5-1　类与对象的关系

1. 类

类是客观事物的抽象，是具有相同特征和行为的事物统称。类中主要包括属性和方法，其中属性描述事物的特征，通常用名词表示，方法描述事物的行为，通常用动词表示。

类的实质是一种引用类型，因为它的本质是数据类型，而不是数据，一般情况下不能被直接操作，只有被实例化为对象后，才会变得可操作。创建对象的前提是定义一个类。

（1）定义类的一般格式如下。

```
[修饰符] class 类名{
    属性;
    方法;
}
```

（2）说明如下。

① 修饰符：可选项，通常可以用 public、protected、缺省（默认）、private 来修饰，详见 5.1.3 小节。

② class：定义类的关键字，不可省略。

③ 类名：合法的标识符，符合见名知义的原则，首字母大写，以多个单词组成的类名的每个单词首字母均大写。

④ 一对花括号：其中为类的主体内容。

⑤ 属性：事物的特征，可通过对象来获取。

⑥ 方法：事物的行为，可通过对象来调用。

【例 5-1】定义一个学生类 Student，需要包括的属性有 name（姓名）、gender（性别）和 age（年龄），需要包括的方法有 read（看书）和 write（写作）。

【操作步骤】

（1）新建项目 unit05，在项目 unit05 的 src 目录下创建包 cn.edu.cvit.example01，在包 cn.edu.cvit.example01 下创建类 Example01。

（2）在 Example01.java 文件中，定义 Student 类，并撰写代码如图 5-2 所示。

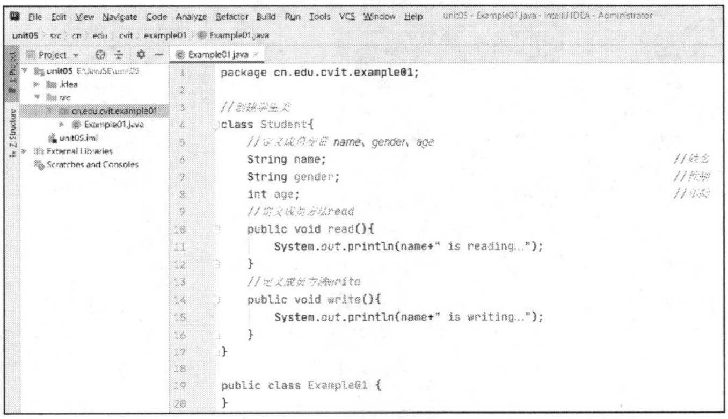

图 5-2　定义 Student 类

提示　（1）此时 Java 程序不能运行，因为没有 main()方法，在文本编辑器视图中也找不到 ▶ 按钮。

（2）定义 Student 类后，需要有实例化的对象，才能使用类中的属性和方法。

（3）类的成员变量在成员方法中可以直接使用。

2. 对象

（1）创建对象的一般格式如下。

格式 1：

```
类名 对象名称=null;
对象名称=new 类名();
```

格式 2：

```
类名 对象名称=new 类名();
```

（2）说明如下。

第 1 种格式创建对象分为两条语句，第 1 条语句定义对象变量，第 2 条语句实例化对象。第 2 种格式将第 1 种格式中的两条语句合为一条语句。

null 关键字代表引用类型初始值为空，new 为实例化对象的关键字，对象名称为合法的标识符，类名后面的圆括号内无须空格。

【例 5-2】在例 5-1 的基础上，实例化 Student 类的对象 stu1 和 stu2，并分别调用类中的属性和方法。

【操作步骤】

（1）双击项目资源管理器视图中的 Example01.java 文件，在 Example01 测试类中，定义 main()方法。

（2）在 main()方法中，实例化对象 stu1 和 stu2，给对象属性赋值，通过对象调用 Student 类的成员方法。

（3）在文本编辑器视图中，撰写代码如下。

```java
package cn.edu.cvit.example01;
/**
 * 创建 Student 类并实例化对象，调用成员方法
 */
//创建 Student 类
class Student{
    //定义属性 name、gender、age
    String name;                                    //姓名
    String gender;                                  //性别
    int age;                                        //年龄
    //定义方法 read()
    public void read(){
       System.out.println(name+" is reading…");
    }
    //定义方法 write()
    public void write(){
       System.out.println(name+" is writing…");
    }
}
//编写测试类 Example01
public class Example01 {
  public static void main(String[] args) {
      //实例化对象 stu1 和 stu2
      Student stu1=new Student();
      Student stu2=new Student();
      //分别给对象 stu1 和 stu2 的对象属性赋值
      stu1.name="Tony";
      stu1.gender="male";
      stu1.age=18;
      stu2.name="Alice";
      stu2.gender="female";
      stu2.age=17;
      //通过对象 stu1 和 stu2 分别调用 Student 类中的成员方法
      stu1.read();
      stu1.write();
      stu2.read();
      stu2.write();
  }
}
```

（4）在文本编辑器视图中单击 ▶ 按钮，运行程序，结果如图 5-3 所示。

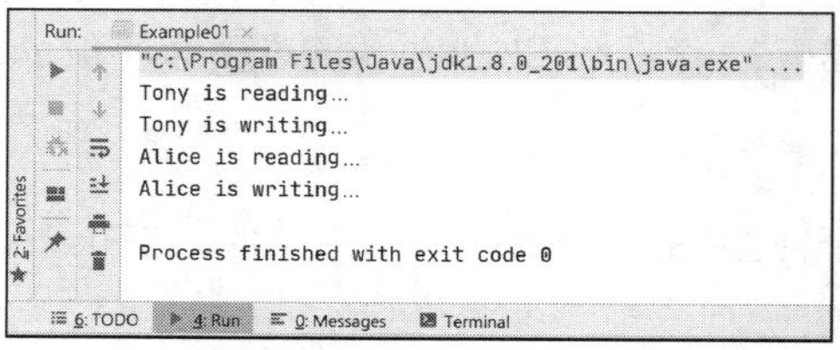

图5-3　例5-2运行结果

对于引用类型数据的执行需要结合内存来分析，Java 中的内存分为堆内存和栈内存，堆内存保存的是每一个对象属性的内容，是对象的真正数据，堆内存空间需要用关键字 new 来开辟，如果一个对象没有指向对应的堆内存，将无法使用。栈内存保存的是一块堆内存的地址值，为了方便理解，可以简单地将栈内存中保存的数据理解为对象名称。

在例 5-2 中使用 new 关键字实例化了 Student 类的两个对象 stu1 和 stu2，并开辟堆内存空间，在栈内存中为对象 stu1 和 stu2 分配空间，同时对象 stu1 和 stu2 将指向对应的堆内存空间，如图 5-4 所示。

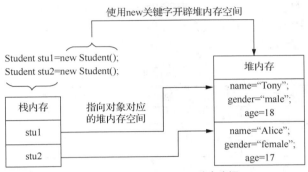

图 5-4 对象 stu1 和 stu2 内存空间

提示　（1）在同一个 .java 文件中可以创建多个类，但只能有一个使用 public 修饰符修饰的类，且类名与 .java 文件同名。

（2）同一个 .java 文件中的多个类无先后顺序之分，一般将测试类放在最后。

（3）对象通过 "." 运算符访问类的属性和方法，一般格式为：对象名.属性或者对象名.方法名()。

（4）读者容易错将一个类嵌套到另一个类中，应注意每个类的右花括号要放在类的结束处，换句话说，类与类之间是并列关系，如图 5-5 所示。

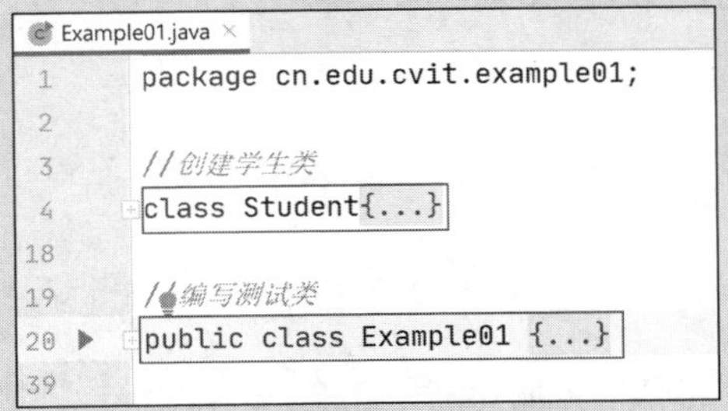

```
Example01.java ×
1      package cn.edu.cvit.example01;
2
3      //创建学生类
4      class Student{...}
18
19     //编写测试类
20  ▶  public class Example01 {...}
39
```

图 5-5 类与类之间是并列关系

5.1.3　访问权限

在 Java 中是通过权限修饰符来控制成员能够被访问的范围的。权限修饰符能够修饰成员变量、成员方法、构造方法和内部类，不同权限修饰符限制的访问范围不同。

Java 的权限修饰符有 public、protected、缺省和 private 这 4 种，访问范围由大到小为：public、protected、缺省和 private。

5.3　访问权限

1. public 修饰符

public（公有的）修饰符所修饰的类、属性和方法具有全局范围的访问权限，如果一个类中的成员被 public 修饰，那么该成员可以在所有类中被访问，无论这些类是否在同一包中。

2. protected 修饰符

protected（保护的）修饰符所修饰的类、属性和方法具有受保护的访问权限，如果一个类中的成员被 protected 修饰，那么该成员只能在本包的类和不同包的子类中被访问。

3. 缺省修饰符

缺省（包内的）修饰符也称默认修饰符，所修饰的类、属性和方法具有包内的访问权限，如果一个类中的成员被缺省修饰符修饰，那么该成员只能在本包内的类中被访问。

4. private 修饰符

private（私有的）修饰符所修饰的类、属性和方法具有私有的访问权限，如果一个类中的成员被 private 修饰，那么该成员只能在本类中被访问。

权限修饰符的访问范围如表 5-1 所示。

表 5-1   权限修饰符的访问范围

权限修饰符	同一类中	同一包中的类	不同包的子类	不同包的所有类
private	√			
缺省	√	√		
protected	√	√	√	
public	√	√	√	√

5.1.4   类的属性封装

5.4 类的属性封装

属性封装是将类中的属性私有化，即使用 private 来修饰类中的属性，并提供使用 public 修饰的 getter 和 setter 方法，外部类可通过 public 修饰的方法进行访问。Java 类的属性封装目的是将属性隐藏起来，避免外部类的误操作，确保代码的复用性和安全性。

下面分别以属性封装前、后为例来帮助读者体会封装的必要性。

【例 5-3】创建 Student 类，定义 name（姓名）和 score（入学成绩）两个属性，不进行属性封装。

【操作步骤】

（1）在项目的 src 目录下创建包 cn.edu.cvit.example02，在包 cn.edu.cvit.example02 下创建类 Example02。

（2）在 Example02.java 文件中，创建 Student 类，定义属性 name 和 score，定义方法 info()，用于输出学生基本信息。

（3）编写测试类 Example02，添加 main()方法，在 main()方法中实例化 Student 对象，通过使用 stu 对象的 "."运算符修改属性的值，访问输出学生基本信息的方法。

（4）在文本编辑器视图中，撰写代码如下。

```
package cn.edu.cvit.example02;
/**
 * 属性封装前的 Student 类
 */
//创建 Student 类
class Student{
    //定义属性 name 和 score
    String name;
    int score;
    //定义输出学生基本信息的方法
```

```
    public void info(){
        System.out.println("姓名: "+name+"; 入学成绩: "+score);
    }
}
//编辑测试类 Example02
public class Example02 {
    public static void main(String[] args) {
        Student stu=new Student();                    //实例化 Student 对象
        stu.name="Alice";                             //给对象 stu 的姓名属性赋值
        stu.score=-100;                               //给对象 stu 的入学成绩属性赋值
        stu.info();                                   //调用输出学生基本信息的方法
    }
}
```

（5）在文本编辑器视图中单击 ▶ 按钮，运行程序，结果如图 5-6 所示。

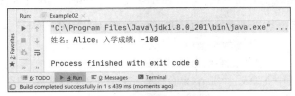

图 5-6　封装前的运行结果

从运行结果不难发现，入学成绩为负数，不符合客观规律，那么如何避免这种误操作导致的错误呢？这就需要进行类的属性封装。

【例 5-4】用封装后的 Student 类对入学成绩属性进行范围限制，范围为[0,100]。

【操作步骤】

（1）在项目的 src 目录下创建包 cn.edu.cvit.example03，在包 cn.edu.cvit.example03 下创建类 Example03。

（2）在 Example03.java 文件中创建 Student 类，属性与方法同例 5-3，不同的是用 private 修饰各属性。

（3）右击文本编辑器的 Student 类内任意空白处，选择"Generate"命令，如图 5-7 所示。

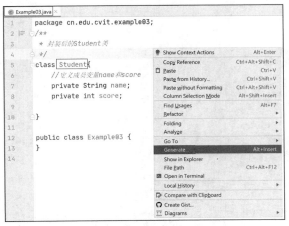

图 5-7　"Generate"命令

（4）在弹出的菜单中，选择"Getter and Setter"命令，如图 5-8 所示。

（5）在弹出的对话框中，选择需要添加 getter 和 setter 方法的属性，此处选择所有属性，然后单击"OK"按钮，如图 5-9 所示。

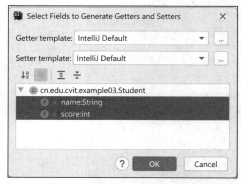

图 5-8 "Getter and Setter"命令 　　图 5-9 选择需要添加 getter 和 setter 方法的属性

（6）IDEA 将自动添加相应的 getter 和 setter 方法，分别为 getName()、setName()、getScore() 和 setScore()方法，接下来可以将 setScore()方法中的代码进行修改，确保入学成绩范围为[0,100]。

（7）在 Student 类中，定义输出学生基本信息的 info()方法。

（8）编写测试类 Example03，添加 main()方法，在 main()方法中实例化 Student 对象，通过对象调用 Student 类中的 setter()方法给属性赋值，并调用输出学生基本信息的方法。

（9）在文本编辑器视图中，撰写代码如下。

```java
package cn.edu.cvit.example03;
/**
 * 封装后的 Student 类
 */
//创建 Student 类
class Student{
    //定义属性 name 和 score
    private String name;
    private int score;
    //定义 getter 和 setter 方法
    public String getName() {
      return name;
    }
    public void setName(String name) {
      this.name=name;
    }
    public int getScore() {
      return score;
    }
    //限制错误入学成绩输入
    public void setScore(int score) {
      if(score<0 || score>100){
        System.out.println("输入错误，成绩范围为[0,100]。");
      }else{
        this.score=score;
      }
    }
    //定义输出学生基本信息的方法
```

```
    public void info(){
        System.out.println("姓名: "+name+"; 入学成绩: "+score);
    }
}
//定义测试类 Example03
public class Example03 {
    public static void main(String[] args) {
        Student stu=new Student();              //实例化 Student 对象
        stu.setName("Alice");                   //给对象 stu 的姓名属性赋值
        stu.setScore(-100);                     //给对象 stu 的入学成绩属性赋值
        stu.info();                             //调用输出学生基本信息的方法
    }
}
```

（10）在文本编辑器视图中单击 ▶ 按钮，运行程序，结果如图 5-10 所示。

图 5-10 封装后的运行结果

从运行结果看，程序给出了入学成绩范围为[0,100]的错误提示，最终入学成绩为 0 的原因是 score 没有获取任何值，默认值为 0。

提示 （1）面向对象的封装不只是属性封装，但属性封装是非常重要的。通过学习属性封装，读者可以更好地理解封装的概念。
（2）使用 private 修饰的属性，必须要有 public 修饰的 getter 和 setter 方法。
（3）如果想输出正确的结果，在给对象的入学成绩属性赋值时，赋[0,100]的值即可。

5.1.5 构造方法

构造（Constructor）方法是在定义类时创建的特殊方法，用来初始化类的对象，通过 new 关键字自动调用。

1. 构造方法的特点

（1）构造方法名与类名相同。

（2）构造方法名之前无返回值类型。

（3）构造方法的参数个数为 0 个、1 个或者多个。

（4）构造方法只能通过 new 关键字调用。

5.5 构造方法

2. 构造方法的种类

（1）无参构造方法介绍如下。

该方法不要求必须声明类的构造方法，当一个类中没有声明任何构造方法时，Java 将自动声明一个无参构造方法（默认构造方法），方法体为空。如果类中显式地声明了一个或多个构造方法，则 Java 不再声明默认构造方法。

131

（2）有参构造方法介绍如下。

有参构造方法的参数与类的属性相关，参数个数不能超过类的属性的个数。

3. 说明

（1）如果在构造方法名之前添加了返回值类型，编译不会出错，但该方法将会被当作普通方法使用，无构造方法的功能。

（2）有参构造方法可以在实例化对象时直接给属性赋值，能够初始化数据。

（3）构造方法不能被子类继承。

（4）在没有介绍构造方法之前，案例中使用的都是 Java 声明的默认构造方法。

【例 5-5】定义学生类 Student，3 个成员变量分别为 name、gender 和 age，该类包含一个输出个人信息的方法 printInfo()、一个无参构造方法和一个有参构造方法，通过构造方法实例化两个对象 stu1 和 stu2，分别为对象设置属性值后，输出个人信息。

【操作步骤】

（1）在项目的 src 目录下创建包 cn.edu.cvit.example04，在包 cn.edu.cvit.example04 下创建类 Example04。

（2）在 Example04.java 文件中，创建 Student 类。

（3）在 Student 类中定义成员变量、成员方法和构造方法。

（4）在 Example04 类中添加 main()方法，在 main()方法中实例化对象 stu1 和 stu2，给无参构造方法实例化的对象 stu1 的属性赋值，并分别调用输出个人信息的方法。

（5）在文本编辑器视图中，撰写代码如下。

```java
package cn.edu.cvit.example04;
/**
 * 构造方法
 */
//创建 Student 类
class Student{
    //定义属性 name、gender、age
    String name;                                                //姓名
    String gender;                                              //性别
    int age;                                                    //年龄
    //定义无参构造方法
    Student(){ }
    //定义有参构造方法
    Student(String name,String gender,int age){
        //将构造方法中的参数赋给当前对象属性
        this.name=name;
        this.gender=gender;
        this.age=age;
    }
    //定义输出个人信息的方法
    public void printInfo(){
        System.out.println("姓名: "+name+", 性别: "+gender+", 年龄: "+age+"岁。");
    }
}
//编写测试类 Example04
public class Example04 {
  public static void main(String[] args) {
```

```
        //实例化无参对象 stu1
        Student stu1=new Student();
        //给对象 stu1 的属性赋值
        stu1.name="Alice";
        stu1.gender="female";
        stu1.age=17;
        //实例化有参对象 stu2
        Student stu2=new Student("Tony","male",18);
        //分别输出对象的个人信息
        stu1.printInfo();
        stu2.printInfo();
    }
}
```

（6）在文本编辑器视图中单击 ▶ 按钮，运行程序，结果如图 5-11 所示。

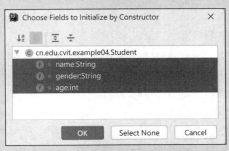

图 5-11　例 5-4 运行结果

提示　（1）若省略无参构造方法，将出现编译错误。
　　　　（2）使用无参构造方法实例化的对象，对象属性需要单独赋值。
　　　　（3）使用有参构造方法实例化的对象，可直接初始化数据。
　　　　（4）构造方法的创建可以通过快捷方式完成，在需要创建构造方法的类中右击空白处，选择"Generate"命令，在弹出的菜单中选择"Constructor"命令，在弹出的对话框中选择有参构造方法的参数，单击"OK"按钮即可，如图 5-12 所示。

图 5-12　选择有参构造方法的参数

（5）构造方法可以重载，即不同构造方法的参数类型和个数可以不同。

5.1.6　this 关键字

在 Java 程序开发中，如果出现类的属性和方法中的变量重名的情况，根据同名变量就近原则，需要在方法中使用 this 关键字来区分类的属性和方法中的变量。
使用 this 关键字访问本类中的成员变量和方法时，this 关键字代表当前对象，

5.6　this 关键字

哪一个对象访问 this 关键字，this 关键字就代表哪一个对象。例如，学生类中有参构造方法中的 this 关键字，当调用实例化对象 stu1 时，this 关键字代表 stu1，当调用实例化对象 stu2 时，this 关键字代表 stu2。

this 关键字主要有以下 3 种使用方法。

1. 使用 this 关键字访问本类中的属性

在属性和方法中变量含义相同时，使用不同变量名容易造成代码混乱，使用相同变量名又会出现名称冲突，由于方法变量优先于类的属性，因此，使用 this 关键字访问类中的属性的方法来解决。

【例 5-6】使用 this 关键字区别类的属性和方法中的变量。

【操作步骤】

（1）在项目的 src 目录下创建包 cn.edu.cvit.example05，在包 cn.edu.cvit.example05 下创建类 Example05。

（2）在 Example05.java 文件中，创建 Student 类。

（3）在 Student 类中定义属性、方法和构造方法。

（4）在 Example05 类中添加 main()方法，在 main()方法中实例化对象 stu，通过 stu 调用输出个人信息的方法。

（5）在文本编辑器视图中，撰写代码如下。

```java
package cn.edu.cvit.example05;
/**
 * 使用 this 关键字调用本类中的属性
 */
//创建 Student 类
class Student{
    //定义属性 name、age
    String name;                              //姓名
    int age;                                  //年龄
    //定义有参构造方法
    Student(String name,int age){
        //this.name 代表本类中的属性，name 代表构造方法中的变量
        this.name=name;
        //this.age 代表本类中的属性，age 代表构造方法中的变量
        this.age=age;
    }
    //定义输出个人信息的方法
    public void printInfo(){
        System.out.println("姓名: "+name+", 年龄: "+age+"岁。");
    }
}
//编写测试类 Example05
public class Example05 {
    public static void main(String[] args) {
        //实例化对象 stu，通过 new 关键字调用有参构造方法，构造方法中的 this 关键字代表 stu 对象
        Student stu=new Student("张爽",18);
        //调用输出个人信息的方法，此处的 stu 不可使用 this 关键字代替，因为当前类为 Example05 测试类
        stu.printInfo();
    }
}
```

（6）在文本编辑器视图中单击 ▶ 按钮，运行程序，结果如图 5-13 所示。

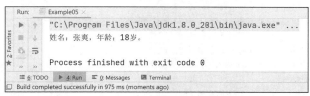

图 5-13　例 5-6 运行结果

提示　（1）如果删除有参构造方法中的 this 关键字，即将代码改为 name=name;age=age;，编译不会出错，但运行结果中的姓名会为 null，年龄会为 0，说明构造方法中的赋值没有成功，因为编辑器无法确定哪一个变量名代表成员变量。
（2）此例中没有单独定义无参构造方法，如果通过无参构造方法实例化对象将编译出错。

2. 使用 this 关键字调用本类中的成员方法

this 关键字可以代表当前对象，调用本类中的成员方法，即通过类中的一个方法调用本类中的另一个方法，用法同使用 this 关键字调用本类中的属性。

3. 使用 this 关键字调用本类中的构造方法

构造方法在实例化对象时被 Java 虚拟机自动调用，因此构造方法不能像其他方法一样通过对象来调用，可通过使用 this 关键字调用本类中的构造方法。

（1）一般格式如下。

```
this([参数列表]);
```

（2）说明如下。

this 关键字必须放在构造方法体的首行，且只能出现一次。参数列表为可选项，参数列表中各参数之间用逗号分隔。构造方法不能递归调用，不能互相调用。

【例 5-7】使用 this 关键字，在无参构造方法中调用有参构造方法。

【操作步骤】

（1）在项目的 src 目录下创建包 cn.edu.cvit.example06，在包 cn.edu.cvit.example06 下创建类 Example06。

（2）在 Example06.java 文件中，创建 Student 类。

（3）在 Student 类中定义属性和方法。

（4）在 Student 类中创建无参构造方法和有参构造方法，并在无参构造方法中调用有参构造方法。

（5）在 Example06 类中添加 main()方法，在 main()方法中实例化对象 stu，通过 stu 调用输出个人信息的方法。

（6）在文本编辑器视图中，撰写代码如下。

```java
package cn.edu.cvit.example06;
/**
 * 使用 this 关键字调用构造方法
 */
//创建 Student 类
class Student{
    //定义属性 name、age
    String name;                                                    //姓名
    int age;                                                        //年龄
    //定义无参构造方法
```

135

```java
Student(){
   //调用有参构造方法
   this("Tony",20);
}
//定义有参构造方法
Student(String name,int age){
   this.name=name;
   this.age=age;
}
//定义输出个人信息的方法
public void printInfo(){
   System.out.println("姓名: "+name+", 年龄: "+age+"岁。");
}
}
//编写测试类Example06
public class Example06 {
  public static void main(String[] args) {
     //通过无参构造方法实例化stu对象
     Student stu=new Student();
     //调用输出个人信息的方法
     stu.printInfo();
  }
}
```

（7）在文本编辑器视图中单击 ▶ 按钮，运行程序，结果如图 5-14 所示。

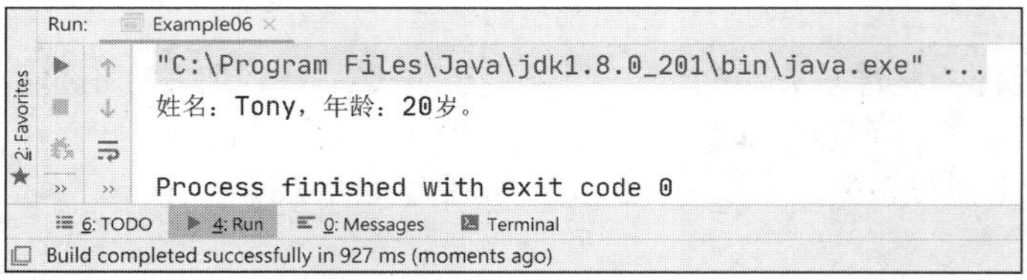

```
Run:     Example06 ×
  ▶   ↑    "C:\Program Files\Java\jdk1.8.0_201\bin\java.exe" ...
  ■   ↓    姓名：Tony，年龄：20岁。
  ₂   ⇥
  ★   »    Process finished with exit code 0
     ≡ 6: TODO   ▶ 4: Run   ≡ 0: Messages   ▣ Terminal
  ▢ Build completed successfully in 927 ms (moments ago)
```

图 5-14　例 5-7 运行结果

提示　（1）虽然无参构造方法不能直接初始化实例化的对象，但无参构造方法调用了有参构造方法，因此，同样达到了初始化数据的目的。
（2）如果想在有参构造方法中调用无参构造方法，直接在有参构造方法体内第一行使用 this 关键字即可。

5.1.7　static 关键字

5.7　static 关键字

　　Java 中的 static 关键字修饰的属性和方法被称为静态属性和静态方法，可以通过类名直接访问。静态属性和静态方法不属于任何独立的对象，所有实例化对象共享静态属性和静态方法。

1. 静态属性

　　在 Java 程序中，如果希望某个属性被所有对象共享，那么可以使用 static 关键字修饰，以便通过类名直接访问。访问静态属性的一般格式：

类名.属性名;

【例 5-8】在 Student 类中增加一个静态属性 major（专业），赋初始值"软件技术"，编程实现输出专业修改前后各对象属性的值。

【操作步骤】

（1）在项目的 src 目录下创建包 cn.edu.cvit.example07，在包 cn.edu.cvit.example07 下创建类 Example07。

（2）在 Example07.java 文件中创建 Student 类。

（3）在 Student 类中定义属性、静态属性、成员方法和构造方法。

（4）在 Example07 类中添加 main()方法，在 main()方法中实例化对象 stu1 和 stu2，输出专业修改前各对象属性的值。

（5）通过类名访问静态属性修改专业，并输出修改后各对象属性的值。

（6）在文本编辑器视图中，撰写代码如下。

```java
package cn.edu.cvit.example07;
/**
 * 通过类名访问静态属性
 */
//创建 Student 类
class Student{
    //定义属性
    String name;                                //定义姓名属性 name
    static String major="软件技术";              //定义专业静态属性 major 并赋初始值
    int age;                                    //定义年龄属性 age
    //定义有参构造方法
    Student(String name,int age){
      this.name=name;
      this.age=age;
    }
    //定义输出个人信息的方法
    public void printInfo(){
      System.out.println("姓名: "+name+", 专业: "+major+", 年龄: "+age+"岁。");
    }
}
//编辑测试类 Example07
public class Example07 {
  public static void main(String[] args) {
    //实例化对象
    Student stu1=new Student("Alice",17);
    Student stu2=new Student("Tony",20);
    //调用输出个人信息的方法
    System.out.println("对象的初始属性: ");
    stu1.printInfo();
    stu2.printInfo();
    //修改静态变量 major，通过类名直接访问静态属性
    Student.major="大数据技术";
    //再次调用输出个人信息的方法
    System.out.println("修改专业后的对象属性: ");
    stu1.printInfo();
    stu2.printInfo();
  }
}
```

（7）在文本编辑器视图中单击 ▶ 按钮，运行程序，结果如图 5-15 所示。

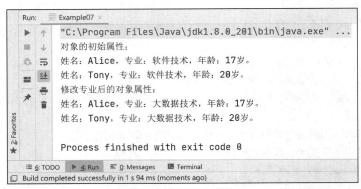

图5-15　例5-8运行结果

提示 （1）使用 static 关键字修饰的属性被修改后，所有类的实例对象相应属性均被修改，如对象 stu1 和 stu2 的专业属性同时被修改了。
（2）静态属性不能通过实例化对象访问。
（3）static 关键字只能修饰类的属性，不能修饰方法中的变量。

2. 静态方法

在 Java 程序中，如果希望通过类名直接调用成员方法，可以使用 static 关键字修饰成员方法实现，通过类名直接调用。一般格式：

```
类名.方法名([参数列表]);
```

【例 5-9】在学生类中添加一个静态方法看书 read()，通过类名调用该静态方法。

【操作步骤】

（1）在项目的 src 目录下创建包 cn.edu.cvit.example08，在包 cn.edu.cvit.example08 下创建类 Example08。

（2）在文本编辑器视图中，撰写代码如下。

```java
package cn.edu.cvit.example08;
/**
 * 通过类名调用静态方法
 */
//创建 Student 类
class Student{
    //定义属性
    String name;                                    //定义姓名属性 name
    int age;                                        //定义年龄属性 age
    //定义有参构造方法
    Student(String name,int age){
        this.name=name;
        this.age=age;
    }
    //定义输出个人信息的方法
    public void printInfo(){
        System.out.println("姓名: "+name+", 年龄: "+age+"岁。");
    }
```

```
        //定义静态方法看书 read()
    public static void read(){
        System.out.println("正在看书");
    }
}
//编辑测试类 Example08
public class Example08 {
  public static void main(String[] args) {
    //实例化对象 stu
    Student stu=new Student("Alice",17);
    stu.printInfo();           //调用输出个人信息的方法
    Student.read();            //通过类名调用静态方法看书 read()
  }
}
```

（3）在文本编辑器视图中单击 ▶ 按钮，运行程序，结果如图 5-16 所示。

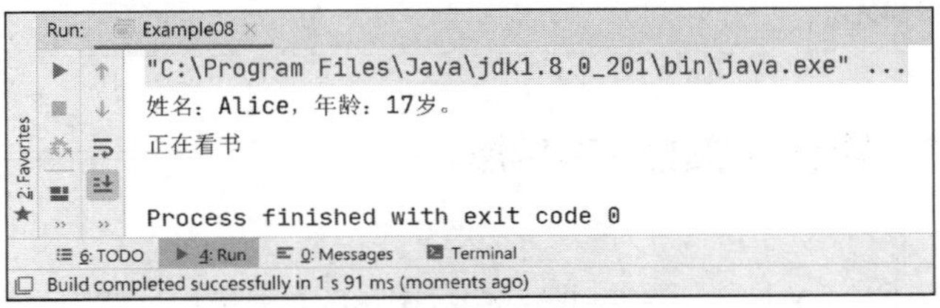

```
Run:    Example08 ×
   ▶  ↑   "C:\Program Files\Java\jdk1.8.0_201\bin\java.exe" ...
   ■  ↓   姓名: Alice, 年龄: 17岁。
   ≡  ⇥   正在看书
   ■
   ★  »        Process finished with exit code 0

  ☰ 6: TODO   ▶ 4: Run   ≡ 9: Messages   ⬛ Terminal
  ▣ Build completed successfully in 1 s 91 ms (moments ago)
```

图 5-16　例 5-9 运行结果

> **提示**　（1）静态方法只能访问静态属性和调用静态方法，不能访问非静态属性和调用非静态方法。
> （2）在静态方法中不能使用 this 关键字，例如，不能在 read()方法中使用 this 关键字调用本类中的属性。

3. 静态代码块

代码块是指用花括号标识的一段代码，使用 static 关键字修饰的代码块被称为静态代码块，静态代码块放置于类中所有方法之外，静态代码块只有在类加载时被执行一次，通常用来初始化数据。

【例 5-10】静态代码块演示。

【操作步骤】

（1）在项目的 src 目录下创建包 cn.edu.cvit.example09，在包 cn.edu.cvit.example09 下创建类 Example09。

（2）在文本编辑器视图中，撰写代码如下。

```
package cn.edu.cvit.example09;
/**
 * 静态代码块演示
 */
public class Example09 {
  static{
    System.out.println("静态代码块");
  }
  public static void main(String[] args) {
    System.out.println("main()方法");
  }
}
```

（3）在文本编辑器视图中单击 ▶ 按钮，运行程序，结果如图 5-17 所示。

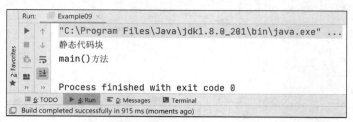

图 5-17　例 5-10 运行结果

> **提示** （1）静态代码块先于 main()方法执行。
> （2）一个类中可以有多个静态代码块，在类被初次加载时，依次执行各静态代码块。

5.2　任务实现

5.2.1　任务 1：输出学生的基本信息

1. 任务描述

通过类与对象定义 Student 类，要求封装成员变量，成员变量包括学生的姓名、性别和入学成绩（可以有小数），通过实例化对象、初始化成员变量，调用对象输出学生基本信息的方法，输出多名学生基本信息，运行结果如图 5-18 所示。

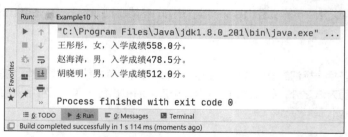

图 5-18　学生基本信息运行结果

2. 任务分析

（1）根据任务描述，需要定义 Student 类，定义 3 个成员变量，声明 1 个成员方法和 1 个有参构造方法。

（2）测试类 Example10 实例化多个对象，分别调用成员方法。

3. 任务实施

（1）在项目的 src 目录下创建包 cn.edu.cvit.example10，在包 cn.edu.cvit.example10 下创建类 Example10。

（2）在 Example10.java 文件中定义 Student 类，编辑测试类 Example10。

（3）在文本编辑器视图中，撰写代码如下。

```
package cn.edu.cvit.example10;
/**
 * 学生基本信息
```

```
     */
//创建 Student 类
class Student{
    //定义属性 name、gender、score，并封装
    private String name;
    private String gender;
    private float score;
    //定义有参构造方法，用于初始化成员变量
    public Student(String name, String gender, float score) {
      this.name=name;                                    //姓名
      this.gender=gender;                                //性别
      this.score=score;                                  //入学成绩
    }
    //定义 getter 和 setter 方法
    public String getName() {
      return name;
    }
    public void setName(String name) {
      this.name=name;
    }
    public String getGender() {
      return gender;
    }
    public void setGender(String gender) {
      this.gender=gender;
    }
    public float getScore() {
      return score;
    }
    public void setScore(float score) {
      this.score=score;
    }
    //定义输出学生基本信息的成员方法
    public void stuInfo(){
      System.out.println(name+", "+gender+", 入学成绩"+score+"分。");
    }
}
//编写测试类 Example10
public class Example10{
  public static void main(String[] args) {
    //实例化 Student 对象
    Student stu1=new Student("王彤彤","女",558);
    Student stu2=new Student("赵海涛","男",478.5f);
    Student stu3=new Student("胡晓明","男",512);
    //通过对象调用成员方法
    stu1.stuInfo();
    stu2.stuInfo();
    stu3.stuInfo();
  }
}
```

4．实践贴士

（1）有参构造方法可以通过快捷方式声明，右击 Student 类内任意空白处，选择"Generate"→"Constructor"命令，选择相应属性即可。

（2）封装后的成员变量对应的 getter 和 setter 方法也可以通过快捷方式定义，右击 Student 类内任意空白处，选择"Generate"→"Getter and Setter"命令，在弹出的对话框中选择相应属性即可。

（3）入学成绩的数据类型被定义为 float，因此，带小数点的常量值后要有 f 或 F 标识。

5.2.2　任务 2：输出花的海洋的基本信息

1．任务描述

"花的海洋"程序中通过花的名称、花的颜色和花开季节等展示花的属性，通过基本信息、生长及开花等方法体现不同花的特性与行为，运行结果如图 5-19 所示。

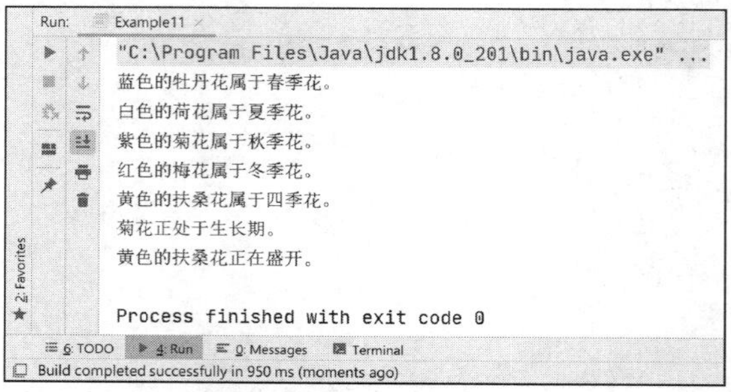

图 5-19　花的海洋运行结果

2．任务分析

（1）根据任务描述，需要定义花类 Flowers，定义 3 个成员变量、3 个成员方法和 1 个有参构造方法。

（2）测试类 Example11 实例化多个对象，对象分别调用成员方法输出相关信息。

3．任务实施

（1）在项目的 src 目录下创建包 cn.edu.cvit.example11，在包 cn.edu.cvit.example11 下创建类 Example11。

（2）在 Example11.java 文件中，创建花类 Flowers，编辑测试类 Example11。

（3）在文本编辑器视图中，撰写代码如下。

```
package cn.edu.cvit.example11;
/**
 * 花的海洋
 */
//定义花类Flowers
class Flowers{
    //定义属性并封装
    private String name;                                    //花的名称
    private String color;                                   //花的颜色
    private String season;                                  //花开季节
    //定义有参构造方法
    public Flowers(String name, String color, String season) {
        this.name = name;
        this.color = color;
```

```java
      this.season = season;
    }
    //定义 getter 和 setter 方法
    public String getName() {
      return name;
    }
    public void setName(String name) {
      this.name = name;
    }
    public String getColor() {
      return color;
    }
    public void setColor(String color) {
      this.color = color;
    }
    public String getSeason() {
      return season;
    }
    public void setSeason(String season) {
      this.season = season;
    }
    //定义基本信息、生长和开花成员方法
    public void info(){
      System.out.println(color+name+"属于"+season+"花。");
    }
    public void grown(){
      System.out.println(name+"正处于生长期。");
    }
    public void bloom(){
      System.out.println(color+name+"正在盛开。");
    }
}
//编辑测试类 Example11
public class Example11 {
  public static void main(String[] args) {
    //实例化 Flowers 对象
    Flowers flower1=new Flowers("牡丹花","蓝色的","春季");
    Flowers flower2=new Flowers("荷花","白色的","夏季");
    Flowers flower3=new Flowers("菊花","紫色的","秋季");
    Flowers flower4=new Flowers("梅花","红色的","冬季");
    Flowers flower5=new Flowers("扶桑花","黄色的","四季");
    //通过对象调用成员方法
    flower1.info();
    flower2.info();
    flower3.info();
    flower4.info();
    flower5.info();
    flower3.grown();
    flower5.bloom();
  }
}
```

4. 实践贴士

（1）成员方法可根据对象需求来决定是否需要一一调用。

（2）读者可自行设计需要输出的对象属性。

5.3 任务拓展：输出迷你动物园的基本信息

📖 任务描述

从 Java 基础向面向对象的思想转换是一个循序渐进的过程。

本任务通过面向对象基础来设计迷你动物园程序。迷你动物园有多种小动物，每种小动物均有自身的属性和方法，可以灵活运用不同的构造方法来定义类并实例化对象，通过调用属性和方法实现信息输出，运行结果如图 5-20 所示。

图 5-20　迷你动物园运行结果

📖 任务分析

根据任务描述，定义小动物类 MiniAnimal，其属性为 name（名称）、color（颜色）和 age（年龄），成员方法为 eat（吃东西），定义无参构造方法和重载的有参构造方法，实例化多个小动物对象，通过调用属性和方法分别输出各对象属性值及相关信息。

📖 任务实施

（1）在项目的 src 目录下创建包 cn.edu.cvit.example12。

（2）在包 cn.edu.cvit.example12 下分别创建测试类 Example12 和小动物类 MiniAnimal，文件树形结构如图 5-21 所示。

（3）MiniAnimal.java 文件代码如下。

```java
package cn.edu.cvit.example12;
/**
 * 迷你动物园小动物类
 */
public class MiniAnimal {
    //定义属性并封装
    private String name;            //小动物名称
    private String color;           //小动物颜色
    private int age;                //小动物年龄
```

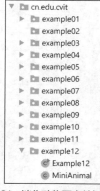

图 5-21　迷你动物园文件树形结构

```
    //定义无参构造方法
    public MiniAnimal(){
    }
    //定义多个重载有参构造方法
    public MiniAnimal(String name) {
        this.name=name;
    }
    public MiniAnimal(String name, String color) {
        this.name=name;
        this.color=color;
    }
    public MiniAnimal(String name, String color, int age) {
        this.name=name;
        this.color=color;
        this.age=age;
    }
    //定义 getter 和 setter 方法
    public String getName() {
        return name;
    }
    public void setName(String name) {
        this.name=name;
    }
    public String getColor() {
        return color;
    }
    public void setColor(String color) {
        this.color=color;
    }
    public float getAge() {
        return age;
    }
    public void setAge(int age) {
        this.age=age;
    }
    //定义成员方法——吃东西
    public void eat(){
        System.out.println(name+"在吃东西");
    }
}
```

（4）Example12.java 文件代码如下。

```
package cn.edu.cvit.example12;
/**
 * 迷你动物园测试类
 */
public class Example12 {
    public static void main(String[] args) {
        //实例化小动物类
        MiniAnimal an1=new MiniAnimal();
        MiniAnimal an2=new MiniAnimal("小狗");
        MiniAnimal an3=new MiniAnimal("小鸭","黄色的");
        MiniAnimal an4=new MiniAnimal("小鹦鹉","绿色的",1);
```

```
    //给对象 an1 的属性赋值
    an1.setName("小猫");
    an1.setColor("黑白相间的");
    an1.setAge(2);
    //输出各对象相关信息
    System.out.print(an1.getColor()+an1.getAge()+"岁");
    an1.eat();
    System.out.println(an2.getName()+"在汪汪叫");
    System.out.println(an3.getColor()+an3.getName()+"在游泳");
    System.out.println(an4.getColor()+an4.getAge()+"岁"+an4.getName()+"在学说话");
    }
}
```

📖 实践贴士

（1）在任务拓展中重点使用了从无参构造方法到有参构造方法的重载。

（2）任务拓展中的小动物类与测试类分别存入不同的.java 文件中，与之前的任务有所不同。

（3）封装的成员变量通过相应的 setter 方法来赋值，通过 getter 方法来获取属性值。

单元5 思维导图

单元小结

　　本单元详细介绍了 Java 面向对象的基本概念、类与对象、访问权限、类的属性封装、构造方法、this 关键字和 static 关键字等内容。

习题

一、选择题

1. Java 中的 4 种权限修饰符，按访问范围由大到小排序正确的是（　　）。
   A. private、缺省、protected、public　　　　B. public、protected、缺省、private
   C. public、private、缺省、protected　　　　D. public、protected、private、缺省

2. 下列说法中关于 this 关键字的描述错误的是（　　）。
   A. 使用 this 关键字区别同名的成员变量和局部变量
   B. 使用 this 关键字调用构造方法，其语句必须放在构造方法的第一行
   C. this 关键字不可以调用本类中的成员方法
   D. 使用 this 关键字可以在任意方法中调用构造方法

3. 下列说法中关于 static 关键字的描述错误的是（　　）。
   A. 使用 static 关键字修饰的成员只能通过类来调用，不能通过对象调用
   B. static 关键字修饰的代码块被称为静态代码块
   C. static 关键字修饰的方法被称为静态方法
   D. 静态方法只能调用静态方法，不能调用非静态方法

4. 下列说法中关于构造方法的描述错误的是（　　）。
   A. 构造方法名必须与类名相同
   B. 构造方法名之前无返回值类型

  C. 构造方法分为有参构造方法和无参构造方法

  D. 构造方法不能重载

5. 下列说法中关于类的属性封装的描述错误的是（ ）。

  A. 使用 private 修饰成员变量   B. 被封装的属性可以被任何类直接访问

  C. 可以通过 getter 和 setter 方法访问属性 D. 封装可以隐藏信息，提高安全性

二、判断题

1. 构造方法名与普通方法名一样，只要是合法的标识符即可。（ ）

2. 在一个类中可以定义多个构造方法，无参构造方法由类自动生成。（ ）

3. 在一个类中可以有多个静态代码块，每个静态代码块只被执行一次。（ ）

4. 被封装的类使用 private 修饰属性，通过 public 修饰的 getter 和 setter 方法调用。（ ）

5. protected 修饰的类中的成员只能被同类、本包内的类或者不同包的子类访问。（ ）

三、编程题

1. 编写程序，创建一个员工类，要求有姓名、工龄和基本工资等属性，以及有输出基本信息方法和涨工资方法（工龄在 10 年以内涨 500 元，10～20 年涨 1000 元，20～30 年涨 1500 元，30 年以上涨 2000 元），通过实例化对象调用相应方法，输出涨工资后的基本信息。

2. 编写程序，创建一个教师类，要求有姓名、性别和专业等属性，要求专业属性可通过类直接访问，并且有教师信息和授课两个成员方法，输出各位教师信息和所授课程。

单元6
面向对象高级

06

　　继承和接口是面向对象高级的主要内容。面向对象的继承是程序设计不可缺少的思想，通过继承可以快速创建新的类，实现代码的重用，提高程序的可维护性。面向对象的接口有利于分离大型项目、统一规范、降低代码耦合度，可以提高程序开发效率和质量。本单元的学习目标如下。

知识目标

✧ 掌握类的继承、抽象类和接口的使用
✧ 理解方法的重写、Object类和内部类
✧ 熟悉super关键字和final关键字的使用

技能目标

✧ 能够恰当使用类的继承和接口
✧ 能够正确使用super关键字和final关键字

素养目标

✧ 培养独立思考、分析问题和解决问题的能力
✧ 提高灵活应变的能力

6.1 知识储备

6.1.1 类的继承

6.1 类的继承

　　Java中的继承与现实生活中的继承相似，现实生活中子女继承父母的财产，Java中的子类继承父类中可继承的属性和方法，子类也可以添加父类中没有的属性和方法或重写父类中的某些方法，扩展或者强化子类所继承的各项功能。在程序中恰当地使用继承可以大大提高编程效率，减少代码的冗余。

　　在Java中，使用extends关键字声明一个类继承另一个类，基本语法格式如下：

```
class 父类名{…}
class 子类名 extends 父类名{…}
```

在Java类的继承中，需要注意如下几点。

（1）父类也称为超类、基类和派生类。

（2）Java 中的类只有单继承，没有多继承，即一个子类只能有一个父类，一个父类可以有多个子类。

（3）支持多层次继承，即一个类可以是某个类的子类，也可以是另一个类的父类。例如，类 A 继承类 B，类 B 继承类 C。

（4）子类继承父类时，可以继承除构造方法外的全部非私有的属性和方法。

【例 6-1】创建一个人（Person）类，有姓名（name）和年龄（age）两个属性，有吃饭（eat）和睡觉（sleep）两个方法；再定义一个学生（Student）类，继承人类，同时添加学习（study）方法，通过实例化学生类对象，给其属性赋值并调用相应的方法。

【操作步骤】

（1）新建 unit06 项目，在项目 unit06 的 src 目录下创建包 cn.edu.cvit.example01，在包 cn.edu.cvit.example01 下创建类 Example01。

（2）在 Example01.java 文件中，创建 Person 类和 Student 类。

（3）编写 Example01 测试类。

（4）在文本编辑器视图中，撰写代码如下。

```java
package cn.edu.cvit.example01;
/**
 * 使用extends 关键字实现继承
 */
//创建 Person 类
class Person{
    //定义 name 和 age 成员变量
    private String name;                                    //姓名
    private int age;                                        //年龄
    public String getName() {
      return name;
    }
    public void setName(String name) {
      this.name=name;
    }
    public int getAge() {
      return age;
    }
    public void setAge(int age) {
      this.age=age;
    }
    //定义 eat()方法
    public static void eat(){
      System.out.println("吃东西!!!");
    }
    //定义 sleep()方法
    public static void sleep(){
      System.out.println("睡觉!!! ");
    }
}
//创建 Student 类, 继承 Person 类
class Student extends Person{
    //创建有参构造方法
    Student(String name,int age){
```

```
      this.getName();
      this.getAge();
    }
    //重写父类中的sleep()方法
    public static void sleep(){
      System.out.println("正在午睡!!! ");
    }
    //创建Student类中特有的study()方法
    public static void study(){
      System.out.println("学习Java!!! ");
    }
}
//编写测试类Example01
public class Example01 {
  public static void main(String[] args) {
    //实例化stu1对象
    Student stu1=new Student("Tony",19);
    //调用Student类中的各个方法
    stu1.eat();
    stu1.sleep();
    stu1.study();
  }
}
```

（5）在文本编辑器视图中单击 ▶ 按钮，运行程序，结果如图6-1所示。

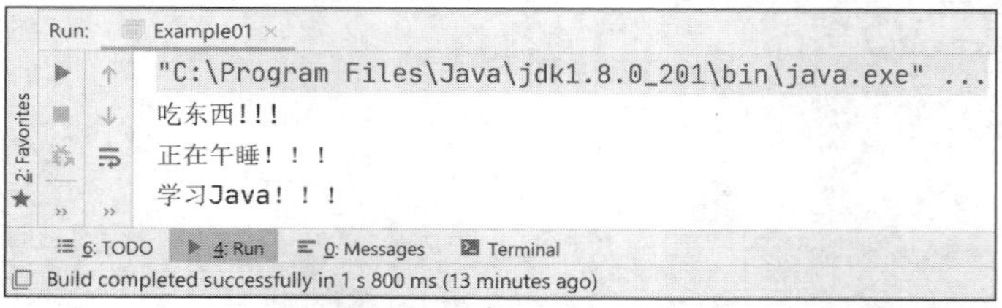

图6-1　例6-1运行结果

> **提示** （1）在 Student 类中重写了 Person 类中的 sleep()方法，同时声明了 study()方法。
> （2）在测试类 Example01 中，实例化的 stu1 对象既调用了 Person 类中的属性，又调用了 eat()和 sleep()方法，但 sleep()方法调用的是 Student 类中重写的 sleep()方法，而不是 Person 类中的 sleep()方法。
> （3）子类对象不仅可以调用父类的属性和方法，同样可调用子类自己的属性和方法，当出现同名的属性或者方法时，以子类的为主。

6.1.2　方法的重写

6.2　方法的重写

在 Java 中子类可以继承父类中的方法，而不需要重新声明相同的方法，当父类中的方法无法满足子类需求或子类具有特定功能的时候，需要对方法进行重写。方法的重写（override）又称为方法的覆盖，要求子类中的方法与父类中的方法具有相同的方法名、返回值类型和参数列表，但方法体实现不同。

在例 6-1 中，Student 类重写了 Person 类中的 sleep()方法，子类对象调用

sleep()方法时，调用的是子类中的方法。

方法的重写需要注意如下几点。

（1）父类中的成员方法只能被它的子类重写。

（2）父类中声明为 final 的方法不能被重写。

（3）父类中声明为 static 的方法不能被重写，能被再次声明。

（4）构造方法不能被重写。

6.1.3　Object 类

Object 类是包 java.lang 下的核心类，是所有类的父类，所有类都默认继承了 Object 类。Object 类提供了一些通用方法，可以在任何 Java 对象中使用。下面分别介绍 Object 类中常用的方法 equals()和 toString()。

6.3　Object 类

1. equals()方法

equals()方法用于比较两个对象的内容是否相同，返回值类型为布尔类型，它不同于==运算符，==运算符用于比较两个对象的引用是否相同。

【例 6-2】分别比较两个字符串的内容和引用是否相同。

【操作步骤】

（1）在 src 目录下创建包 cn.edu.cvit.example02，在包 cn.edu.cvit.example02 下创建类 Example02。

（2）在 Example02.java 文件中，定义 main()方法。

（3）在文本编辑器视图中，撰写代码如下。

```java
package cn.edu.cvit.example02;
/**
 * 分别比较两个字符串的内容和引用是否相同
 */
public class Example02 {
  public static void main(String[] args) {
    //分别定义 4 个字符串
    String str1=new String("tony");
    String str2=new String("tony");
    String str3="Alice";
    String str4;
    str4=str1;                          //将 str1 赋值给 str4
    //分别使用 equals()方法和==运算符对字符串进行比较
    boolean b1=str1.equals(str2);
    boolean b2=(str1==str2);
    boolean b3=str1.equals(str3);
    boolean b4=(str1==str4);
    //输出比较结果
    System.out.println("str1 与 str2 的内容是否相同: "+b1);
    System.out.println("str1 与 str2 是否为相同引用: "+b2);
    System.out.println("str1 与 str3 的内容是否相同: "+b3);
    System.out.println("str1 与 str4 是否为相同引用: "+b4);
  }
}
```

（4）在文本编辑器视图中单击 ▶ 按钮，运行程序，结果如图 6-2 所示。

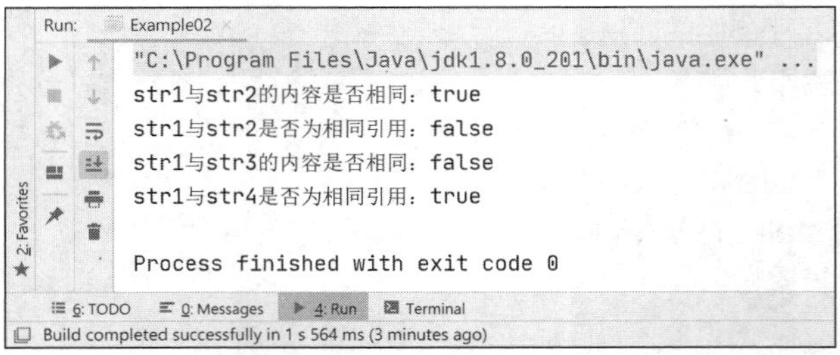

```
Run:    Example02 ×
    ▶  ↑    "C:\Program Files\Java\jdk1.8.0_201\bin\java.exe" ...
    ■  ↓    str1与str2的内容是否相同: true
    ☷  ⇥    str1与str2是否为相同引用: false
    ☷  ⇥    str1与str3的内容是否相同: false
    ☷       str1与str4是否为相同引用: true
    ⊞  ⇥
    ★       Process finished with exit code 0

    ☰ 6: TODO   ☰ 0: Messages   ▶ 4: Run   ☰ Terminal
    ☐ Build completed successfully in 1 s 564 ms (3 minutes ago)
```

图6-2　例6-2运行结果

> **提示**　（1）当两个对象同时指向同一引用时，使用==运算符比较后，返回值为 true，说明两个对象的引用完全相同。
> （2）使用 equals()方法比较的是两个对象的内容是否相同，如果相同，则返回值为 true，它不关心两个对象是否指向同一引用。
> （3）如果只需要判断两个对象的内容是否相同，使用 equals()方法比较恰当。

2. toString()方法

toString()方法返回对象的字符串表示形式。

toString()方法原型如下。

```
public String toString(){
    return getClass().getName()+"@"+Integer.toHexString((hashCode()));
}
```

从 toString()方法原型中不难发现，其返回的默认字符串为"类名@十六进制的 hashCode"，因为所有类均继承 Object 类，因此在调用 toString()方法时，将输出其返回的默认字符串。若想输出其他内容，需要重写 toString()方法。

【例 6-3】重写 toString()方法，输出需要的内容。

【操作步骤】

（1）在 src 目录下创建包 cn.edu.cvit.example03，在包 cn.edu.cvit.example03 下创建类 Example03。

（2）在 Example03.java 文件中，定义 main()方法。

（3）在文本编辑器视图中，撰写代码如下。

```
package cn.edu.cvit.example03;
/**
 * 重写 toString()方法，输出需要的内容
 */
//创建 Student 类
class Student{
    //定义属性 name 和 age 并封装
    private String name;
    private int age;
    //定义 public 修饰的 getter 和 setter 方法
    public String getName() {
      return name;
    }
    public void setName(String name) {
      this.name=name;
    }
```

```
    public int getAge() {
      return age;
    }
    public void setAge(int age) {
      this.age=age;
    }
    //定义有参构造方法
    Student(String name,int age){
      this.name=name;
      this.age=age;
    }
    //重写 toString()方法
    public String toString(){
      return "姓名: "+name+", 年龄: "+age;
    }
}
//编写测试类 Example03
public class Example03 {
  public static void main(String[] args) {
    Student stu=new Student("张三",18);          //实例化 Student 对象 stu
    System.out.println(stu);                     //输出对象 stu 的 toString()方法的返回值
    Example03 example03=new Example03();         //实例化 example03 对象
    System.out.println(example03);               //输出 example03 的 toString()方法的返回值
  }
}
```

（4）在文本编辑器视图中单击 ▶ 按钮，运行程序，结果如图 6-3 所示。

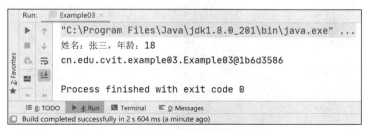

图 6-3　例 6-3 运行结果

 提示 （1）在 Student 类中重写了 toString()方法，因此在输出内容时直接输出了自定义的内容，而
在 Example03 类中没有重写 toString()方法，输出的是"类名@十六进制的 hashCode"。
（2）在类的使用中，经常需要重写 toString()方法。

6.1.4　super 关键字

　　super 关键字指向当前子类对象的父类。super 关键字可以出现在成员方法和构造方法中。子类对象可以使用 super 关键字访问父类中的属性，调用父类中的方法。

1. 访问父类中的属性和调用父类中的方法

　　一般格式：

```
super.属性名;
```

或者写为:

```
super.方法名([实参列表]);
```

当使用 super 关键字访问父类中的属性和调用父类中的方法时，super 关键字没有位置限制，可放在子类中任意可调用的地方。

【例 6-4】 使用 super 关键字访问父类中的属性和调用父类中的方法。

【操作步骤】

（1）在 src 目录下创建包 cn.edu.cvit.example04，在包 cn.edu.cvit.example04 下创建类 Example04。

（2）在 Example04.java 文件中创建 Person 类和 Student 类，Student 类继承 Person 类。

（3）在文本编辑器视图中，撰写代码如下。

```java
package cn.edu.cvit.example04;
/**
 * 使用 super 关键字访问父类中的属性和调用父类中的方法
 */
//创建 Person 类
class Person{
    //定义 name 和 age 属性
    private String name="张三";
    private int age=10;
    //定义 getter 和 setter 方法
    public String getName() {
      return name;
    }
    public void setName(String name) {
      this.name=name;
    }
    public int getAge() {
      return age;
    }
    public void setAge(int age) {
      this.age=age;
    }
    //定义 eat()方法
    public void eat(){
      System.out.println("在吃零食!!! ");
    }
}
//创建 Student 类，并继承 Person 类
 class Student extends Person{
    //定义与父类同名的属性
    String name="李四";
    int age=15;
    //重写父类中的 eat()方法
    public void eat(){
      System.out.print(age+"岁的"+super.getName()); //使用 super 关键字调用父类中的方法
      super.eat();
    }
}
```

```
//编写测试类 Example04
public class Example04 {
  public static void main(String[] args) {
    Student stu=new Student();                    //实例化 Student 类对象
    stu.eat();                                    //调用 Student 类中的 eat() 方法
  }
}
```

（4）在文本编辑器视图中单击 ▶ 按钮，运行程序，结果如图 6-4 所示。

图 6-4　例 6-4 运行结果

 提示 （1）在 Student 类的 eat() 方法中使用 super.getName() 获取父类中的 name 属性，使用 super.eat() 方法调用父类中的 eat() 方法。
（2）没有使用 super 关键字获取的 age 属性值为子类中的初始值 15，而不是父类中的 10。
（3）在 static 关键字修饰的方法中不能使用 super 关键字。

2. 调用父类中的构造方法

子类不可以重写父类中的构造方法，但使用 super 关键字可以调用父类中的构造方法。
一般格式：

```
super([实参列表]);
```

使用 super 关键字调用父类中的构造方法需要注意如下几点。
（1）super 关键字必须放在子类构造方法体的首行。
（2）super 关键字不可以在多个构造方法之间互相调用。

【例 6-5】使用 super 关键字调用父类中的构造方法。

【操作步骤】

（1）在 src 目录下创建包 cn.edu.cvit.example05，在包 cn.edu.cvit.example05 下创建类 Example05。

（2）在 Example05.java 文件中创建 Person 类和 Student 类，Student 类继承 Person 类。

（3）在文本编辑器视图中，撰写代码如下。

```
package cn.edu.cvit.example05;
/**
 * 使用 super 关键字调用父类中的构造方法
 */
//创建 Person 类
class Person{
    //定义 name 和 age 属性
    private String name="张三";
    private int age=10;
    //定义 getter 和 setter 方法
```

```java
        public String getName() {
          return name;
        }
        public void setName(String name) {
          this.name=name;
        }
        public int getAge() {
          return age;
        }
        public void setAge(int age) {
          this.age=age;
        }
        //定义构造方法
        Person(){ }
        Person(String name,int age){
          this.name=name;
          this.age=age;
        }
    }
    //创建 Student 类，并继承 Person 类
    class Student extends Person {
        //定义 gender 属性
        private String gender;                                            //性别
        //定义 gender 属性的 getter 和 setter 方法
        public String getGender() {
          return gender;
        }
        public void setGender(String gender) {
          this.gender = gender;
        }
        //定义无参构造方法和有参构造方法
        Student(){
          super();                      //super();语句可省略，默认调用父类中的无参构造方法
        }
        Student(String name,int age,String gender){
          super(name,age);          //调用父类中的有参构造方法，若部分参数省略，则使用父类中对应的参数
          this.gender=gender;
        }
        //重写 toString()方法
        public String toString(){
          return this.getName()+", "+gender+", "+this.getAge()+"岁。";
        }
    }
    //编写测试类 Example05
    public class Example05 {
      public static void main(String[] args) {
        Student stu=new Student("张三",19,"男");          //实例化 Student 类对象 stu
        System.out.println(stu);                          //输出 stu 对象基本信息
      }
    }
```

（4）在文本编辑器视图中单击 ▶ 按钮，运行程序，结果如图 6-5 所示。

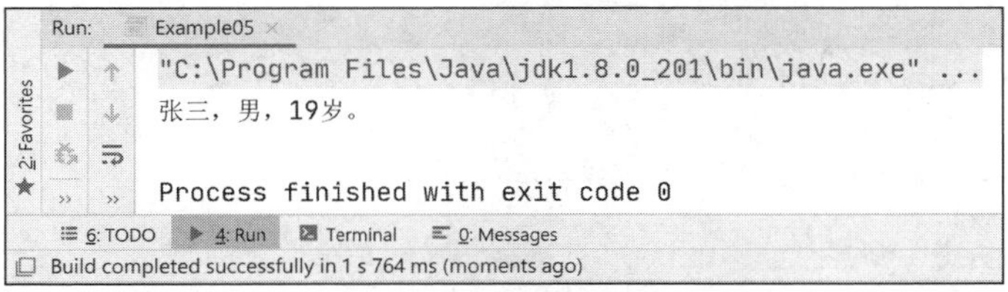

```
Run:      Example05 ×
▶  ↑    "C:\Program Files\Java\jdk1.8.0_201\bin\java.exe" ...
   ↓    张三，男，19岁。
   ⇥
   ↩    Process finished with exit code 0

≡ 6: TODO   ▶ 4: Run   ▣ Terminal   ≡ 0: Messages
☐ Build completed successfully in 1 s 764 ms (moments ago)
```

图 6-5　例 6-5 运行结果

> **提示**　（1）子类调用父类中的无参构造方法时，可省略 super();语句，系统默认已添加该语句。
> （2）当子类中的有参构造方法参数值与父类中的不同时，可先调用父类中的有参构造方法，并将该语句放在方法体首行，放在其他位置将报错。

6.1.5　final 关键字

在 Java 中，final 关键字可以用来修饰类、成员变量和成员方法。final 修饰的类为最终类，不能被任何其他类继承；final 修饰的成员变量为常量，不能被更改；final 修饰的成员方法为最终方法，不能被重写。

【例 6-6】final 关键字的演示。

【操作步骤】

（1）在 src 目录下创建包 cn.edu.cvit.example06，在包 cn.edu.cvit.example06 下创建类 Example06。

（2）在 Example06.java 文件中，创建 A 类、B 类和 C 类，final 分别修饰 A 类、B 类中的成员变量和 C 类中的成员方法。

（3）在文本编辑器视图中，撰写代码如下。

```java
package cn.edu.cvit.example06;
/**
 * final 关键字的演示
 */
//final 修饰的类
final class A{
  public void info(){
    System.out.println("final 修饰的类，不能被继承。");
  }
}
//final 修饰的成员变量
class B{
    final String SCHOOL="中山大学";
    public void info(){
      System.out.println("final 修饰的成员变量是常量，不能被更改。");
    }
}
//final 修饰的成员方法
class C{
    public final void info() {
      System.out.println("final 修饰的成员方法，不能被重写。");
```

```
    }
  }
//测试类
public class Example06 {
  public static void main(String[] args) {
    //实例化各类对象，并调用各类中的info()方法
    A a=new A();
    B b=new B();
    C c=new C();
    a.info();
    b.info();
    c.info();
  }
}
```

（4）在文本编辑器视图中单击 ▶ 按钮，运行程序，结果如图6-6所示。

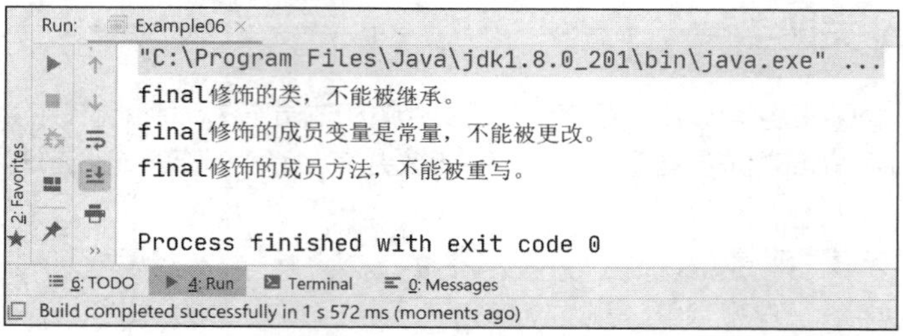

```
Run:    Example06 ×
  ▶   ↑   "C:\Program Files\Java\jdk1.8.0_201\bin\java.exe" ...
  ■   ↓   final修饰的类，不能被继承。
  ⚙   ⇥   final修饰的成员变量是常量，不能被更改。
  ⬛   ⬚   final修饰的成员方法，不能被重写。
  ★   ⚑
          Process finished with exit code 0

  ≡ 6: TODO   ▶ 4: Run   ▣ Terminal   ☐ 0: Messages
  ☐ Build completed successfully in 1 s 572 ms (moments ago)
```

图6-6　例6-6运行结果

 提示　（1）如果创建一个类继承 A 类，将报错，错误信息为"Make A not final"，也就是被 final 修饰的 A 类不能被继承。
（2）如果想修改 B 类中的 SCHOOL，将报错，错误信息为"Make B.SCHOOL not final"，即被 final 修饰的成员变量 SCHOOL 不能被修改。
（3）如果创建一个类继承 C 类且在子类中重写 C 类中的 info()方法，将报错，错误信息为"Make C.info not final"，即被 final 修饰的成员方法 info()不能被重写。

6.1.6　抽象类

当一个类中的方法无法确定具体实现方式时，需要使用抽象方法（abstract method）和抽象类（abstract class）。

1. 抽象方法

使用 abstract 关键字修饰的方法称为抽象方法，抽象方法没有方法体，只有方法头，它是一种"规则"，告知子类必须实现该方法。

抽象方法定义的一般格式：

权限修饰符 abstract 返回值类型 方法名([参数]);

例如，abstract void f();。

2. 抽象类

含有一个或者多个抽象方法的类称为抽象类，它是一种特殊的类，使用 abstract 关键字修饰，不能直接实例化对象，只能通过继承使用。一个抽象类可以被多个子类继承，每个子类均需要实现父类中的所有抽象方法，方法的具体实现功能可以不同。

抽象类定义的一般格式:

```
abstract class 类名{
    属性
    普通方法
    抽象方法
}
```

3. 使用抽象类和抽象方法的注意事项

（1）抽象类和抽象方法必须使用 abstract 关键字修饰。

（2）抽象类中可以有一个或者多个抽象方法。

（3）抽象方法只有方法头，没有方法体。

（4）抽象方法所在的类必须是抽象类。

（5）继承抽象类的子类，需要实现抽象类中的所有抽象方法。

【例 6-7】抽象类的使用。

【操作步骤】

（1）在 src 目录下创建包 cn.edu.cvit.example07，在包 cn.edu.cvit.example07 下创建类 Example07。

（2）在 Example07.java 文件中创建 Computer 抽象类，在类中创建 usb()抽象方法。

（3）在 Example07.java 文件中分别创建 MyComputer 类、HerComputer 类和 HisComputer 类并继承 Computer 抽象类，在子类中分别实现 usb()方法，具体实现功能各不相同。

（4）在文本编辑器视图中，撰写代码如下。

```java
package cn.edu.cvit.example07;
/**
 * 抽象类的使用
 */
//抽象类 Computer
abstract class Computer{
  //连接显示器——普通方法
  public void display(){
    System.out.println("连接显示器!!! ");
  }
  // 连接 USB——抽象方法
  public abstract void usb();
}
//MyComputer 类继承 Computer 类
class MyComputer extends Computer{
    //重写 usb()方法
    @Override
    public void usb() {
      System.out.println("连接 U 盘!!! ");
    }
}
//HerComputer 类继承 Computer 类
class HerComputer extends Computer{
    //重写 usb()方法
    @Override
    public void usb() {
```

```
        System.out.println("连接鼠标!!! ");
    }
}
//HisComputer 类继承 Computer 类
class HisComputer extends Computer{
    //重写 usb()方法
    @Override
    public void usb() {
        System.out.println("连接键盘!!! ");
    }
}
//测试类 Example07
public class Example07 {
    public static void main(String[] args) {
        MyComputer myComputer=new MyComputer();
        HerComputer herComputer=new HerComputer();
        HisComputer hisComputer=new HisComputer();
        myComputer.usb();
        herComputer.usb();
        hisComputer.usb();
    }
}
```

（5）在文本编辑器视图中单击 ▶ 按钮，运行程序，结果如图 6-7 所示。

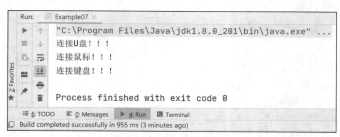

图 6-7　例 6-7 运行结果

提示　（1）Computer 类为抽象类，其中，usb()方法为抽象方法，MyComputer、HerComputer 和 HisComputer 类分别继承了 Computer 类，需要实现 usb()方法。

（2）在 IDEA 中，将光标放在子类名处，单击如图 6-8 所示左上角的 💡 提示按钮，在弹出的下 拉菜单中选择"Implement methods"（实现方法）命令。

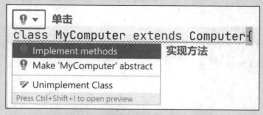

图 6-8　单击提示按钮重写抽象方法

或者将光标放在 Computer 类名处，按"Alt+Enter"快捷键，在弹出的下拉菜单中选择 "Implement methods"命令，如图 6-9 所示。

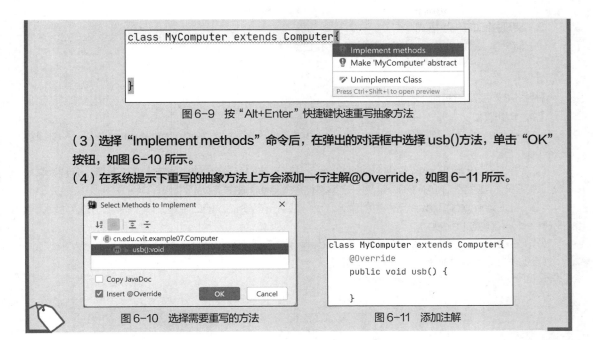

图 6-9　按"Alt+Enter"快捷键快速重写抽象方法

（3）选择"Implement methods"命令后，在弹出的对话框中选择 usb()方法，单击"OK"
按钮，如图 6-10 所示。

（4）在系统提示下重写的抽象方法上方会添加一行注解@Override，如图 6-11 所示。

图 6-10　选择需要重写的方法　　　　　图 6-11　添加注解

6.1.7　接口

在 Java 中，如果一个抽象类中所有的方法均为抽象方法，那么可以将该类定义为接口（interface），
定义接口相当于定义一系列的标准。例如，想当教师就要会说普通话，想当律师就要懂法律，想当厨师
就要会炒菜。

接口与类不同，接口的关键字是 interface，类的关键字是 class；接口可以多继承，即一个子接口
可以继承多个父接口，类只能单继承。接口无法被实例化，但可以被其他类实现。

接口中所有的属性默认被 public static final 修饰，接口中所有的属性均为常量。接口中所有
的方法默认被 public abstract 修饰，接口中所有的方法为抽象方法或 default 关键字修饰的非抽
象方法。

1. 接口定义格式

```
[权限修饰符] interface 接口名[extends 其他的接口名]{
    [public static final]　数据类型 常量名=常量值;
    public default 返回值类型 方法名([参数列表]){
        //方法体
    }
    [public abstract] 返回值类型 方法名([参数列表]);
}
```

2. 抽象类与接口的区别

（1）抽象类中可以有普通方法，接口中不可以，接口中只能有抽象方法和 default 关键字修饰的非抽
象方法。

（2）抽象类中的成员变量的数据类型无限制，而接口中的成员变量只能是被 public static final 修饰
的常量。

（3）抽象类属于类，一个子类只能继承一个父类，接口不属于类，一个类可以实现多个接口，同时
一个子接口可以继承多个父接口。

3. 实现接口的一般格式

```
[修饰符] class 类名 implements 接口1,接口2…接口n{
    …
}
```

【例6-8】接口的实现。

【操作步骤】

（1）在 src 目录下创建包 cn.edu.cvit.example08，在包 cn.edu.cvit.example08 下创建类 Example08。

（2）在 Example08.java 文件中创建 Person 接口，在 Person 接口中定义两个常量，分别为学号（NUMBER）和姓名（NAME），定义一个基本信息（info）抽象方法。

（3）在 Example08.java 文件中创建 Action 接口，在 Action 接口中定义两个抽象方法，分别为读书（read）和睡觉（sleep）。

（4）在 Example08.java 文件中创建 Student 类，实现 Person 和 Action 接口。

（5）在文本编辑器视图中，撰写代码如下。

```java
package cn.edu.cvit.example08;
/**
 * 接口的实现
 */
//Person接口
interface Person{
    //定义常量NUMBER和NAME，其中的修饰符public static final可省略
    public static final int NUMBER=22571301;
    String NAME="李明";
    //定义抽象方法info()，其中的public abstract可省略
    public abstract void info();
}
//Action接口
interface Action{
    //定义抽象方法read()和sleep()
    void read();
    void sleep();
}
//Student类实现了Person和Action接口
class Student implements Person,Action{
    //Person和Action接口中的所有方法
    @Override
    public void info() {
        System.out.println("学号: "+NUMBER+", 姓名: "+NAME+"。");
    }
    @Override
    public void read() {
        System.out.println("在读三国演义!!! ");
    }
    @Override
    public void sleep() {
        System.out.println("在睡午觉!!! ");
    }
}
```

```
//测试类
public class Example08 {
  public static void main(String[] args) {
    //实例化 Student 类对象，并调用其中的所有方法
    Student stu=new Student();
    stu.info();
    stu.read();
    stu.sleep();
  }
}
```

（6）在文本编辑器视图中单击 ▶ 按钮，运行程序，结果如图 6-12 所示。

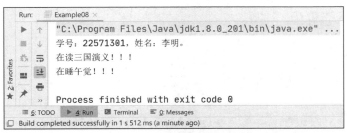

图 6-12　例 6-8 运行结果

> **提示** （1）Student 类实现了 Person 接口和 Action 接口，从而实现了两个接口中所有的方法。
> （2）在接口中常量前的 public static final 可省略。
> （3）在接口中方法前的 public abstract 可省略。

【例 6-9】接口多继承的使用。

【操作步骤】

（1）在 src 目录下创建包 cn.edu.cvit.example09，在包 cn.edu.cvit.example09 下创建类 Example09。

（2）在 Example09.java 文件中创建接口 A、B 和 AB，其中 AB 接口继承了 A 接口和 B 接口，在每一个接口中分别创建一个抽象方法。

（3）在 Example09.java 文件中创建一个 C 类，实现 AB 接口。

（4）在文本编辑器视图中，撰写代码如下。

```
package cn.edu.cvit.example09;
/**
 * 接口多继承的使用
 */
//分别创建接口 A、B 和 AB，其中 AB 接口继承了 A 接口和 B 接口
interface A{
    void f1();
}
interface B{
    void f2();
}
interface AB extends A,B{
    void f3();
}
//C 类实现 AB 接口
class C implements AB{
```

```
    @Override
    public void f1() {
      System.out.println("A 接口中的方法!!! ");
    }
    @Override
    public void f2() {
      System.out.println("B 接口中的方法!!! ");
    }
    @Override
    public void f3() {
      System.out.println("AB 接口中的方法!!! ");
    }
}
//测试类 Example09
public class Example09 {
  public static void main(String[] args) {
    //实例化 C 类对象，并分别调用 f1()、f2() 和 f3() 方法
    C c=new C();
    c.f1();
    c.f2();
    c.f3();
  }
}
```

（5）在文本编辑器视图中单击 ▶ 按钮，运行程序，结果如图 6-13 所示。

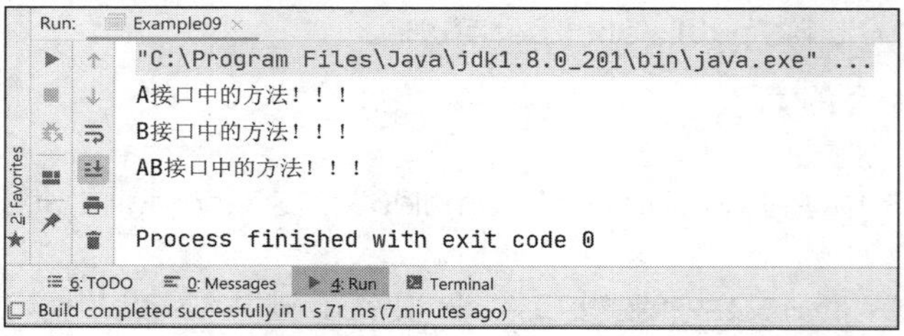

图 6-13　例 6-9 运行结果

> **提示** （1）一个接口继承多个接口，使用 extends 关键字完成。
> （2）实现接口的 C 类只需要实现 AB 接口，即可实现 A 接口、B 接口和 AB 接口中的所有方法。

6.1.8　对象类型转换

对象类型转换与基本类型转换不同，对象类型转换的前提是对象存在继承关系，当对不存在继承关系的对象进行强制类型转换时，会产生 Java 强制类型转换异常（java.lang.ClassCastException）。对象类型转换分为两种，一种是向上转型（upcasting），一种是向下转型（downcasting）。

1.　向上转型

向上转型指的是父类对象指向子类引用，向上转型由系统自动完成，无须进行强制类型转换。使用向上转型可以调用父类类型中的所有成员，不能调用子类类型中的特有成员，最终运行结果取决于子类的具体实现。

向上转型的主要目的是减少代码的冗余，提高代码简洁性，相同继承链的类可以用相同顶层类型表示参数。例如，将子类对象作为实参传递给父类形参，可以不必为每一个子类都写一个子类形参的

方法。

向上转型一般格式：

父类名 对象名=new 子类名();

其中，父类可以是类也可以是接口。

2. 向下转型

向下转型与向上转型相反，指的是子类对象指向父类引用，向下转型的前提是已发生向上转型，否则会出现运行时异常。

向下转型一般格式：

子类名 对象名=(子类名) 父类名;

【例 6-10】对象类型转换的使用。

【操作步骤】

（1）在 src 目录下创建包 cn.edu.cvit.example10，在包 cn.edu.cvit.example10 下创建类 Example10。

（2）在 Example10.java 文件中创建 Animal 类，定义属性 name、方法 eat()和 think()。

（3）在 Example10.java 文件中创建 Cat 类继承 Animal 类，定义属性 name，重写方法 eat()，创建特有的方法 play()。

（4）在文本编辑器视图中，撰写代码如下。

```java
package cn.edu.cvit.example10;
/**
 * 对象类型转换的使用
 */
//Animal 类
class Animal{
    String name="动物";
    public void eat(){
      System.out.println("动物吃东西!!! ");
    }
    public void think(){
      System.out.println("不是所有动物都会思考!!! ");
    }
}
//Cat 类继承 Animal 类
class Cat extends Animal{
    String name="小花猫";
    //重写 Animal 类中的 eat()方法
    public void eat(){
      System.out.println(name+"爱吃鱼!!! ");
    }
    //Cat 类中的特有方法 play()
    public void play(){
      System.out.println(name+"喜欢玩线球!!! ");
    }
}
//测试类 Example10
public class Example10 {
  public static void main(String[] args) {
```

```
        Animal animal=new Cat();              //向上转型，animal 对象指向 Cat 引用
        animal.think();                        //调用父类中未被子类重写的方法
        animal.eat();                          //调用 eat()方法，实现 Cat 类功能
        Cat cat=(Cat)animal;                   //向下转型，将 animal 对象强制类型转为 Cat 类型
        cat.play();                            //调用 Cat 类中特有的方法
    }
}
```

（5）在文本编辑器视图中单击 ▶ 按钮，运行程序，结果如图 6-14 所示。

Run:　　Example10 ×
> ↑ "C:\Program Files\Java\jdk1.8.0_201\bin\java.exe" ...
　　↓ 小花猫爱吃鱼！！！
　　　 小花猫喜欢玩线球！！！

　　　 Process finished with exit code 0

≡ 6: TODO　≡ 0: Messages　▶ 4: Run　■ Terminal
□ Build completed successfully in 1 s 615 ms (5 minutes ago)

图 6-14　例 6-10 运行结果

> **提示**　（1）向上转型所实例化的对象可以调用父类中的所有方法，如果父类中的方法被子类重写，则实现子类中相应功能。
> （2）animal 对象无法调用 Cat 类中的 play()方法，要想调用 Cat 类中的 play()方法，需要将 animal 对象向下转型，即将其强制类型转换为 Cat 类型。

6.1.9　多态

多态从字面意义上讲就是多种形态，之前介绍的方法的重载、继承中子类对父类方法的重写以及对象类型转换都是多态的表现形式。方法的重载通过参数类型、参数个数或参数顺序的不同，体现出不同的方法形态；方法的重写是指子类继承父类后，子类可以重写父类方法的方法体，表现出与父类不同的行为，即同一方法在父类及子类中具有不同的方法形态；对象类型转换可以让父类对象指向子类引用，使父类对象具有多种形态。

在 Java 中，多态分为静态多态和动态多态，静态多态也称编译时多态，动态多态也称运行时多态。静态多态指的是方法的重载，在编译时体现出了多态，在运行时未体现出多态；动态多态是通过动态绑定来实现的，也就是我们常说的多态性。

动态多态需要满足继承、重写和向上转型 3 个必要条件。继承可以提供父类和子类；通过子类重写父类中的方法，即对父类方法重新定义，在调用这些方法时就可以直接调用子类中的重写方法；向上转型将父类对象指向子类引用，该对象可以调用父类中的所有方法，同样可以调用子类中的重写方法。

【例 6-11】 多态的使用。

【操作步骤】

（1）在 src 目录下创建包 cn.edu.cvit.example11，在包 cn.edu.cvit.example11 下创建类 Example11。

（2）在 Example11.java 文件中创建 Animal 接口，定义 eat()抽象方法。

（3）在 Example11.java 文件中创建 Cat 类和 Dog 类，分别实现 Animal 接口。

（4）编辑测试类 Example11，定义 animalEat(Animal animal)方法，通过 animal 对象调用 eat()方法。

（5）在文本编辑器视图中，撰写代码如下。

```
package cn.edu.cvit.example11;
/**
 * 多态的使用
 */
//Animal 接口
interface Animal{
    void eat();
}
//Cat 类实现 Animal 接口
class Cat implements Animal{
    public void eat(){
        System.out.println("小猫爱吃鱼!!! ");
    }
}
//Dog 类实现 Animal 接口
class Dog implements Animal{
    public void eat(){
        System.out.println("小狗爱啃骨头!!! ");
    }
}
//测试类 Example11
public class Example11 {
    //animalEat(Animal animal)方法
    public static void animalEat(Animal animal){
        animal.eat();
    }
    //main()方法
    public static void main(String[] args) {
        //调用 animalEat()方法，给出不同的参数，且参数实现了向上转型
        animalEat(new Cat());
        animalEat(new Dog());
    }
}
```

（6）在文本编辑器视图中单击 ▶ 按钮，运行程序，结果如图 6-15 所示。

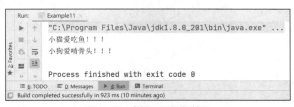

图 6-15　例 6-11 运行结果

 提示　（1）Cat 类和 Dog 类实现了 Animal 接口，并重写了 eat()方法，分别满足了动态多态的前两个必要条件。

（2）在测试类 Example11 中，定义 animalEat(Animal animal)方法的参数类型为 Animal 类型，在两次调用该方法时传递的实参分别为 Cat 和 Dog 类型，完成了向上转型，满足了动态多态的第 3 个必要条件。

6.1.10　内部类

内部类，顾名思义就是在一个类内部定义的类，内部类所在的类被称为外部类。

内部类具有如下特性。

（1）内部类属于独立类，在编译后可生成独立的字节码文件，但内部类的字节码文件前会冠以外部类的类名和$符号。

（2）内部类是外部类的成员，因此，内部类可以访问外部类中的成员变量包括私有变量，但如果内部类被声明为静态内部类，就只能访问外部类中的静态变量。

（3）内部类按照所在位置、修饰符和定义方式的不同，分为成员内部类、静态内部类、局部内部类和匿名内部类 4 种。

1. 成员内部类

成员内部类是指内部类所在位置与类的成员同级，例如：

```java
public class Outter {
  class Inner{
  }
}
```

其中 Outter 类为外部类，Inner 类为内部类。

【例 6-12】成员内部类的演示。

【操作步骤】

（1）在项目的 src 目录下创建包 cn.edu.cvit.example12，在包 cn.edu.cvit.example12 下创建类 Example12。

（2）在文本编辑器视图中，撰写代码如下。

```java
package cn.edu.cvit.example12;
/**
 * 成员内部类的演示
 */
//定义外部类 Outter
class Outter{
  int x=10;                                 //定义外部类成员变量 x
  public void showOutter(){                 //定义外部类成员方法 showOutter()
    System.out.println("外部类");
    System.out.println("外部类成员变量: x="+x);
  }
  //定义内部类 Inner
  class Inner{
    int y=x+10;                             //定义内部类成员变量 y
    public void showInner() {               //定义内部类成员方法 showInner()
      System.out.println("内部类");
    }
    public void method(){                   //定义内部类成员方法 method()
      System.out.println("内部类成员变量: y="+y);
    }
  }
  //定义外部类成员方法 testInner()，在方法中实例化内部类对象并调用内部类中的 method()方法
  public void testInner(){
```

```
        Inner inner=new Inner();                    //实例化内部类对象
        inner.method();                             //调用内部类中的method()方法
    }
}
//编写测试类 Example12
public class Example12 {
    public static void main(String[] args) {
        Outter outter=new Outter();                 //实例化外部类对象
        Outter.Inner inner=outter.new Inner();      //实例化内部类对象
        inner.showInner();                          //调用内部类中的showInner()方法
        outter.testInner();                         //调用外部类中的testInner()方法
        outter.showOutter();
    }
}
```

（3）在文本编辑器视图中单击 ▶ 按钮，运行程序，结果如图 6-16 所示。

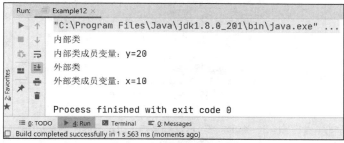

图 6-16 例 6-12 运行结果

 提示 （1）实例化内部类对象可以在外部类方法中，也可以在测试类中。

（2）在测试类中实例化内部类对象有以下两种格式。

格式 1： 外部类名.内部类名 内部类对象名=外部类对象名.new 内部类名();。

格式 2： 外部类名.内部类名 内部类对象名=new 外部类名().new 内部类名();。

（3）在外部类中可以调用外部类成员变量。

2. 静态内部类

使用 static 关键字修饰的成员内部类为静态内部类，静态内部类只能访问外部类中的静态成员。定义静态内部类的格式与定义成员内部类的格式不同，其格式如下。

外部类名.静态内部类名 静态内部类对象名=new 外部类名.静态内部类名();

【例 6-13】静态内部类的演示。

【操作步骤】

（1）在项目的 src 目录下创建包 cn.edu.cvit.example13，在包 cn.edu.cvit.example13 下创建类 Example13。

（2）在文本编辑器视图中，撰写代码如下。

```
package cn.edu.cvit.example13;
/**
 * 静态内部类的演示
 */
//定义外部类 Outter
```

```
class Outter{
    //定义静态内部类 Inner
    static class Inner{
        public void showInner(){
            System.out.println("静态内部类");
        }
    }
}
//编辑测试类 Example13
public class Example13 {
    public static void main(String[] args) {
        Outter.Inner inner=new Outter.Inner();
        inner.showInner();
    }
}
```

（3）在文本编辑器视图中单击 ▶ 按钮，运行程序，结果如图 6-17 所示。

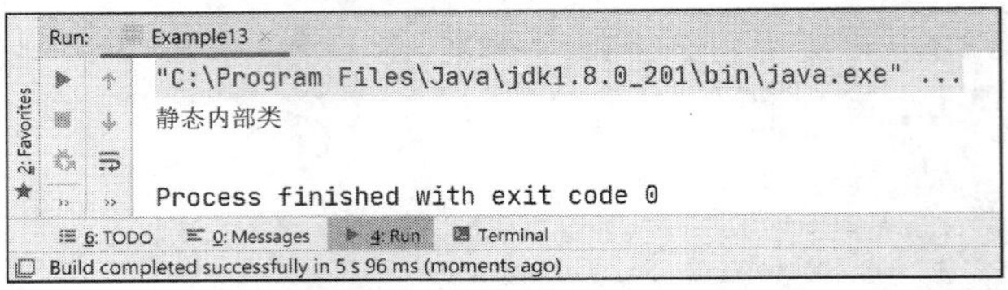

图 6-17　例 6-13 运行结果

> **提示**　（1）静态内部类具有 **static** 关键字修饰成员的特点，可直接通过类名调用相应成员。
> （2）静态内部类中可以定义静态成员，也可以定义非静态成员。

3. 局部内部类

若将内部类放在外部类的方法内，则该内部类称为局部内部类或者方法内部类，只能在方法内实例化其对象。

【例 6-14】局部内部类的演示。

【操作步骤】

（1）在 src 目录下创建包 cn.edu.cvit.example14，在包 cn.edu.cvit.example14 下创建类 Example14。

（2）在文本编辑器视图中，撰写代码如下。

```
package cn.edu.cvit.example14;
/**
 * 局部内部类的演示
 */
//定义外部类 Outter
class Outter{
    public void fun(){                          //定义外部类中的方法 fun()
        class Inner{                             //定义内部类 Inner
            public void showInner(){             //定义内部类中的方法 showInner()
                System.out.println("局部内部类");
            }
        }
        Inner inner =new Inner();                //实例化内部类对象
```

```
        inner.showInner();                       //调用内部类中的方法 showInner()
    }
}
//编辑测试类 Example14
public class Example14 {
    public static void main(String[] args) {
        Outter outter=new Outter();               //实例化外部类对象
        outter.fun();                             //调用外部类中的方法 fun()
    }
}
```

（3）在文本编辑器视图中单击 ▶ 按钮，运行程序，结果如图 6-18 所示。

图 6-18　例 6-14 运行结果

> 提示 （1）局部内部类中可以有成员变量和成员方法，但只能在所定义的方法内使用。
> （2）在同一个外部类的同一个成员方法中，不能定义同名的局部内部类。
> （3）在同一个外部类的不同成员方法中，可以定义同名的局部内部类，因为局部内部类作用范围
> 为方法内。

4．匿名内部类

没有名字的内部类称为匿名内部类，这种类只被使用一次，通过调用匿名内部类所在的外部类的成员方法来创建。匿名内部类创建的一般格式如下：

```
new 类名/接口名(){
    //匿名内部类实现代码
}
```

【例 6-15】匿名内部类的演示。

【操作步骤】

（1）在项目的 src 目录下创建包 cn.edu.cvit.example15，在包 cn.edu.cvit.example15 下创建类 Example15。

（2）在文本编辑器视图中，撰写代码如下。

```
package cn.edu.cvit.example15;
/**
 * 匿名内部类的演示
 */
//定义接口 A
interface A{
    public void eat();          //定义 eat()方法，此处无方法体
}
//编辑测试类 Example15
public class Example15 {
    public static void main(String[] args) {
        new A(){                 //通过调用匿名内部类所在的外部类的方法创建匿名内部类
```

171

```
    public void eat(){                //重写 eat()方法
       System.out.println("匿名内部类");
    }
  }.eat();                            //匿名内部类创建后可直接调用方法
 }
}
```

（3）在文本编辑器视图中单击 ▶ 按钮，运行程序，结果如图 6-19 所示。

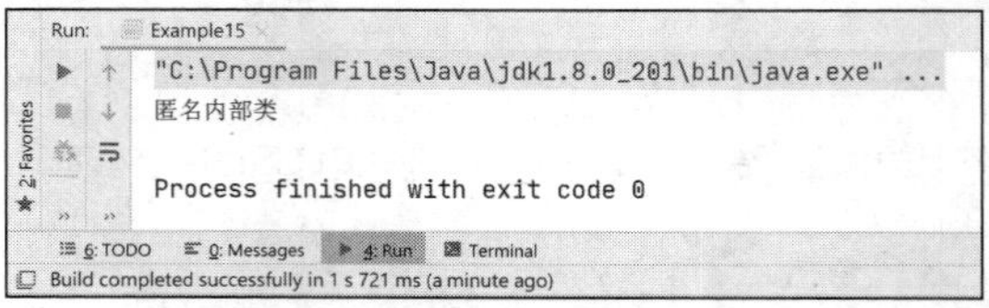

图 6-19　例 6-15 运行结果

> **提示**　（1）使用匿名内部类的前提是继承一个类或实现一个接口。
> （2）匿名内部类创建后可直接作为对象来使用。

6.2 任务实现

6.2.1　任务 1：输出动物小世界的基本信息

1.　任务描述

在动物小世界程序中，主要展示多种小动物爱吃不同的食物及发出不同的叫声，即通过接口创建相应的抽象方法。动物小世界中每种小动物都必须具备吃东西和发出叫声的方法，其他属性和方法不受限制，为了更好地体现接口的作用，其他属性和方法可省略，运行结果如图 6-20 所示。

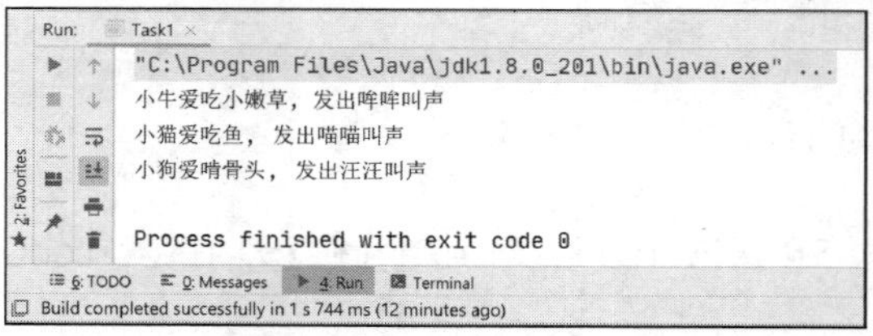

图 6-20　动物小世界运行结果

2.　任务分析

（1）根据任务描述，定义 Animal 接口，接口中有两个方法，一个是吃东西方法 eat()，一个是发出叫声方法 shout()。

（2）定义多个小动物类，分别实现 Animal 接口，重写 Animal 接口中的所有方法。

（3）在测试类 Example16 中实例化多个对象，分别调用各对象中的成员方法。

3.　任务实施

（1）在项目的 src 目录下创建包 cn.edu.cvit.example16，在包 cn.edu.cvit.example16 下创建类 Example16。

（2）在 Example16.java 文件中定义动物接口 Animal，在 Animal 接口中定义 eat()方法和 shout()方法。

（3）在文本编辑器视图中，撰写代码如下。

```java
package cn.edu.cvit.example16;
/**
 * 动物小世界
 */
//Animal 接口
interface Animal {
    String NAME="动物小世界";
    void eat();
    void shout();
}
//Cow 类实现 Animal 接口
class Cow implements Animal{
    @Override
    public void eat() {
      System.out.print("小牛爱吃嫩草，");
    }
    @Override
    public void shout() {
      System.out.println("发出哞哞叫声");
    }
}
//Cat 类实现 Animal 接口
class Cat implements Animal{
    @Override
    public void eat() {
      System.out.print("小猫爱吃鱼，");
    }
    @Override
    public void shout() {
      System.out.println("发出喵喵叫声");
    }
}
//Dog 类实现 Animal 接口
class Dog implements Animal{
    @Override
    public void eat() {
      System.out.print("小狗爱啃骨头，");
    }
    @Override
    public void shout() {
      System.out.println("发出汪汪叫声");
    }
}
//测试类 Example16，实例化各类对象并调用其中的成员方法
public class Example16 {
  public static void main(String[] args) {
    Cow cow=new Cow();
    Cat cat=new Cat();
    Dog dog=new Dog();
    cow.eat();
```

```
        cow.shout();
        cat.eat();
        cat.shout();
        dog.eat();
        dog.shout();
    }
}
```

4．实践贴士

（1）所有实现 Animal 接口的类必须重写接口中的所有方法，否则会出现编译错误。

（2）各实现 Animal 接口的类可以有自己特有的属性和方法。

6.2.2 任务 2：计算图形周长和面积

1．任务描述

矩形和圆等图形虽形状各异，但也有共同特性，即它们都可以被计算出周长和面积，通过将计算图形周长和面积的方法抽象到抽象类中，再由不同图形类重写各自的方法，实现计算图形周长和面积的功能，运行结果如图 6-21 所示。

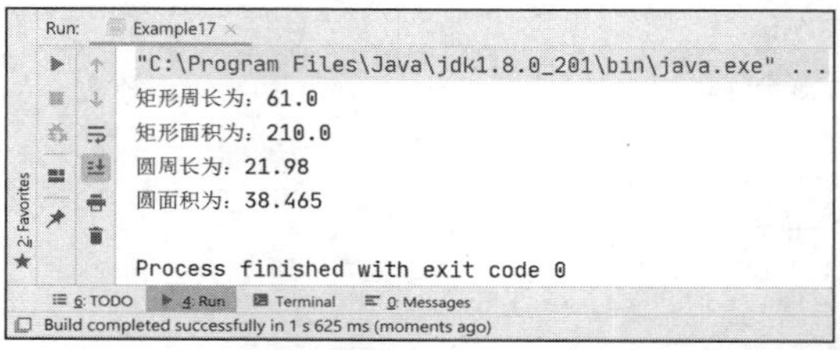

图 6-21　计算图形周长和面积运行结果

2．任务分析

（1）根据任务描述，创建图形抽象类 Shape，在抽象类中定义两个方法，一个是计算周长的 calC() 方法，另一个是计算面积的 calS() 方法。

（2）创建矩形类 Rectangle 继承图形抽象类 Shape；创建圆类 Circle 继承图形抽象类 Shape。

（3）在测试类 Example17 中分别实例化 Rectangle 类和 Circle 类对象，调用各对象中的计算周长和面积的方法。

3．任务实施

（1）在项目的 src 目录下创建包 cn.edu.cvit.example17，在包 cn.edu.cvit.example17 下创建类 Example17。

（2）在 Example17.java 文件中创建抽象类 Shape，Rectangle 类和 Circle 类继承 Shape 抽象类。

（3）编辑测试类 Example17，实例化对象并调用相关方法。

（4）Example17.java 文件代码如下。

```java
package cn.edu.cvit.example17;
/**
 * 计算图形周长和面积
 */
//图形抽象类 Shape
abstract class Shape{
    public abstract double calC();      //计算周长的 calC()方法
    public abstract double calS();      //计算面积的 calS()方法
}
```

```java
//矩形类 Rectangle 继承图形抽象类 Shape
class Rectangle extends Shape{
    //定义成员变量 length、width，并封装
    private double length;                              //矩形的长
    private double width;                               //矩形的宽
    public double getLength() {
        return length;
    }
    public void setLength(double length) {
        this.length=length;
    }
    public double getWidth() {
        return width;
    }
    public void setWidth(double width) {
        this.width=width;
    }
    //定义有参构造方法
    public Rectangle(double length,double width){
        this.length=length;
        this.width=width;
    }
    //重写图形抽象类 Shape 中的抽象方法
    @Override
    public double calC() {
        return 2*length+2*width;                        //计算矩形周长
    }
    @Override
    public double calS() {
        return length*width;                            //计算矩形面积
    }
}
//圆类 Circle 继承图形抽象类 Shape
class Circle extends Shape{
    //定义圆周率常量 PI 和圆的半径变量 r，并封装
    private final static double PI=3.14;                //圆周率
    private double r;                                   //圆的半径
    public double getR() {
        return r;
    }
    public void setR(double r) {
        this.r=r;
    }
    //定义有参构造方法
    public Circle(double r){
        this.r=r;
    }
    //重写图形抽象类 Shape 中的抽象方法
    @Override
    public double calC() {                              //计算圆周长
        return 2*PI*r;
```

175

```
    }
    @Override
    public double calS() {                                    //计算圆面积
      return PI*r*r;
    }
  }
  //测试类 Example17,分别实例化 Rectangle 类对象和 Circle 类对象,调用各对象中的 calC()和 calS()
方法并输出结果
  public class Example17 {
    public static void main(String[] args) {
      Rectangle rectangle=new Rectangle(10.5,20);
      System.out.println("矩形周长为: "+ rectangle.calC());
      System.out.println("矩形面积为: "+ rectangle.calS());
      Circle circle=new Circle(3.5);
      System.out.println("圆周长为: "+ circle.calC());
      System.out.println("圆面积为: "+ circle.calS());
    }
  }
```

4. 实践贴士

（1）抽象类中方法的 public abstract 可省略。

（2）Rectangle 类和 Circle 类继承 Shape 抽象类时，需要重写抽象类中的所有方法。

6.3 任务拓展：实现特色饭店点单服务

任务描述

知识的积累可以给我们提供更好的思维方式，技能的叠加可以让我们更快速地实现目标。在互联网高速发展的时代，饭店也推出了在线点餐服务，既能节省人力又能加快出餐速度。特色饭店程序既能完成点餐任务又能提供特色服务。特色饭店的员工中有经理一名、厨师两名、服务员两名，所有员工均有各自的工作，厨师和服务员需要有一项特长（厨师需要会做一道特色菜，服务员需要能提供特色表演），顾客可以点厨师的特色菜同时观看服务员的特色表演，体验吃喝玩乐一站式服务。特色饭店程序运行结果如图 6-22 所示。

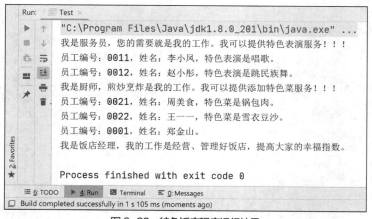

图 6-22 特色饭店程序运行结果

任务分析

根据特色饭店任务描述，创建员工抽象类 Employee，其中包括 id（员工编号）和 name（员工姓名）属性，定义工作方法 work()；创建服务接口 Service，在接口中定义顾客服务抽象方法 VIPService()；创建厨师类 Cooker 和服务员类 Waiter，分别继承员工抽象类 Employee，实现服务接口 Service，并定义特长 skill 属性；创建经理类 Manager，继承员工抽象类 Employee；创建测试类 Test，在测试类的 main() 方法中实例化 Cooker 类、Waiter 类和 Manager 类对象，调用相应方法。

任务实施

特色饭店任务实施步骤如下。

（1）在项目的 src 目录下创建包 cn.edu.cvit.example18。

（2）在包 cn.edu.cvit.example18 下创建抽象类 Employee、接口 Service、类 Cooker、类 Waiter、类 Manager 和类 Test，文件树形结构如图 6-23 所示。

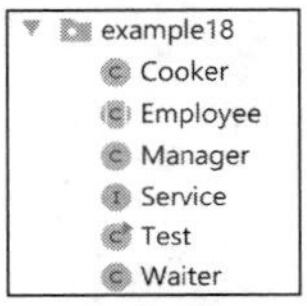

图 6-23　特色饭店文件树形结构

（3）员工抽象类 Employee.java 文件代码如下。

```java
package cn.edu.cvit.example18;
/**
 * 员工抽象类 Employee
 */
public abstract class Employee {
  //定义成员变量员工编号 id 和员工姓名 name 并封装
  private String id;
  private String name;
  public String getId() {
    return id;
  }
  public void setId(String id) {
    this.id = id;
  }
  public String getName() {
    return name;
  }
  public void setName(String name) {
    this.name = name;
  }
  //定义有参构造方法
  public Employee(String id,String name){
    this.id=id;
    this.name=name;
  }
  //定义抽象方法 work()
  public abstract void work();
```

```
     //重写toString()方法
     public String toString(String id,String name){
       return "员工编号: "+id+", 员工姓名: "+name+".";
     }
}
```

（4）服务接口 Service.java 文件代码如下。

```
package cn.edu.cvit.example18;
//服务接口 Service
public interface Service {
   void VIPService();          //定义顾客服务方法 VIPService()
}
```

（5）厨师类 Cooker.java 文件代码如下。

```
package cn.edu.cvit.example18;
/**
 * 厨师类 Cooker 继承了员工抽象类 Employee，实现了服务接口 Service
 */
public class Cooker extends Employee implements Service {
   //定义成员变量特长 skill，并封装
   private String skill;
   public String getSkill() {
     return skill;
   }
   public void setSkill(String skill) {
     this.skill=skill;
   }
   //定义有参构造方法
   public Cooker(String id, String name, String skill){
     super(id,name);                              //调用父类 Employee 中的有参构造方法
     this.skill=skill;
   }
   //重写所有的抽象方法
   @Override
   public void VIPService() {
     System.out.println("我可以提供添加特色菜服务!!! ");
   }
   @Override
   public void work(){
     System.out.print("我是厨师，煎炒烹炸是我的工作。");
   }
   //重写toString()方法
   public String toString(){
     return "员工编号: "+this.getId()+", 姓名: "+this.getName()+", "+skill;
   }
}
```

（6）服务员类 Waiter.java 文件代码如下。

```
package cn.edu.cvit.example18;
/**
 * 服务员类 Waiter 继承了员工抽象类 Employee，实现了服务接口 Service
 */
public class Waiter extends Employee implements Service {
```

```
//定义成员变量特长 skill 并封装
private String skill;
public String getSkill() {
  return skill;
}
public void setSkill(String skill) {
  this.skill=skill;
}
//定义有参构造方法
public Waiter(String id, String name, String skill){
  super(id,name);                              //调用父类 Employee 中的有参构造方法
  this.skill=skill;
}
//重写所有的抽象方法
@Override
public void VIPService() {
  System.out.println("我可以提供特色表演服务!!! ");
}
@Override
public void work(){
  System.out.print("我是服务员，您的需要就是我的工作。");
}
//重写 toString()方法
public String toString(){
  return "员工编号: "+this.getId()+", 姓名: "+this.getName()+", "+skill;
}
}
```

（7）经理类 Manager.java 文件代码如下。

```
package cn.edu.cvit.example18;
/**
 * 经理类 Manager 继承 Employee 类
 */
public class Manager extends Employee {
  private int base_pay;      //底薪
  public int getBase_pay() {
    return base_pay;
  }
  public void setBase_pay(int base_pay) {
    this.base_pay = base_pay;
  }
  public Manager(String id, String name, int base_pay){
    super(id,name);
    this.base_pay=base_pay;
  }
  @Override
  public void work(){
    System.out.println("我是饭店经理，我的工作是经营、管理好饭店，提高大家的幸福指数。");
  }
  public String toString(){
    return "员工编号: "+this.getId()+", 姓名: "+this.getName()+"。";
  }
}
```

（8）测试类 Test.java 文件代码如下。

```java
package cn.edu.cvit.example18;
/**
 * 测试类 Test
 */
public class Test {
    public static void main(String[] args) {
        //实例化 2 个服务员类 Waiter、2 个厨师类 Cooker 和 1 个经理类 Manager 对象，并分别调用相关方法
        Waiter waiter1=new Waiter("0011","李小凤","特色表演是唱歌。");
        Waiter waiter2=new Waiter("0012","赵小彤","特色表演是跳民族舞。");
        Cooker cooker1=new Cooker("0021","周美食","特色菜是锅包肉。");
        Cooker cooker2=new Cooker("0022","王一一","特色菜是雪衣豆沙。");
        Manager manager=new Manager("0001","郑金山",10000);
        waiter1.work();
        waiter1.VIPService();
        System.out.println(waiter1+"\n"+waiter2);
        cooker1.work();
        cooker1.VIPService();
        System.out.println(cooker1+"\n"+cooker2);
        System.out.println(manager);
        manager.work();
    }
}
```

📖 **实践贴士**

（1）特色饭店是抽象类、接口、封装、继承、多态、super 关键字、this 关键字等知识的综合应用。

（2）为每一个类或者接口单独创建.java 文件，层次会清晰明了。

（3）在 Cooker 类、Waiter 类和 Manager 类中分别重写了 Object 类中的 toString()方法，主要是为了在输出对象时可以输出指定字符串。

单元6　思维导图

单元小结

　　本单元详细介绍了类的继承、方法的重写、Object 类、super 关键字、final 关键字、抽象类、接口、对象类型转换、多态和内部类等内容。

习题

一、选择题

1. 在 Java 中，一个类继承另一个类使用的关键字是（　　）。

　　A. interface　　　　　　B. extends　　　　　　C. class　　　　　　D. implements

2. 下列说法中关于继承关系的描述错误的是（　　）。

　　A. 子类可以重写父类中的所有方法，包括构造方法和 private 修饰的方法

　　B. 子类可以继承父类中所有非 private 修饰的成员方法和构造方法

　　C. 多个子类可以继承同一个父类，而一个子类不可以继承多个父类

D. 子类重写父类的方法后，子类对象调用该方法时执行子类中的方法

3. 下列说法中关于 super 关键字的描述错误的是（   ）。

A. 使用 super 关键字调用本类中的构造方法时，super 关键字必须放在方法体首行

B. super 关键字是当前对象指向父类的引用

C. 使用 super 关键字可以访问父类的成员

D. super 关键字指向当前对象的引用

4. 下列说法中关于 Object 类的描述正确的是（   ）。

A. Object 类中的 toString() 方法不能被重写

B. Object 类只有通过显式继承才能使用其方法

C. Object 类与其他类一样，既可以作为父类，又可以作为其他类的子类

D. Object 类是所有类的父类，默认被继承

5. 下列说法中关于多态的描述错误的是（   ）。

A. 多态分为静态多态和动态多态 2 种　　　B. 方法的重写不属于多态

C. 静态多态在编译时体现　　　　　　　　D. 动态多态在运行时体现

二、判断题

1. 在 Java 的继承中，子类必须拥有比父类更多的方法。（   ）

2. Java 内部类分为成员内部类、静态内部类、局部内部类和匿名内部类 4 种。（   ）

3. 抽象方法必须定义在抽象类中，所以抽象类中的方法都是抽象方法。（   ）

4. Java 中被 final 关键字修饰的变量称为常量，它只能被赋值一次。（   ）

5. 如果一个类继承抽象类，则该类必须重写父类中的所有方法。（   ）

三、编程题

1. 编写程序，创建类 A，定义两个成员变量 number（编号）和 name（姓名），要求有封装、有构造方法；创建类 B 继承类 A，定义类 B 中的成员变量 score（成绩），要求继承父类中的构造方法，实现封装。

2. 编写程序，创建交通工具接口 Vehicle，接口中有成员变量 type（交通工具类型）和 color（颜色），定义维修 repair() 和飞奔 run() 两个方法；创建小汽车类 Car 和公交车类 Bus，分别实现交通工具接口 Vehicle，并添加成员变量 v（时速）。

单元7
异常处理

07

一个健壮的程序能更好地实现其功能，Java中异常处理的主要作用是提高程序的健壮性，确保程序正常运行。本单元的学习目标如下。

知识目标

◇ 理解异常的概念、处理机制和分类
◇ 掌握异常的捕获和抛出
◇ 熟悉自定义异常类

技能目标

◇ 能够恰当使用异常的捕获和抛出
◇ 能够正确使用自定义异常类

素养目标

◇ 懂得"金无足赤，人无完人"的道理
◇ 培养"知错就改，善莫大焉"的观念

7.1 知识储备

7.1.1 异常概述

7.1 异常概述

异常（Exception）是指在程序运行的过程中，可能出现的非正常现象，如果不处理异常，程序将被终止。在 Java 中出现的异常有 3 种，一是 Java 虚拟机引起的异常，即 Java 内部错误引起的异常；二是程序代码中的错误引起的异常，如数组索引越界异常（ArrayIndexOutOfBoundsException）；三是调用某些方法时必须处理的异常，例如实例化字节输入流（FileInputStream）对象时，需要在方法调用处抛出异常，或者在方法体内捕获异常，否则程序无法编译成功。

Java 提供了异常类和异常处理机制帮助开发人员检查可能出现的异常，异常处理机制是指当程序出现异常时，按照代码中预先设定的异常处理逻辑，有针对性地处理异常，让程序尽最大可能恢复正常并继续执行，从而提高程序的健壮性。

Java 的异常处理机制中有 5 个关键字，分别为 try、catch、finally、throw 和 throws。try…catch 语句用于捕获并处理异常；finally 语句块用于定义在任何情况下（除特殊情况外）都必须执行的代码；throw 语句用于抛出异常；throws 关键字用在方法声明中，用于声明可能出现的异常。

7.1.2 异常的分类

在 Java 中，Throwable 类是所有的错误类 Error 和异常类 Exception 的父类。错误包括 Java 运行时系统的内部错误和资源耗尽错误，错误是程序无法处理的，通常不需要开发人员关心。异常分为运行时异常（RuntimeException）和非运行时异常两种，运行时异常通常是开发人员失误引起的，是可以避免和处理的异常。非运行时异常必须进行捕获或者抛出处理，否则编译无法通过。

Throwable 类的组织结构如图 7-1 所示。

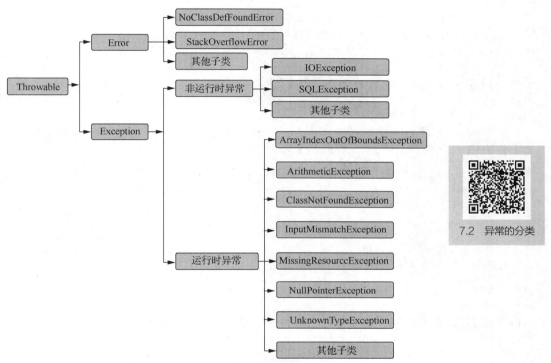

7.2 异常的分类

图 7-1 Throwable 类的组织结构

1. 常见错误

（1）NoClassDefFoundError：找不到类定义错误。

（2）StackOverflowError：无限递归导致栈空间用尽错误。

2. 常见非运行时异常

（1）IOException：I/O 操作异常。

（2）SQLException：数据库操作异常。

3. 常见运行时异常

（1）ArrayIndexOutOfBoundsException：数组索引越界异常。

（2）ArithmeticException：算术异常。

（3）ClassNotFoundException：找不到类异常。

（4）InputMismatchException：输入类型不匹配异常。

（5）MissingResourceException：缺少资源异常。

（6）NullPointerException：空指针异常。

（7）UnknownTypeException：不可识别类型异常。

4．Throwable 类中常用的方法

（1）String getMessage()：返回异常发生时的详细信息字符串。

（2）String toString()：返回对这个异常的简短描述。

（3）void PrintStackTrace()：将栈轨迹信息输出到标准错误输出流中。

【例 7-1】无限递归导致栈空间用尽错误展现。

【操作步骤】

（1）新建项目 unit07，在项目 unit07 的 src 目录下创建包 cn.edu.cvit，在包 cn.edu.cvit 下创建类 ErrorDemo。

（2）在 ErrorDemo.java 文件中，定义 test()方法和 main()方法。

（3）在文本编辑器视图中，撰写代码如下。

```java
package cn.edu.cvit;
/**
 * 无限递归导致栈空间用尽错误展现
 */
public class ErrorDemo {
  //定义 test()方法，实现无限递归
  public static void test(int i){
    if(i==0){
      return;
    }else{
      test(i);
    }
  }
  //在 main()方法中调用 test()方法
  public static void main(String[] args) {
    test(5);
  }
}
```

（4）在文本编辑器视图中单击 ▶ 按钮，运行程序，结果如图 7-2 所示。

图 7-2　例 7-1 运行结果

> **提示**　（1）本例中的空间用尽错误是没有办法通过异常处理机制来跳过的。
> （2）在 main()方法中调用 test()方法时，传递的实参非 0，即会发生无限递归。

7.3　异常的捕获

7.1.3　异常的捕获

Java 语言通过面向对象的方法来处理异常。如果一个方法在运行过程中出现了异常，那么会产生一个异常类对象代表该异常，并将异常类对象交给运行时系统，运行时系统寻找相应的代码来处理该异常。

Java 运行时系统的异常处理方法分为两种，一是捕获异常，二是抛出异常。捕获异常是指在方法体内将可能出现异常的代码块用 try…catch 语句处理；抛出异常是指在方法声明中使用 throws 关键字将异常抛出，由方法的调用者来处理异常。

1. 捕获异常一般格式

```
try{
    代码块；          //可能出现异常的代码块
}catch(异常类型 异常对象){
    异常处理代码块；
}catch(异常类型 异常对象){
    异常处理代码块；
}
    …
finally{
    代码块；    //通常为关闭资源代码块
}
```

2. 使用说明

（1）try 语句块将可能出现异常的代码块包围起来，即将这个代码块放在 try 语句块的花括号内，在程序执行过程中，try 语句块中任意一条语句出现异常时，都会跳过 try 语句块中出现异常的语句后的语句，并根据异常类型执行相应的 catch 语句块。

（2）catch 语句块中的异常类型可以是 Exception 类型，也可以是精确定位到具体异常类的类型，例如，如果可能出现算术异常，可以使用算术异常类 ArithmeticException 作为异常类型，也可以使用异常类 Exception 作为异常类型。

（3）在 try…catch 语句中，可以有一个或多个 catch 语句块。在通常情况下，如果 try 语句块被执行一次，那么只有一个 catch 语句块会被执行，不能有多个 catch 语句块被执行。

（4）Java 运行时当系统接收到异常对象后，会判断该异常对象是否是 catch 语句块中定义的异常类或其子类的对象，如果是，Java 运行时系统将调用该 catch 语句块来处理该异常对象，否则再次与下一个 catch 语句块进行比较。

（5）finally 语句块可以省略，该块的主要作用是无论程序是否出现异常，该块内的代码块都会被执行，因此，finally 语句块通常用于关闭资源。

【例 7-2】除数为 0 的捕获异常处理。

【操作步骤】

（1）在包 cn.edu.cvit 下创建类 TryCatchException。

（2）在 TryCatchException.java 文件中，定义 main()方法。

（3）在文本编辑器视图中，撰写代码如下。

```
package cn.edu.cvit;
/**
 * 除数为 0 的捕获异常处理
 */
public class TryCatchException {
  public static void main(String[] args) {
    int x=10,y=0,result;
    //创建 try…catch 语句的快捷键为 "Ctrl+Alt+T"
    try{
        result=x/y;
        System.out.println(x+"/"+y+"="+result);
    }catch (Exception e){
```

```
            System.out.println("除数不能为 0");
        }
        System.out.println("程序结束!!! ");
    }
}
```

（4）在文本编辑器视图中单击 ▶ 按钮，运行程序，结果如图 7-3 所示。

图 7-3　例 7-2 运行结果

提示　（1）如果对 result=x/y;这条语句不使用捕获异常处理，则无法执行出现异常后的语句，即无法执行 System.out.println("程序结束!!! ");语句。未捕获异常运行结果如图 7-4 所示。

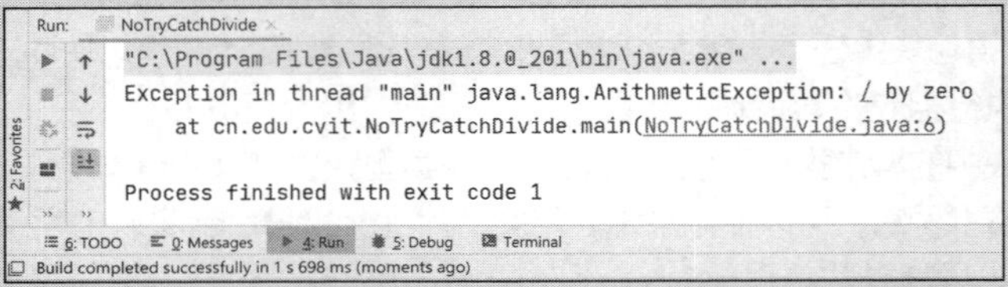

图 7-4　未捕获异常运行结果

（2）try…catch 语句捕获异常后，被捕获部分若无异常，即除数非 0，则程序可正常运行，例如，除数为 2 时可输出正常结果，如图 7-5 所示。

图 7-5　除数非 0 的运行结果

7.1.4　异常的抛出

7.4　异常的抛出

　　　　　　Java 中的异常处理除了可以捕获异常之外，还可以抛出异常，由方法调用者进行异常处理。抛出异常使用的关键字是 throws。

1. 抛出异常的一般格式

```
[修饰符] 返回值类型 方法名(形参列表) throws 异常类型 1,异常类型 2…异常类型 n{
    //代码块
}
```

2. 使用说明

（1）关键字 throws 后的异常类型可以是具体的异常类类型，也可以是具体异常类的父类 Exception 类型。

（2）在方法声明中抛出异常后，在该方法的调用处必须进行异常处理，否则会报错。

【例 7-3】除数为 0 的抛出异常处理。

【操作步骤】

（1）在包 cn.edu.cvit 下创建类 ThrowsException。

（2）在 ThrowsException.java 文件中，定义 main()方法。

（3）在文本编辑器视图中，撰写代码如下。

```java
package cn.edu.cvit;
import java.io.FileInputStream;
/**
 * 除数为 0 的抛出异常处理
 */
public class ThrowsException {
    //定义除法方法，在方法声明处通过 throws 关键字抛出异常，告知方法调用者需要进行异常处理
    public static int divide(int x,int y)throws Exception{
        return x/y;
    }
    //定义 main()方法
    public static void main(String[] args){
        int a=100,b=0,result;
        //捕获除法方法 divide(int x,int y)中自带的异常
        try {
            result=divide(a,b);
            System.out.println(a+"/"+b+"="+result);
            System.out.println("try 块");
        } catch (Exception e) {
            System.out.println("catch 块");
            e.printStackTrace();                    //输出异常栈轨迹
        }finally {
            System.out.println("finally 块");
        }
        System.out.println("程序结束!!! ");
    }
}
```

（4）在文本编辑器视图中单击 ▶ 按钮，运行程序，结果如图 7-6 所示。

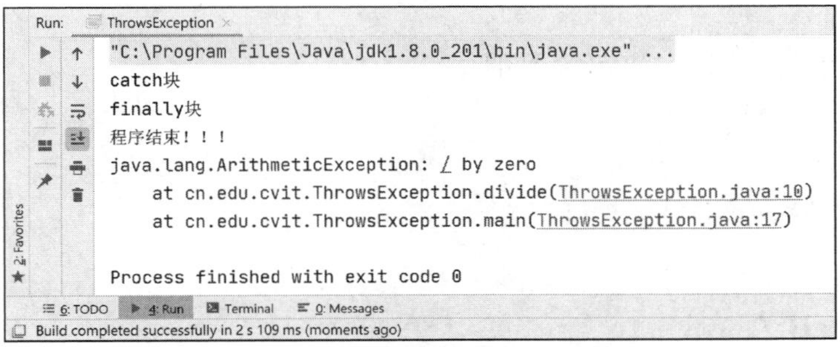

图 7-6 例 7-3 运行结果

> 提示 （1）当程序可能出现异常却不确定异常类型时，可以使用异常类 Exception 作为异常类型，同时可以使用 throws 关键字在方法声明中抛出异常，由方法调用者进行异常处理。

（2）当程序出现异常时一定会执行 catch 块，当程序正常运行时不执行 catch 块，例如，除数为 20 时运行结果如图 7-7 所示。

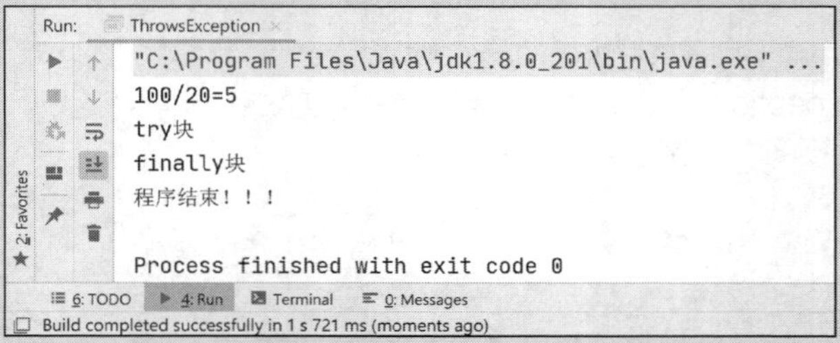

```
Run:    ThrowsException ×
 ▶  ↑   "C:\Program Files\Java\jdk1.8.0_201\bin\java.exe" ...
 ⏸  ↓   100/20=5
 ⚙  ⇥   try块
 ▣  ⇤   finally块
 ▦  🖶   程序结束！！！

 ★  🗑   Process finished with exit code 0
    ≡ 6: TODO   ▶ 4: Run   ▣ Terminal   ≡ 0: Messages
 □ Build completed successfully in 1 s 721 ms (moments ago)
```

图 7-7　除数为 20 的运行结果

（3）如果有 finally 块，无论程序是否正常运行，均会执行 finally 块。

7.1.5　自定义异常类

7.5　自定义异常类

Java 虽然提供了大量的内置异常类，但有时也无法完全满足用户的需求，此时可以通过自定义异常类来弥补这一点。自定义异常类需要继承 Exception 类或其子类。

1. 自定义异常类一般格式

```
class 自定义异常类名 extends Exception 类或其子类{
    //自定义异常类代码块
}
```

2. 使用说明

（1）自定义异常类一般包含两个构造方法，一个是默认的无参构造方法，另一个是有参构造方法，参数为字符串类型的异常消息，并调用父类中的构造方法。

（2）自定义异常类通常按照一定的命名规范命名，例如 XXXException，其中 XXX 代表异常的作用。

【例 7-4】成绩不能为负数且不能大于 100 的自定义异常类的使用。

【操作步骤】

（1）在包 cn.edu.cvit 下创建类 ScoreException。

（2）在 ScoreException.java 文件中创建自定义异常类，即非法成绩异常类 IllegalScoreException。

（3）在 ScoreException.java 文件的类 ScoreException 中，定义检查成绩方法 checkScore(int score)和 main()方法。

（4）在文本编辑器视图中，撰写代码如下。

```java
package cn.edu.cvit;
import java.util.Scanner;
/**
 * 成绩不能为负数且不能大于 100 的自定义异常类的使用
 */
//自定义 IllegalScoreException 异常类继承 Exception 类
class IllegalScoreException extends Exception{
    //调用 Exception 类中的无参构造方法
    public IllegalScoreException(){
        super();
    }
    //调用 Exception 类中的有参构造方法
```

```
    public IllegalScoreException(String message){
      super(message);
    }
}
//成绩异常类 ScoreException
public class ScoreException {
  //定义检查成绩方法 checkScore(int score)，抛出自定义异常类
  public static int checkScore(int score)throws IllegalScoreException{
    //检查成绩是否合法，并分别抛出自定义异常类信息
    if(score<0){
        throw new IllegalScoreException("成绩不能为负数。");
    }else if(score>100){
        throw new IllegalScoreException("成绩不能超过 100 分。");
    }else{
        return score;
    }
  }
  //定义 main()方法
  public static void main(String[] args) {
    int score;
    System.out.print("请输入 Java 成绩[0,100]: ");
    Scanner scanner=new Scanner(System.in);
    score=scanner.nextInt();
    //在检查成绩方法调用处，捕获处理自定义异常
    try {
        System.out.println("你的 Java 成绩为"+checkScore(score)+"分。");
    } catch (IllegalScoreException e) {
        System.out.println(e.getMessage());
    }
  }
}
```

（5）在文本编辑器视图中单击 ▶ 按钮，运行程序，结果如图 7-8 所示。

Run: ScoreException
"C:\Program Files\Java\jdk1.8.0_201\bin\java.exe" ...
请输入Java成绩 [0,100]：-90
成绩不能为负数。
Process finished with exit code 0
6: TODO
4: Run
Terminal
0: Messages
Build completed successfully in 979 ms (a minute ago)

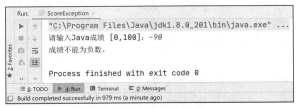

图 7-8 例 7-4 运行结果

提示 （1）自定义的非法成绩异常类与成绩异常类在同一个文件 ScoreException.java 中。
（2）如果输入超过 100 分的成绩，同样可以输出异常提示信息，运行结果如图 7-9 所示。

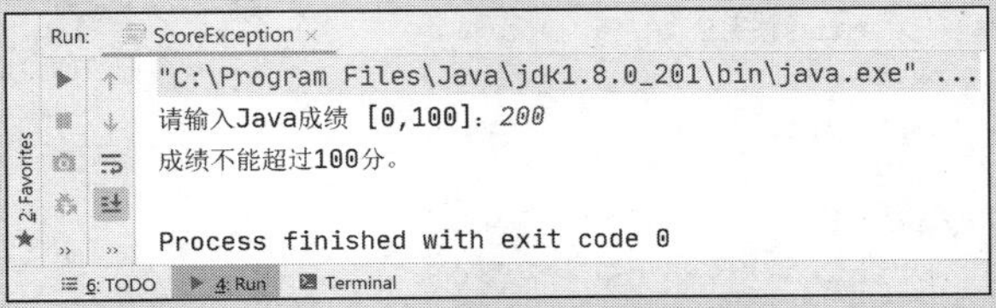

Run: ScoreException
"C:\Program Files\Java\jdk1.8.0_201\bin\java.exe" ...
请输入Java成绩 [0,100]：200
成绩不能超过100分。
Process finished with exit code 0
6: TODO
4: Run
Terminal

图 7-9 成绩超过 100 分的运行结果

（3）如果输入正常范围内的成绩，可以正常输出成绩，运行结果如图 7-10 所示。

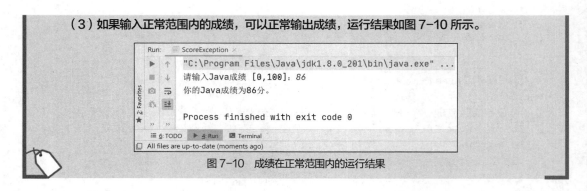

图 7-10　成绩在正常范围内的运行结果

7.2　任务实现

7.2.1　任务 1：多 catch 块的异常捕获

1. 任务描述

在异常的捕获处理中可以有多个 catch 块，每次只能执行一个 catch 块，本任务通过对一维数组元素的访问来帮助读者了解多个 catch 块并存的情况，其中的异常包括数组索引越界异常、算术异常等，运行结果如图 7-11 所示。

图 7-11　多 catch 块的异常捕获运行结果

2. 任务分析

（1）根据任务描述，创建类 MoreCatch，实现多 catch 块的异常捕获处理功能。

（2）在 MoreCatch 类的 main()方法中定义一维数组并初始化，设计出可能会出现算术异常的数据。

（3）使用算术运算对一维数组中的数组元素进行访问，设计出可能出现异常的各种情况。

3. 任务实施

（1）在包 cn.edu.cvit 下创建类 MoreCatch。

（2）在文本编辑器视图中，撰写代码如下。

```java
package cn.edu.cvit;
/**
 * 多 catch 块的异常捕获
 */
public class MoreCatch {
  public static void main(String[] args) {
    try {
      int[] a={0,3,6,9,12,15};
      int b=a[3]/a[6];
      int c=a[2]/a[10];
      System.out.println("b="+b+",c="+c);
    }catch (IndexOutOfBoundsException e) {
```

```
        System.out.println("数组索引越界异常!!! ");
    }catch (ArithmeticException e){
        System.out.println("算术异常!!! ");
    }catch (Exception e){
        System.out.println("未知异常!!! ");
    }
  }
}
```

4. 实践贴士

（1）多个 catch 块并存时，同时只能执行一个 catch 块，且异常处理原则是先小类型再大类型。例如，算术异常和其父类异常同时出现时，先处理算术异常。

（2）当数组索引没有越界且除数不为 0 时，可以正常输出运行结果，例如将 try 块中的第 2 条和第 3 条语句分别改为 int b=a[5]/a[1];和 int c=a[3]/a[2];，正常输出运行结果如图 7-12 所示。

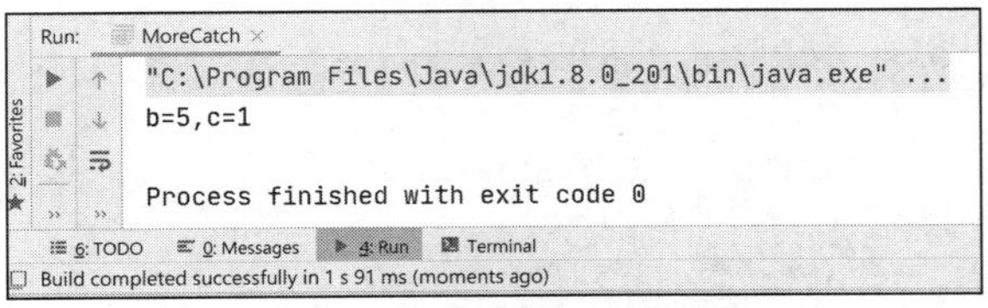

图 7-12　正常输出运行结果

7.2.2　任务 2：输入数据类型异常处理

1. 任务描述

输入数据类型异常处理主要实现输入一个 1～7 的整数（这些整数分别代表星期一到星期日），输出对应的星期数，如果输入非整数，如此处输入 "monday"，则给出相应的异常处理信息，运行结果如图 7-13 所示。

图 7-13　输入数据类型异常处理运行结果

2. 任务分析

（1）根据任务描述，创建类 DataTypeException，实现输入数据类型异常处理功能。

（2）在类 DataTypeException 的 main()方法中，定义代表星期数的整型变量 week，通过键盘输入 week 的值，并使用多分支结构完成判断，输出对应的中文星期，通过异常捕获处理实现输入错误数据类型异常处理。

3. 任务实施

（1）在包 cn.edu.cvit 下创建类 DataTypeException。

（2）在文本编辑器视图中，撰写代码如下。

```
package cn.edu.cvit;
import java.util.InputMismatchException;
import java.util.Scanner;
/**
```

191

```
 *  输入数据类型异常处理
 */
public class DataTypeException {
  public static void main(String[] args) {
    int week;
    Scanner scanner=new Scanner(System.in);
    System.out.print("请输入1~7的整数: ");
    try {
      week=scanner.nextInt();
      switch (week){
        case 1:
          System.out.println("星期一");break;
        case 2:
          System.out.println("星期二");break;
        case 3:
          System.out.println("星期三");break;
        case 4:
          System.out.println("星期四");break;
        case 5:
          System.out.println("星期五");break;
        case 6:
          System.out.println("星期六");break;
        case 7:
          System.out.println("星期日");break;
        default:
          System.out.println("输入错误!!! ");break;
      }
    } catch (InputMismatchException e) {          //输入数据类型异常处理
      System.out.println("输入数据类型错误!!! ");
    } catch(Exception e){                         //Exception类异常处理
      System.out.println(e.getMessage());
    } finally{
      scanner.close();                            //关闭资源
    }
  }
}
```

4. 实践贴士

（1）如果不进行输入数据类型异常处理，在程序运行后输入非整型数据，系统会直接报输入数据类型异常并终止程序。例如，在当前包下，复制并粘贴类 DataTypeException，将粘贴后的类命名为 DataTypeException1，删除捕获异常语句，运行结果如图 7-14 所示。

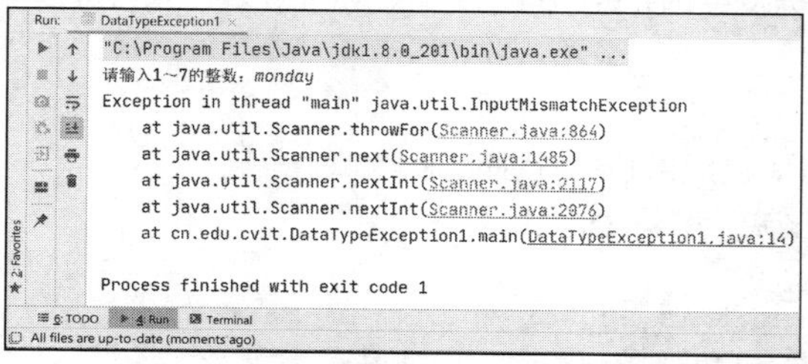

图 7-14　删除捕获异常语句运行结果

（2）如果输入的整数不在 1～7 的范围内，则程序会通过 switch 语句进行判断，并输出"输入错误!!!"的提示。

7.3 任务拓展：年龄范围限制异常处理

📖 任务描述

程序出现异常需要处理，才能得到正确结果。通过异常处理来解决程序中可能出现的异常是开发人员的必修课。

设计并实现年龄范围限制异常处理程序，要求对用户输入的学生年龄进行限制，范围为[0,150]，超过此范围输出相应的异常处理信息，程序运行结果如图 7-15 所示。

图 7-15　年龄范围限制异常处理运行结果

📖 任务分析

Java 自带的异常类中无年龄范围限制异常类，因此需要用户自定义异常类 DefineAgeException，并继承类 Exception，需要定义无参构造方法和有参构造方法，构造方法分别调用父类中的构造方法。

创建学生类 Student，包含 id、name 和 age 这 3 个属性。在年龄设置方法声明中通过 throws 关键字抛出自定义异常，在年龄设置方法体内判断输入的年龄是否在有效范围内，分别通过 throw 关键字抛出自定义异常信息。

创建测试类，在测试类中实例化学生类对象，分别给其属性赋值，年龄属性的值通过键盘输入，再用 try…catch…finally 进行异常捕获处理。

📖 任务实施

年龄范围限制异常处理任务实施步骤如下。

（1）在项目 unit07 的 src 目录下创建包 cn.edu.cvit.limit。

（2）在包 cn.edu.cvit.limit 下，分别创建自定义异常类 DefineAgeException、学生类 Student 和测试类 TestAgeException，文件树形结构如图 7-16 所示。

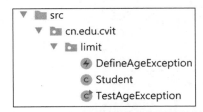

图 7-16　年龄范围限制异常处理的文件树形结构

（3）自定义异常类 DefineAgeException.java 文件代码如下。

```java
package cn.edu.cvit.limit;
/**
 * 自定义异常类
 */
public class DefineAgeException extends Exception{
  //定义构造方法，分别调用父类中的构造方法
  public DefineAgeException(){
    super();
  }
  public DefineAgeException(String message){
    super(message);
  }
}
```

（4）学生类 Student.java 文件代码如下。

```java
package cn.edu.cvit.limit;
import java.util.InputMismatchException;
/**
 * 学生类
 */
public class Student {
  private int id;
  private String name;
  private int age;
  public int getId() {
    return id;
  }
  public void setId(int id) {
    this.id=id;
  }
  public String getName() {
    return name;
  }
  public void setName(String name) {
    this.name=name;
  }
  public int getAge() {
    return age;
  }
  //在setAge(int age)方法声明中使用throws关键字抛出自定义异常
  public void setAge(int age) throws DefineAgeException{
  //在方法体内，判断输入的学生年龄是否在有效范围内
  //使用throw关键字实例化自定义异常类对象，并抛出自定义异常信息
    if(age<0){
      throw new DefineAgeException("年龄错误，年龄不能为负数。");
    }else if(age>150){
      throw new DefineAgeException("年龄错误，年龄不能大于150。");
    }else{
      this.age=age;
    }
  }
}
```

（5）测试类 TestAgeException.java 文件代码如下。

```java
package cn.edu.cvit.limit;
import java.util.InputMismatchException;
import java.util.Scanner;
/**
 * 测试类
 */
public class TestAgeException {
  public static void main(String[] args) {
    int age;
    Scanner scanner=new Scanner(System.in);
    Student student=new Student();
    student.setId(1001);
    student.setName("Tom");
    System.out.print("请输入年龄: ");
    //捕获自定义异常
    try {
        student.setAge(scanner.nextInt());
        System.out.println("学号: "+student.getId()+", 姓名: "+student.getName()+",
年龄: "+student.getAge()+"岁。");
    } catch (DefineAgeException e) {               //自定义异常处理
        System.out.println(e.getMessage());
    }catch(InputMismatchException e){              //输入类型不匹配异常处理
        System.out.println("输入的年龄不是整型数据。");
    } catch (Exception e){                         //其他异常处理
        System.out.println(e.getMessage());
    }finally{
        scanner.close();                           //关闭资源
    }
  }
}
```

📖 实践贴士

（1）年龄范围限制异常处理主要是对异常中的 5 个关键字 try、catch、finally、throws 和 throw 的综合应用。

（2）为每一个类都单独创建.java 文件，使层次清晰明了。

（3）运行程序后，分别输入负数、非整数，均可以输出异常信息。

（4）运行程序，输入正常范围内的年龄后可输出正常运行结果，如图 7-17 所示。

图 7-17　输入正常范围内的年龄后运行结果

195

单元小结

本单元详细介绍了异常的概念和处理机制、异常的分类、异常捕获、异常抛出和自定义异常类。异常捕获和异常抛出是针对程序异常的两种解决办法，了解它们的使用方法是解决异常的关键。

习题

一、选择题

1. 在 Java 异常处理中，关闭资源由（　　）完成。
   A. try 语句块　　　　B. catch 语句块　　　C. finally 语句块　　　D. throws 关键字
2. 下列说法中关于异常的描述错误的是（　　）。
   A. Error（错误）和 Exception（异常）都可以通过捕获或者抛出来处理
   B. 非运行时异常是必须进行捕获或者抛出处理的，否则编译无法通过
   C. IOException 属于非运行时异常
   D. 运行时异常（RuntimeException）通常需要开发人员修改程序来处理
3. 下列选项中属于运行时异常的是（　　）。
   A. IOException（I/O 操作异常）　　　　　B. NullPointerException（空指针异常）
   C. SQLException（数据库操作异常）　　　D. OutOfMemoryError（内存溢出错误）
4. 下列不属于 Java 异常处理的语句或关键字的是（　　）。
   A. try　　　　　　　B. catch　　　　　　C. throw　　　　　　D. class
5. 下列说法中关于自定义异常的描述错误的是（　　）。
   A. 自定义异常类与普通类完全一致
   B. 自定义异常类需要继承 Exception 类或者其子类
   C. 自定义异常类中的构造方法需要调用其父类中的构造方法
   D. 自定义异常类需要在方法体内使用 throw 关键字

二、判断题

1. NullPointerException 和 ClassNotFoundException 均属于运行时异常。（　　）
2. Java 异常处理有 5 个关键字，分别为 try、catch、finally、throw 和 throws。（　　）
3. 所有的异常都必须通过 try…catch 语句或者 throws 抛出处理。（　　）
4. 运行时异常和非运行时异常都是异常类 Exception 的子类。（　　）
5. Throwable 类是所有异常类的父类。（　　）

三、编程题

1. 编写程序，使用自定义异常类实现接收用户输入的某门课程成绩，要求成绩范围为[0,100]，如果超出范围，抛出自定义异常类，并提示成绩必须在[0,100]。

2. 编写程序，创建非负数加法异常类 AddMinusException，再创建测试类 DefineException，该类中有一个可能出现异常的求和方法 sum(int x,int y)，如果参与求和运算的两个加数中有一个为负数，方法将抛出 AddMinusException，异常信息为被加数或者加数不能为负。在测试类的 main()方法中调用求和方法，并进行异常捕获处理。

单元8
常用Java API

08

Java API是指JDK中提供的各种Java类，也称为Java标准类库，这些类将底层的实现封装起来，开发人员不需要关心实现方法，在需要的时候直接使用即可。Java API种类繁多、功能强大，是开发人员的得力工具，使用者可以通过Java API帮助文档来查阅。本单元重点介绍常用Java API，主要包括包装类、字符串类、Math类、Random类、时间处理相关类和大数字运算类。本单元的学习目标如下。

知识目标

✧ 掌握常用Java API的功能
✧ 掌握常用Java API的实际使用
✧ 理解大数字运算类的用法

技能目标

✧ 能够恰当使用常用Java API
✧ 能够正确使用Java API相关类

素养目标

✧ 懂得"知识可以改变人，人可以改变世界"的道理
✧ 明白"心中有目标，未来有方向"的意义

8.1 知识储备

8.1.1 包装类

包装类是Java API中的常用类之一。Java中的数据类型包含基本类型和引用类型，但有时候程序能够处理的数据类型只能是引用类型，基本类型无法满足要求。为了解决这一问题，Java为基本类型提供了八大包装类，通过包装类将基本类型转换为引用类型，并且这些包装类中包含大量的静态方法，可以直接通过包装类调用，从而解决基本类型不面向对象的缺陷。

8.1 包装类

基本类型中除了整型和字符型外，其对应的包装类中大部分包装类名与基本类型的类型说明符相同，只是首字母需要大写，如表8-1所示。

表 8-1 基本类型对应的包装类

序号	基本类型	包装类
1	byte	Byte
2	short	Short
3	int	Integer
4	long	Long
5	char	Character
6	float	Float
7	double	Double
8	boolean	Boolean

要正确使用包装类，还需要清楚装箱和拆箱这两个概念。

1. 装箱

装箱是指将基本类型的值转换为引用数据类型的过程。例如，将 int 类型转换为 Integer 包装类，即装箱。

2. 拆箱

拆箱是指将引用类转换为基本类型的过程。例如，将 Integer 包装类转换为 int 类型，即拆箱。

装箱和拆箱的操作分为手动和自动两种，在 JDK 1.5 之前的版本中只能手动装箱和拆箱，在 JDK 1.5 之后的版本中系统可以自动进行装箱和拆箱操作，为开发人员提供了方便。

【例 8-1】整型数据系统的自动装箱和拆箱演示。

【操作步骤】

（1）新建 unit08 项目，在项目 unit08 的 src 目录下创建包 cn.edu.cvit，在包 cn.edu.cvit 下创建 WrapperDemo1 类。

（2）在 WrapperDemo1.java 文件中，定义 main()方法。

（3）在文本编辑器视图中，撰写代码如下。

```
package cn.edu.cvit;
/**
 * 整型数据系统的自动装箱和拆箱演示
 */
public class WrapperDemo1 {
  public static void main(String[] args) {
    int n1=100;
    Integer obj1=n1;                        //自动装箱
    int n2=obj1;                            //自动拆箱
    Integer obj2=100;
    System.out.println("obj1 是否等价于 obj2: "+obj1.equals(obj2));
  }
}
```

（4）在文本编辑器视图中单击 ▶ 按钮，运行结果如图 8-1 所示。

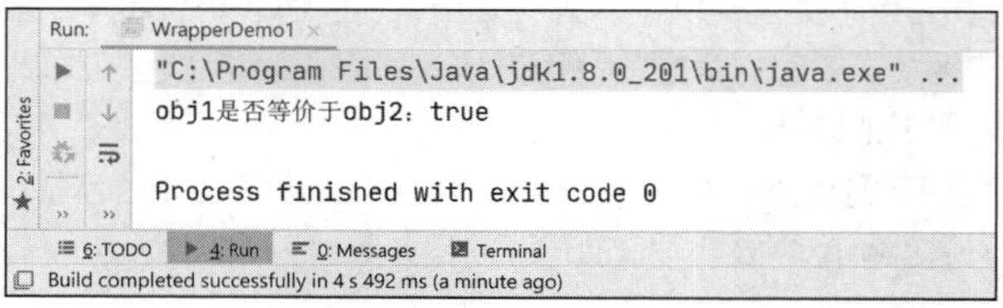

图 8-1 例 8-1 运行结果

提示 （1）自动装箱和拆箱无须手动干预，由系统自动完成。
（2）obj1 与 obj2 是等价的。

【例 8-2】整型数据系统的手动装箱和拆箱演示。

【操作步骤】

（1）在包 cn.edu.cvit 下创建类 WrapperDemo2。

（2）在 WrapperDemo2.java 文件中，定义 main()方法。

（3）在文本编辑器视图中，撰写代码如下。

```java
package cn.edu.cvit;
/**
 * 整型数据系统的手动装箱和拆箱演示
 */
public class WrapperDemo2 {
  public static void main(String[] args) {
    int n1=100;
    Integer obj1=new Integer(n1);                    //手动装箱
    int n2=obj1.intValue();                          //手动拆箱
    Integer obj2=100;
    System.out.println("obj1 是否等价于 obj2: "+obj1.equals(obj2));
  }
}
```

（4）在文本编辑器视图中单击 ▶ 按钮，运行结果与例 8-1 相同。

 提示 （1）手动装箱需要使用 Integer 包装类中的构造方法来实现。
（2）手动拆箱需要使用包装类对象的 intValue()方法来实现。

8.1.2 字符串类

在 Java 程序中，经常使用字符串。字符串是由双引号标识的一串任意字符，字符串使用得当可以大大提高程序的运行效率。Java 中没有内置的字符串数据类型，但 Java API 提供了 3 个字符串类，分别为 String 类、StringBuffer 类和 StringBuilder 类，用于创建和操作字符串。

1. String 类

String 类是常用的字符串类，String 类在 java.lang 包下，它提供了一系列操作字符串的方法，这些方法不需要导包，可以直接使用。String 类是由 final 关键字修饰的最终类，不可以被继承，不可以被改变。

String 类常用的构造方法如表 8-2 所示。

表 8-2　String 类常用的构造方法

构造方法声明	构造方法描述
String()	创建一个空字符串对象
String(String value)	根据参数指定的字符串数组创建对象
String(char[ ] value)	根据参数指定的字符数组创建对象
String(byte[ ] bytes)	根据参数指定的字节数组创建对象
String(byte[ ] bytes,int offset,int length)	通过使用平台的默认字符集解码指定的 byte 子数组，构造一个新的 String 类

对于已定义的字符串，可以通过"+"进行字符串拼接，将字符串类型、字符型、整型、浮点型等多种类型的数据拼接成一个字符串。字符串拼接是字符串操作中最简单、最常用的操作之一，例如，在输出语句中可以将多种数据类型数据拼接成字符串输出。

String 类提供了大量的字符串操作方法，用于实现字符的获取、转换、分割、截取和替换等操作，常用的方法如表 8-3 所示。

表 8-3　String 类常用的字符串操作方法

方法声明	方法描述
char charAt(int index)	返回指定索引的字符
int indexOf(int ch)	返回指定字符在字符串中第一次出现位置的索引
int lastIndexOf(int ch)	返回指定字符在字符串中最后一次出现位置的索引
boolean contains(CharSequence s)	判断字符串中是否包含指定的字符序列
boolean startsWith(String prefix)	判断字符串是否以指定的字符串开头
boolean endsWith(String suffix)	判断字符串是否以指定的字符串结尾
boolean equals(Object anObject)	比较两个字符串是否相同
int length()	返回字符串的长度
String replace(char oldChar, char newChar)	返回 newChar 字符替换 oldChar 字符后的新字符串
String replace(CharSequence oldStr, CharSequence newStr)	返回 newStr 字符序列替换 oldStr 字符序列后的新字符串
String[ ] split(String regex)	根据参数将字符串分割成若干子字符串
String substring(int beginIndex)	截取参数指定索引到字符串尾的子字符串
String substring(int beginIndex, int endIndex)	截取参数索引从 beginIndex 到 endIndex-1 的子字符串
String toLowerCase()	将字符串中的所有字母转换成小写字母
String toUpperCase()	将字符串中的所有字母转换成大写字母
String trim()	返回一个删除字符串前导和尾随空格的字符串

【例 8-3】编写程序，实现在"中高衔接考试系统"中设置登录密码，要求密码长度为[8,16]。
【操作步骤】
（1）在包 cn.edu.cvit 下创建类 StrLength。
（2）在 StrLength.java 文件中，定义 main()方法。
（3）在文本编辑器视图中，撰写代码如下。

```java
package cn.edu.cvit;
import java.util.Scanner;
/**
 * 设置登录密码长度为[8,16]
 */
public class StrLength {
  public static void main(String[] args) {
    System.out.println("======欢迎使用中高衔接考试系统======");
    System.out.print("请设置一个登录密码: ");
    Scanner scanner=new Scanner(System.in);
    String password=scanner.next();              // 获取用户输入的密码
    int len=password.length();                   // length()——获取密码的长度
    if (len>=8 && len<=16) {
```

```
        System.out.println("密码已生效，请牢记: " + password);
    } else if (len>16) {
        System.out.println("密码过长，请重新设置!!!");
    } else {
        System.out.println("密码过短，请重新设置!!!");
    }
  }
}
```

（4）在文本编辑器视图中单击 ▶ 按钮，运行结果如图 8-2 所示。

图 8-2　例 8-3 运行结果

提示　（1）在本例中，使用了字符串长度获取方法 length() 和字符串拼接运算符 "+" 以及 Java API
中的 **String** 类。
（2）当输入的密码字符串过短时，运行结果如图 8-3 所示。

图 8-3　密码字符串过短

（3）当输入的密码字符串过长时，运行结果如图 8-4 所示。

图 8-4　密码字符串过长

【例 8-4】编写程序，给出当前系统日期、时间，利用截取子字符串方法 substring()，分别输出完
整的日期、时间，以及日期部分和时间部分。

【操作步骤】

（1）在包 cn.edu.cvit 下创建类 SubStr。

（2）在 SubStr.java 文件中，定义 main() 方法。

（3）在文本编辑器视图中，撰写代码如下。

```
package cn.edu.cvit;
/**
```

```
 * 字符串截取方法 substring()
 */
public class SubStr {
  public static void main(String[] args) {
    String all="2023 年 4 月 12 日 9 点 52 分 18 秒";
    System.out.println("从第 1 个字符开始到字符串结尾: "+all.substring(0));
    System.out.println("从第 1 个字符开始到第 10 个字符结束: "+all.substring(0,10));
    System.out.println("从第 11 个字符开始到字符串结尾: "+all.substring(10));
    System.out.println("原字符串: "+all);
  }
}
```

（4）在文本编辑器视图中单击 ▶ 按钮，运行结果如图 8-5 所示。

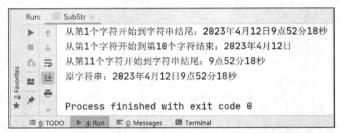

图 8-5　例 8-4 运行结果

 提示　（1）substring()方法如果只有一个参数，那么将从参数指定索引开始截取到字符串结尾，否则将从指定开始索引截取到指定结束索引减1。

（2）字符串截取方法生成新字符串，原字符串不变。

【例 8-5】编写程序，给出一个字符串，通过字符串替换方法 replace()，将原字符串中的子字符串 UTF-8 替换成新的子字符串 GBK 并删除原字符串中的所有空格。

【操作步骤】

（1）在包 cn.edu.cvit 下创建类 StrReplace。

（2）在 StrReplace.java 文件中，定义 main()方法。

（3）在文本编辑器视图中，撰写代码如下。

```
package cn.edu.cvit;
/**
 * 字符串替换方法 replace()
 */
public class StrReplace {
  public static void main(String[] args) {
    String str="1catalina.encoding=UTF-8;2catalina.encoding=UTF-8;
3manager.encoding=UTF-8";
    System.out.println("替换后的新字符串: "+str.replace("UTF-8","GBK"));
    //用空字符串替换空格
    System.out.println("去掉所有空格后的新字符串: "+str.replace(" ",""));
    System.out.println("原字符串: "+str);
  }
}
```

（4）在文本编辑器视图中单击 ▶ 按钮，运行结果如图 8-6 所示。

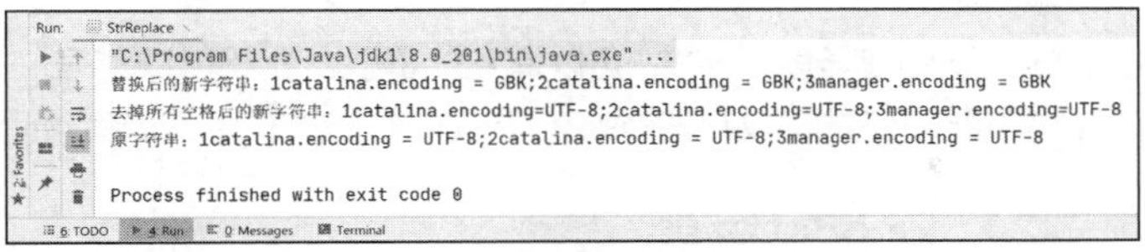

图 8-6　例 8-5 运行结果

> **提示**　（1）replace()方法可以替换任意的字符串，同时也可以删除字符串中的所有空格。
> （2）在字符串中，左右英文半角双引号中无任何内容时表示空字符串，在字符串中空格也是独立的字符，因此双引号中只有一个空格和无任何内容含义不同。
> （3）字符串操作方法均返回新字符串，原字符串不变。
> （4）Java 中的空字符串与 null 不同，null 是空引用，表示一个对象的值，没有分配内存，调用 null 的字符串操作方法会抛出空指针异常，空字符串只表示字符串的内容为空。

【例 8-6】编写程序，实现将字符串中所有由逗号分隔的子字符串分割成独立的子字符串。

【操作步骤】

（1）在包 cn.edu.cvit 下创建类 StrSplit。

（2）在 StrSplit.java 文件中，定义 main()方法。

（3）在文本编辑器视图中，撰写代码如下。

```
package cn.edu.cvit;
/**
 * 字符串分割方法 str.split()
 */
public class StrSplit {
  public static void main(String[] args) {
    String str="香蕉, 苹果, 橙子, 水蜜桃, 榴莲";
    System.out.println("分割前原始字符串: "+str);
    //将分割后的多个子字符串存入字符串数组中
    String[] strArr=str.split(", ");
    System.out.println("分割后字符串数组: ");
    //遍历字符串数组
    for(int i=0;i<strArr.length;i++){
    //判断是否是数组中最后一个元素，如果不是，需要输出分隔符，否则不需要
      System.out.print("第"+(i+1)+"种水果为: ");
      System.out.println(strArr[i]);
    }
  }
}
```

（4）在文本编辑器视图中单击 ▶ 按钮，运行结果如图 8-7 所示。

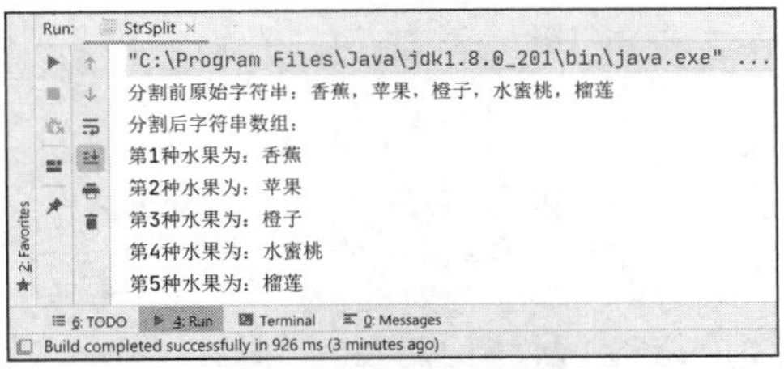

图 8-7　例 8-6 运行结果

> **提示** （1）split()方法用于分割字符串，分隔符可以是英文符号也可以是中文符号。
> （2）"."和"|"都是转义字符，使用时必须在其前加"\\"，如"\\."或者"\\|"。

8.2　StringBuffer 类

2. StringBuffer 类

　　String 类的字符串常量在定义后不可改变，而字符串对象可以改变，改变的是其内存地址的指向，所以 String 类对象不适合用于需要频繁改变的字符串。Java API 提供了 StringBuffer 类和 StringBuilder 类来弥补 String 类的不足。

　　StringBuffer 类是可变字符串类，对字符串进行增删操作的速度是 String 类的上万倍，StringBuffer 类只能通过构造方法实例化对象。

　　StringBuffer 类常用的构造方法如表 8-4 所示。

表 8-4　StringBuffer 类常用的构造方法

构造方法声明	构造方法描述
StringBuffer()	创建一个没有字符的字符串缓冲区，初始容量为 16
StringBuffer(String str)	创建一个初始化为指定字符串内容的字符串缓冲区
StringBuffer(int length)	创建一个空的字符串缓冲区，初始容量为 length

　　StringBuffer 类常用的方法如表 8-5 所示。

表 8-5　StringBuffer 类常用的方法

方法声明	方法描述
StringBuffer append(char c)	在字符串末尾插入字符
StringBuffer append(String str)	在对象末尾插入 String 类型的字符串
StringBuffer append(StringBuffer sb)	在对象末尾插入 StringBuffer 类型的字符串
int capacity()	返回当前对象容量
StringBuffer delete(int start, int end)	删除对象指定范围的字符或字符串
StringBuffer insert(int offset, String str)	在对象指定位置插入字符串
StringBuffer reverse()	将字符串反转
void setCharAt(int index, char ch)	修改指定位置的字符

　　【例 8-7】开发一个选课管理系统，要求用户通过控制台输入 5 门课程，并通过 StringBuffer 类将 5 门课程拼接并输出。

　　【操作步骤】

　　（1）在包 cn.edu.cvit 下创建类 ChooseCourse。

　　（2）在 ChooseCourse.java 文件中，定义 main()方法。

　　（3）在文本编辑器视图中，撰写代码如下。

```java
package cn.edu.cvit;
import java.util.Scanner;
/**
 * StringBuffer 类实现字符串拼接
 */
public class ChooseCourse {
    public static void main(String[] args) {
        System.out.println("======选课管理系统======");
        StringBuffer courses=new StringBuffer();
        System.out.println("请分别输入 5 门课程名称: ");
        Scanner scanner=new Scanner(System.in);
```

```
        // 循环接收通过控制台输入的字符串
        String courseName;
        for (int i=0;i<5;i++) {
            courseName=scanner.next();
            courses.append(courseName+"\t");
            if(i==4) {
                System.out.println("选课完毕!");
            }
        }
        System.out.print("你本学期选的 5 门课程分别为: \t"+courses);
    }
}
```

（4）在文本编辑器视图中单击 ▶ 按钮，运行结果如图 8-8 所示。

图 8-8　例 8-7 运行结果

提示　（1）调用通过键盘输入字符串的方法 next()时，以 Enter 键作为字符串结束。
（2）StringBuffer 类实现字符串拼接的速度比 String 类快。

3. StringBuilder 类

StringBuilder 类与 StringBuffer 类功能相似，StringBuilder 类也是可变字符串类。StringBuilder 类与 StringBuffer 类最大的区别是前者没有实现线程安全，后者实现了线程安全，因此 StringBuilder 类的运行效率高，在不考虑线程安全的情况下首选 StringBuilder 类。

8.3　StringBuilder 类

StringBuilder 类中常用的构造方法及常用的字符串操作方法与 StringBuffer 类中的基本相同。

【例 8-8】编写程序，分别使用 String 类、StringBuffer 类和 StringBuilder 类实现 30 万次字符串修改功能，比较三者的运行效率。

【操作步骤】

（1）在包 cn.edu.cvit 下创建类 EfficientStr。

（2）在 EfficientStr.java 文件中，定义 main()方法。

（3）在文本编辑器视图中，撰写代码如下。

```
package cn.edu.cvit;
/**
 * 字符串类的运行效率比较
 */
public class EfficientStr {
  public static void main(String[] args) {
    int times=300000;                              //定义运行次数
    testString(times);
    testStringBuffer(times);
```

```
      testStringBuilder(times);
   }
   public static void testString(int times){
      String str="";
      long startTime=System.currentTimeMillis();            //获取开始时间
      for(int i=1;i<=times;i++){
         str+="love";
      }
      long endTime=System.currentTimeMillis();              //获取结束时间
      System.out.println("String 类需要时间为: "+(endTime-startTime)+"毫秒");
   }
   public static void testStringBuffer(int times){
      StringBuffer strBuf=new StringBuffer();
      long startTime=System.currentTimeMillis();
      for(int i=1;i<=times;i++){
         strBuf.append("love");
      }
      long endTime=System.currentTimeMillis();
      System.out.println("StringBuffer 类需要时间为: "+(endTime-startTime)+"毫秒");
   }
   public static void testStringBuilder(int times){
      StringBuilder strBui=new StringBuilder();
      long startTime=System.currentTimeMillis();
      for(int i=1;i<=times;i++){
         strBui.append("love");
      }
      long endTime=System.currentTimeMillis();
      System.out.println("StringBuilder 类需要时间为: "+(endTime-startTime)+"毫秒");
   }
}
```

（4）在文本编辑器视图中单击 ▶ 按钮，运行结果如图 8-9 所示。

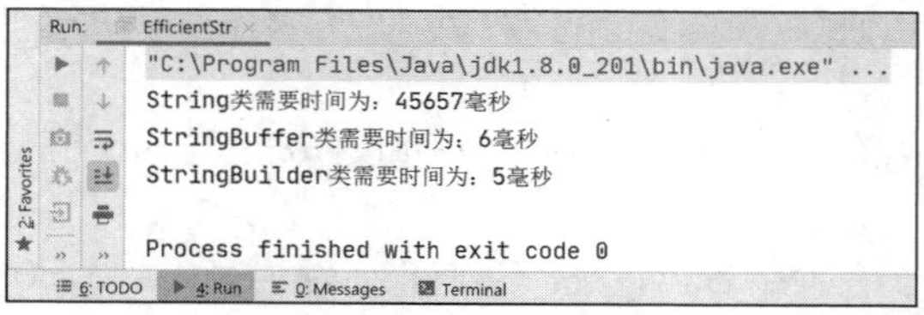

图 8-9　例 8-8 运行结果

提示　（1）从程序运行结果不难发现，字符串类的运行效率由高到低的顺序为 StringBuilder 类、StringBuffer 类、String 类。
（2）System 类在 java.lang 包下可直接使用，System.currentTimeMillis()方法用于获取系统当前时间的毫秒数。

8.4　Math 类

8.1.3　Math 类

　　Math 类在 java.lang 包下，该类提供了大量的静态方法，用于完成基本数学运算操作，包括指数、对数、平方根、三角函数等。
　　Math 类常用的静态方法如表 8-6 所示。

表 8-6　Math 类常用的静态方法

静态方法声明	静态方法描述
static double abs(double a)	返回绝对值，有多种重载格式
static double ceil(double a)	向上取整，即返回大于参数的最小整数
static double floor(double a)	向下取整，即返回小于参数的最大整数
static double max(double a, double b)	返回两个数的最大数，有多种重载格式
static double min(double a, double b)	返回两个数的最小数，有多种重载格式
static double pow(double a, double b)	返回指数函数的值，参数 a 为底，参数 b 为幂
static double random()	返回一个[0,1.0)的随机小数
static long round(double a)	返回参数四舍五入后的长整数
static double sqrt(double a)	返回正平方根值

【例 8-9】Math 类常用的静态方法演示。

【操作步骤】

（1）在包 cn.edu.cvit 下创建类 MethodOfMath。

（2）在 MethodOfMath.java 文件中，定义 main()方法。

（3）在文本编辑器视图中，撰写代码如下。

```java
package cn.edu.cvit;
/**
 * Math 类常用的静态方法演示
 */
public class MethodOfMath {
  public static void main(String[] args) {
    System.out.println("求绝对值: "+Math.abs(-20));
    System.out.println("向上取整: "+Math.ceil(-3.6));
    System.out.println("向下取整: "+Math.floor(4.8));
    System.out.println("求两个数的最大数: "+Math.max(100,89));
    System.out.println("求两个数的最小数: "+Math.min(-10,-20));
    System.out.println("求 2 的 5 次幂: "+Math.pow(2,5));
    System.out.println("生成[0,1.0)的随机小数: "+Math.random());
    System.out.println("四舍五入: "+Math.round(4.3452));
    System.out.println("求正平方根: "+Math.sqrt(4));

  }
}
```

（4）在文本编辑器视图中单击 ▶ 按钮，运行结果如图 8-10 所示。

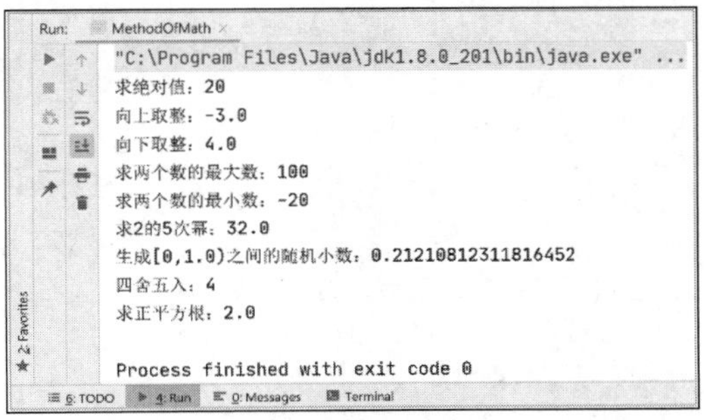

图 8-10　例 8-9 运行结果

> **提示** （1）Math 类中的方法都是静态方法，可以直接通过类名调用。
> （2）Math 类中有很多方法都有多种重载格式，可以使用不同类型的参数进行重载。

8.5 Random 类

8.1.4 Random 类

Random 类在 java.util 包下，Random 类不仅可以生成非指定范围内的随机数，还可以生成指定范围内的随机数，这一点与 Math 类的 random()方法不同。Random 类的构造方法如表 8-7 所示。

表 8-7　Random 类的构造方法

构造方法声明	构造方法描述
Random()	创建一个伪随机数生成器
Random(long seed)	使用一个单一的长整型种子创建一个伪随机数生成器

Random 类的无参构造方法以系统时间为随机种子，因此，每次运行时生成的随机数不相同，有参构造方法的种子是固定随机种子，每次运行程序生成的随机数是相同的，开发人员可根据需求自行选择构造方法。

Random 类调用不同的方法可以生成不同类型的随机数，Random 类的常用方法如表 8-8 所示。

表 8-8　Random 类的常用方法

方法声明	方法描述
double nextDouble()	生成[0,1.0)的双精度浮点型随机数
float nextFloat()	生成[0,1.0)的单精度浮点型随机数
int nextInt()	生成整型随机数
int nextInt(int bound)	生成 0~bound 的整型随机数，包括 0，不包括 bound
long nextLong()	生成长整型随机数

【例 8-10】编写程序，生成 1~100 的 10 个随机数，并在控制台输出。

【操作步骤】

（1）在包 cn.edu.cvit 下创建类 RandomNumber。

（2）在 RandomNumber.java 文件中，定义 main()方法。

（3）在文本编辑器视图中，撰写代码如下。

```java
package cn.edu.cvit;
import java.util.Random;
/**
 * 使用 Random 类生成指定范围内的随机数
 */
public class RandomNumber {
  public static void main(String[] args) {
    Random r=new Random();
    System.out.println("生成 1~100 的 10 个随机数: ");
    for(int i=1;i<=10;i++){
      //nextInt(100)生成 0~99 的随机数，加 1 后满足要求
      System.out.print((r.nextInt(100)+1)+" ");
    }
  }
}
```

（4）在文本编辑器视图中单击 ▶ 按钮，运行结果如图 8-11 所示。

图 8-11　例 8-10 运行结果

 提示 （1）Random 类的无参构造方法实例化的对象，每次运行程序时生成的随机数均不相同。
（2）如果想生成 0～1 的双精度浮点型随机数，既可以使用 Random 类，也可以使用 Math 类中的 random()方法。

8.1.5　时间处理相关类

Java 的时间处理相关类为程序提供了灵活、可靠地处理时间的功能，简化了处理时间的操作。

8.6　时间处理相关类

1. Date 类

Date 类在 java.util 包下，表示系统特定的时间戳，可以精确到毫秒。Date 对象表示默认的时间，显示顺序为星期、月、日、小时、分、秒、年。

Date 类的构造方法如表 8-9 所示。

表 8-9　Date 类的构造方法

构造方法声明	构造方法描述
Date()	获取当前系统时间，显示顺序为星期、月、日、小时、分、秒、年
Date(long date)	获取从 GMT（Greenwich Mean Time，格林尼治标准时）即 1970 年 1 月 1 日 0 时 0 分 0 秒到参数 date 指定时间的毫秒数

Date 类常用的方法如表 8-10 所示。

表 8-10　Date 类常用的方法

方法声明	方法描述
boolean after(Date when)	判断当前日期是否在指定日期之后
boolean before(Date when)	判断当前日期是否在指定日期之前
Int compareTo(Date anotherDate)	比较两个日期的顺序
boolean equals(Object obj)	比较两个日期是否相同
long getTime()	返回自 1970 年 1 月 1 日 0 时 0 分 0 秒到 Date 对象指定时间的毫秒数

【例 8-11】Date 类中的无参构造方法和有参构造方法的演示。
【操作步骤】
（1）在包 cn.edu.cvit 下创建类 DateDemo。
（2）在 DateDemo.java 文件中，定义 main()方法。
（3）在文本编辑器视图中，撰写代码如下。

```
package cn.edu.cvit;
import java.util.Date;
/**
 * Date 类中的无参构造方法和有参构造方法的演示
```

```
*/
public class DateDemo {
  public static void main(String[] args) {
    Date date1=new Date();                        //创建一个无参 Date 对象，获取当前时间
    Date date2=new Date(10000);                   //创建一个有参 Date 对象，获取指定时间
    System.out.println("系统时间: "+date1);
    System.out.println("1970 年 1 月 1 日 0 时 0 分 0 秒至 10000 毫秒后的时间: "+date2);
  }
}
```

（4）在文本编辑器视图中单击 ▶ 按钮，运行结果如图 8-12 所示。

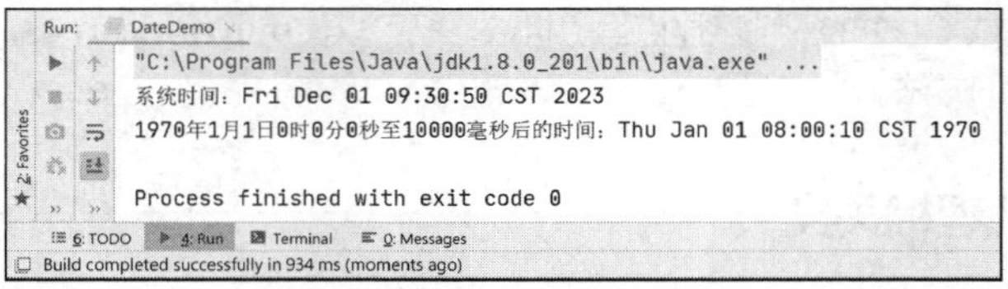

```
Run:      DateDemo ×
 ▶  ↑    "C:\Program Files\Java\jdk1.8.0_201\bin\java.exe" ...
 ■  ↓    系统时间: Fri Dec 01 09:30:50 CST 2023
 Ⅱ  ₅    1970年1月1日0时0分0秒至10000毫秒后的时间: Thu Jan 01 08:00:10 CST 1970
 ☷  ═╗
 ★  ≫>   Process finished with exit code 0

    ⌕ TODO   ▶ 4: Run   ■ Terminal   ☰ ◑ Messages
 ⬚ Build completed successfully in 934 ms (moments ago)
```

图 8-12　例 8-11 运行结果

> **提示**　Date 类获取的时间和日常时间的表示方式有所不同。

2. Calendar 类

Calendar 类在 java.util 包下，Calendar 类是抽象类，不能直接实例化对象，可通过该类的 getInstance()方法实例化对象。Calendar 类提供了丰富的日期、日历处理方法，可获取不同瞬间的日期、日历信息，Calendar 类常用的日期日历处理方法如表 8-11 所示。

表 8-11　Calendar 类常用的日期日历处理方法

方法声明	方法描述
void add(int field, int amount)	为给定的日历字段 field 添加或删减指定的时间量
boolean after(Object when)	判断此 Calendar 对象表示的时间是否在指定时间之后
boolean before(Object when)	判断此 Calendar 对象表示的时间是否在指定时间之前
void clear()	清空 Calendar 对象中的日期时间值
int get(int field)	返回指定日历字段的值
int getActualMaximum(int field)	返回指定日历字段可能拥有的最大值
int getActualMinimum(int field)	返回指定日历字段可能拥有的最小值
static Calendar getInstance()	使用默认时区和语言环境获得一个 Calendar 对象
void set(int field, int value)	为指定的日历字段 field 设置给定值 value
void set(int year, int month, int date)	设置日历字段年、月、日的值
void set(int year, int month, int date, int hourOfDay,int minute, int second)	设置日历字段年、月、日、时、分、秒的值
void setTime(Date date)	设置日历的时间为给定值 Date
void setFirstDayOfWeek(int value)	设置一星期的第一天是星期几

Calendar 类中的 set()方法可以实现将日历翻到任意一个时间，当参数 year 的值为负数时表示时间为公元前。Calendar 类中的 get()方法可以获取年、月、日等时间信息。

Calendar 类中定义了许多常量，分别表示不同的意义，如表 8-12 所示。

表 8-12　Calendar 类中常用常量

常量名	常量描述
Calendar.YEAR	获取年份
Calendar.MONTH	获取月份
Calendar.DATE	获取日期
Calendar.DAY_OF_MONTH	获取日期，同 Calendar.DATE 常量
Calendar.HOUR	获取 12 小时制的小时
Calendar.HOUR_OF_DAY	获取 24 小时制的小时
Calendar.MINUTE	获取分钟
Calendar.SECOND	获取秒
Calendar.DAY_OF_WEEK	获取星期数

【例 8-12】Calendar 类中常量及方法演示。

【操作步骤】

（1）在包 cn.edu.cvit 下创建类 CalendarDemo。

（2）在 CalendarDemo.java 文件中，定义 main() 方法。

（3）在文本编辑器视图中，撰写代码如下。

```java
package cn.edu.cvit;
import java.util.Calendar;
import java.util.Date;
/**
 * Calendar 类中常量及方法演示
 */
public class CalendarDemo {
  public static void main(String[] args) {
    Calendar calendar= Calendar.getInstance();         //获取 Calendar 类对象
    calendar.setTime(new Date());                      //设置 calendar 对象
    int year=calendar.get(Calendar.YEAR);              //获取年份
    int month=calendar.get(Calendar.MONTH)+1;          //获取月份，月份需要加 1
    int day=calendar.get(Calendar.DATE);               //获取日期
    calendar.setFirstDayOfWeek(1);                     //设置星期一为一星期的第一天
    int week=calendar.get(Calendar.DAY_OF_WEEK)-1;     //获取星期数，星期数需要减 1
    String str_week="";                                //定义星期数变量，初始值为空
    switch(week){                                      //将数字星期数转换为字符星期数
        case 1:str_week="星期一";break;
        case 2:str_week="星期二";break;
        case 3:str_week="星期三";break;
        case 4:str_week="星期四";break;
        case 5:str_week="星期五";break;
        case 6:str_week="星期六";break;
        case 7:str_week="星期日";break;
    }
    int hour=calendar.get(Calendar.HOUR_OF_DAY);       //获取 24 小时制的小时
    int minute=calendar.get(Calendar.MINUTE);          //获取分钟
```

```
        int second=calendar.get(Calendar.SECOND);          //获取秒
        System.out.println("今天是"+year+"年"+month+"月"+day+"日"+str_week+"。");
        System.out.println("现在时间为"+hour+"点"+minute+"分"+second+"秒。");
    }
}
```

（4）在文本编辑器视图中单击 ▶ 按钮，运行结果如图 8-13 所示。

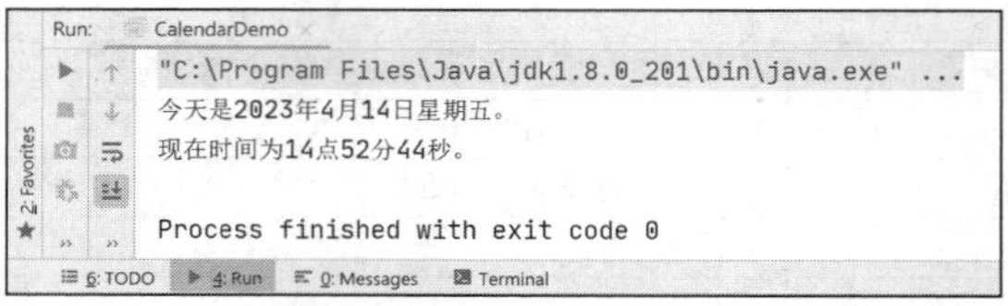

图 8-13　例 8-12 运行结果

提示 （1）通过 Calendar 类中的常量获取的月份需要加 1。
（2）通过 Calendar 类中的常量获取的星期数需要减 1，同时可以通过 setFirstDayOfWeek (int vaule)方法设置哪一天是一星期的第一天，默认星期日是一星期的第一天。

3. DateFormat 类

DateFormat 类是日期格式化类，它可将时间对象转换成指定格式的字符串。DateFormat 类是抽象类，通常由其子类 SimpleDateFormat 实现日期格式化。

4. SimpleDateFormat 类

SimpleDateFormat 类在 java.text 包下，SimpleDateFormat 类是 DateFormat 类的子类，是以与语言环境有关的方式来格式化和解析日期的具体类。Java 语言中默认日期格式与日常使用的日期格式不同，可以通过 SimpleDateFormat 类将其转换成人们熟悉的日期格式。

SimpleDateFormat 类常用的构造方法如表 8-13 所示。

表 8-13　SimpleDateFormat 类常用的构造方法

构造方法声明	构造方法描述
SimpleDateFormat()	用默认的日期格式和默认的语言环境构造对象
SimpleDateFormat(String pattern)	用指定的日期格式和默认的语言环境构造对象
SimpleDateFormat(String pattern,Locale locale)	用指定的日期格式和指定的语言环境构造对象

SimpleDateFormat 类自定义格式中常用的字母及含义如表 8-14 所示。

表 8-14　SimpleDateFormat 类自定义格式中常用的字母及含义

字母	含义	示例
y	年份，yy 表示两位年份，yyyy 表示 4 位年份	23；2023
M	月份，一般使用 MM 表示月份	04
d	月份中的天数，一般使用 dd 表示天数	14
D	年份中的天数，表示当天是当年的第几天	88
E	星期几，会根据语言环境的不同，显示不同语言的星期几	5
H	一天中的小时数（0~23），一般使用 HH 表示小时数	20
h	一天中的小时数（1~12），一般使用 hh 表示小时数	08
m	分钟数，一般使用 mm 表示分钟数	20
s	秒数，一般使用 ss 表示秒数	55
S	毫秒数，一般使用 SSS 表示毫秒数	876

【例 8-13】SimpleDateFormat 类演示。

【操作步骤】

（1）在包 cn.edu.cvit 下创建类 SimpleDateFormatDemo。

（2）在 SimpleDateFormatDemo.java 文件中，定义 main()方法。

（3）在文本编辑器视图中，撰写代码如下。

```java
package cn.edu.cvit;
import java.text.SimpleDateFormat;
import java.util.Date;
/**
 * SimpleDateFormat 类演示
 */
public class SimpleDateFormatDemo {
  public static void main(String[] args) {
    Date now=new Date();                          //创建一个 Date 对象，获取当前时间
    //指定格式化格式
    SimpleDateFormat f = new SimpleDateFormat("现在是" + "yyyy 年 MM 月 dd 日 HH 时 mm 分 ss 秒。");
    System.out.println(f.format(now));            //将当前时间格式化为指定的格式
  }
}
```

（4）在文本编辑器视图中单击 ▶ 按钮，运行结果如图 8-14 所示。

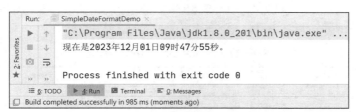

图 8-14　例 8-13 运行结果

> **提示**　（1）SimpleDateFormat 类中的字母是严格区分大小写的，例如 MM 代表月份、mm 代表分钟数。
> （2）SimpleDateFormat 对象需要调用其 format(Date date)方法才能实现日期格式化。

8.1.6　大数字运算类

Java 中的整型和浮点类型数据无法实现高精度计算，Java API 提供了两个大数字运算类来提高计算精度，分别为 BigInteger 类和 BigDecimal 类。大数字运算类在 java.math 包下。

8.7　大数字运算类

1. BigInteger 类

BigInteger 类提供了很多构造方法，其中最为常用的是参数以字符串形式代表要处理的数字的构造方法，一般格式为 BigInteger(String val)，其中参数 val 是十进制数字的字符串。例如：

```java
BigInteger big=new BigInteger("6");
```

BigInteger 类常用方法如表 8-15 所示。

表 8-15　BigInteger 类常用方法

方法声明	方法描述
BigInteger add(BigInteger val)	返回加法运算的和
BigInteger subtract(BigInteger val)	返回减法运算的差
BigInteger multiply(BigInteger val)	返回乘法运算的积
BigInteger divide(BigInteger val)	返回除法运算的商
BigInteger remainder(BigInteger val)	返回求余数运算的余数
BigInteger pow(int exponent)	返回求幂运算的值
BigInteger max(BigInteger val)	返回较大的值
BigInteger min(BigInteger val)	返回较小的值

2. BigDecimal 类

Java 中的浮点类型数据只能用来进行科学计算或项目计算，由于在商业计算中对计算精度的要求比较高，所以要用到 BigDecimal 类。

BigDecimal 类常用构造方法如表 8-16 所示。

表 8-16　BigDecimal 类常用构造方法

构造方法声明	构造方法描述
BigDecimal(double val)	实例化时将双精度浮点型转换为 BigDecimal 类型
BigDecimal(String val)	实例化时将字符串形式数字转换为 BigDecimal 类型

BigDecimal 类的方法可以用来进行超大浮点型数据的运算，如加、减、乘和除等。BigDecimal 类常用方法如表 8-17 所示。

表 8-17　BigDecimal 类常用方法

方法声明	方法描述
BigDecimal add(BigDecimal augend)	加法操作
BigDecimal subtract(BigDecimal subtrahend)	减法操作
BigDecimal multiply(BigDecimal multiplicand)	乘法操作
BigDecimal divide(BigDecimal divisor,int scale,int roundingMode)	除法操作，其中 3 个参数分别表示除数、商的小数点后的位数和近似值处理模式

【例 8-14】大数字运算类常用方法演示。
【操作步骤】
（1）在包 cn.edu.cvit 下创建类 BigNumber。
（2）在 BigNumber.java 文件中，定义 main()方法。
（3）在文本编辑器视图中，撰写代码如下。

```
package cn.edu.cvit;
import java.math.BigDecimal;
/**
 * 大数字运算类常用方法演示
 */
public class BigNumber {
  public static void main(String[] args) {
    double n=12345.987654321;
    BigDecimal big=new BigDecimal(n);
    //计算大数字 n 与给定大数字之间的加法、减法、乘法、除法运算的结果
    System.out.println("加法运算结果: "+big.add(new BigDecimal(89.5677)));
```

```
    System.out.println("减法运算结果: "+big.subtract(new BigDecimal(56.3)));
    System.out.println("乘法运算结果: "+big.multiply(new BigDecimal(2.5)));
    System.out.println("除法运算结果: "+big.divide(new BigDecimal("5.2"),2,
BigDecimal.ROUND_CEILING));
    }
}
```

（4）在文本编辑器视图中单击 ▶ 按钮，运行结果如图 8-15 所示。

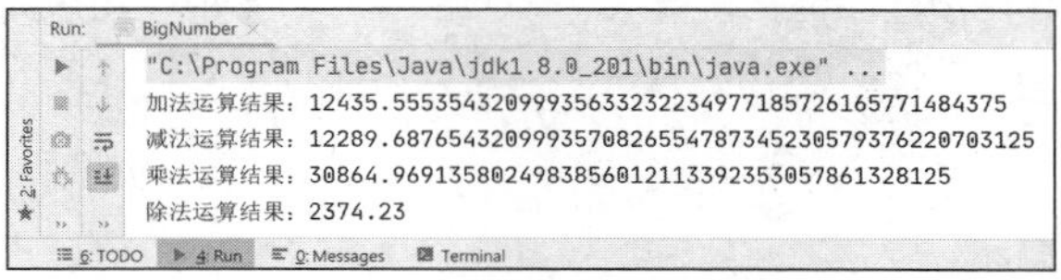

图 8-15　例 8-14 运行结果

> **提示**　（1）大数字类主要用于高精度计算，如果对计算精度要求不高，使用基本类型即可。
> （2）BigInteger 类的使用方法同 BigDecimal 类。

8.2　任务实现

8.2.1　任务 1：求某年 2 月的天数

1．任务描述

2 月是一个有趣的月份，2 月在平年的天数为 28 天，在闰年的天数为 29 天，如何通过程序求某年 2 月的天数呢？用户从控制台输入年份，可以通过 Calendar 类常量和方法计算出该年 2 月的天数，运行结果如图 8-16 所示。

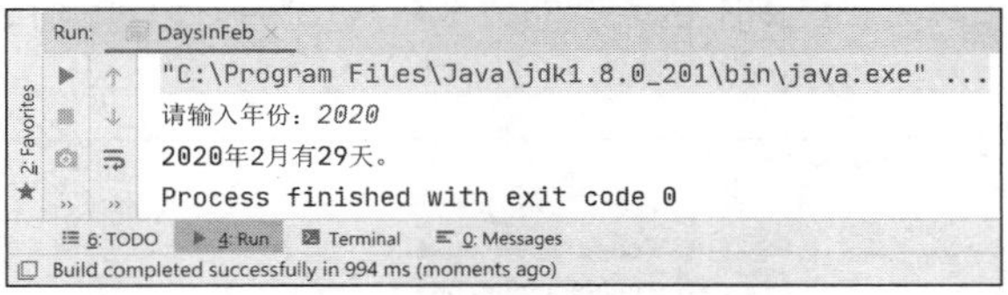

图 8-16　求某年 2 月的天数运行结果

2．任务分析

根据任务描述，3 月 1 日的前一天就是 2 月的最后一天。通过 Scanner 对象实现从控制台输入某个年份，程序将该年的 3 月 1 日添加到日历对象中，用日历中的日期减 1，再获取 Calendar 对象的日期。

3．任务实施

（1）在包 cn.edu.cvit 下创建类 DaysInFeb。

（2）在文本编辑器视图中，撰写代码如下。

```
package cn.edu.cvit;
import java.util.Calendar;
import java.util.Scanner;
/**
 * 求某年 2 月的天数
 */
public class DaysInFeb {
```

```java
public static void main(String[] args) {
    Scanner sc=new Scanner(System.in);
    System.out.print("请输入年份: ");
    int year=sc.nextInt();
    Calendar c = Calendar.getInstance();        //获取日历对象
    c.set(year,2,1);                            //其中参数2代表3月
    c.add(Calendar.DATE,-1);                    //用3月1日减1，获取2月的最后一天
    int days = c.get(Calendar.DATE);            //获取2月的最后一天
    System.out.print(year+"年2月有"+days+"天。");
    }
}
```

4. 实践贴士

（1）在任务中使用 Calendar 类中的 DATE 常量来获取日期；使用 add()方法实现日期的增减；使用 set()方法完成新日期的设置。

（2）运行程序，如果输入平年，运行结果如图 8-17 所示。

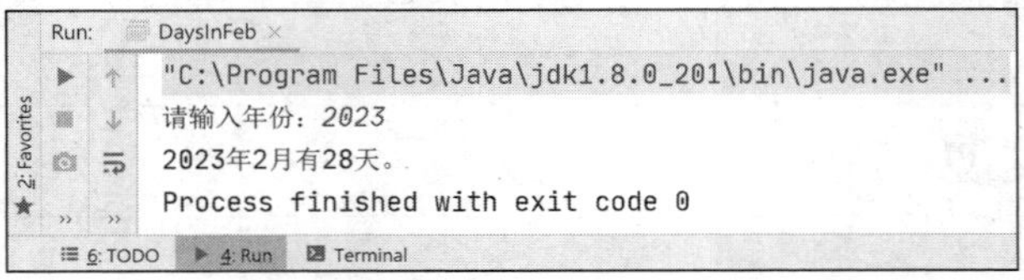

图 8-17 输入平年运行结果

8.2.2 任务 2：字符串加密和解密

1. 任务描述

通过字符串转换字节数组，将字符串中的每个字符都用对应的字节表示，再通过对字节的加、减法运算实现字符串加密和解密，达到发送数据即使被截获也难以破译的目的，运行结果如图 8-18 所示。

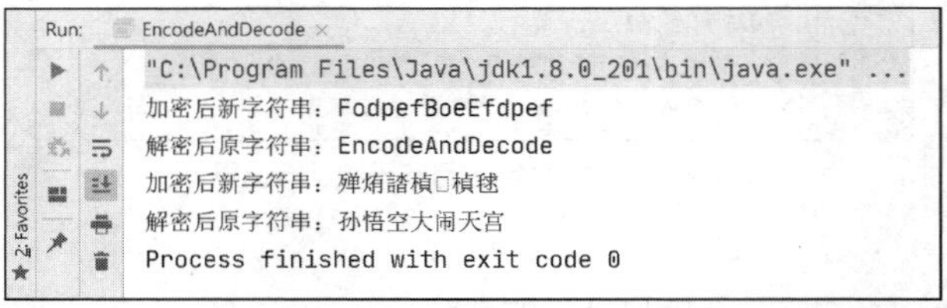

图 8-18 字符串加密和解密运行结果

2. 任务分析

（1）根据任务描述，定义一个 main()方法、一个加密方法 encode(String data)和一个解密方法 decode(String data)。

（2）在加密方法中将字节数组中的每个元素加 1，实现加密效果，再将新字节数组转换为新字符串，在解密方法中将字节数组中的每个元素减 1，达到解密的目的。

3. 任务实施

（1）在包 cn.edu.cvit 下创建类 EncodeAndDecode。

（2）在 EncodeAndDecode.java 文件中定义 main()方法、encode(String data)方法和 decode(String data)方法。

（3）在文本编辑器视图中，撰写代码如下。

```java
package cn.edu.cvit;
/**
 * 字符串加密和解密
 */
public class EncodeAndDecode {
  public static void main(String[] args) {
      //定义字符串变量 data 保存原始数据
      String data="EncodeAndDecode";
      //定义字符串变量 result 保存加密后数据
      String result=encode(data);
      System.out.println("加密后新字符串: "+result);
      //定义字符串变量 original 保存解密后的数据
      String original =decode(result);
      System.out.println("解密后原字符串: "+original);
      data="孙悟空大闹天宫";
      result=encode(data);
      System.out.println("加密后新字符串: "+result);
      original=decode(result);
      System.out.print("解密后原字符串: "+original);
  }
  //加密方法，加密原则: 将字节数组每个元素加 1
  public static String encode(String data){
      byte[] bytes = data.getBytes();
      for(int i=0;i<bytes.length;i++){
          bytes[i]+=1;
      }
      return new String(bytes);          //返回加密后的新字符串
  }
  //解密方法，解密原则: 将加密后的字节数组每个元素减 1
  public static String decode(String data){
      byte[] bytes = data.getBytes();
      for(int i=0;i<bytes.length;i++){
          bytes[i]-=1;
      }
      return new String(bytes);
  }
}
```

4. 实践贴士

（1）String 类对象通过 getBytes()方法将字符串转换为字节数组。

（2）将字节数组转换为字符串，需要将字节数组作为 String 类中的构造方法的参数。

8.3 任务拓展：登录验证

📖 任务描述

"知行合一，学以致用"是我们的目标，Java API 在 Java 程序开发中有着举足轻重的作用，让我们从字符串在程序中的应用开始学习吧。

设计一个登录验证程序，登录验证实现从键盘输入字符串类型的账号和密码。如果账号和密码正确，登录成功，控制台输出"登录成功，欢迎您，***!!!"，如果账号或者密码错误，则重新登录，错误3次退出系统。输入正确账号和密码，运行结果如图8-19所示。

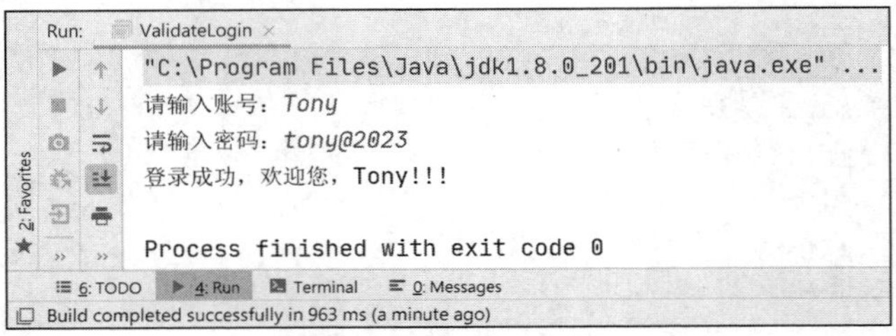

图8-19 登录验证运行结果

📖 任务分析

根据登录验证任务描述，创建登录验证类ValidateLogin，在类中定义静态全局变量作为计数器，统计账号或者密码错误次数；实例化静态全局Scanner对象，用于多次调用login()方法，实现从键盘输入数据；在main()方法中调用login()方法，login()方法用于实现账号和密码的验证。

📖 任务实施

登录验证任务实施步骤如下。

（1）在包cn.edu.cvit下创建类ValidateLogin。

（2）在ValidateLogin.java文件中定义main()方法和login()方法。

（3）ValidateLogin.java文件代码如下。

```java
package cn.edu.cvit;
import java.util.Scanner;
/**
 * 登录验证，账号或者密码错误3次退出系统
 */
public class ValidateLogin {
    //定义静态全局变量n，统计账号或者密码错误的次数，初始值为0
    public static int n=0;
    //实例化静态全局Scanner对象，用于接收多次键盘输入数据
    public static Scanner sc=new Scanner(System.in);
    //main()
    public static void main(String[] args) {
        login();
    }
    //login()登录方法
    public static void login(){
        String username,password;
        System.out.print("请输入账号: ");
        username=sc.next();
        System.out.print("请输入密码: ");
        password=sc.next();
        if("tony".equals(username) && "tony@2023".equals(password)){
            System.out.println("登录成功，欢迎您，"+username+"!!!");
```

```
    }else{
        n++;                                    //账号或者密码错误，累加计数器变量 n
        if(n<3){                                //账号或者密码错误小于 3 次，调用 login()方法
            System.out.println("账号或者密码错误，请重新登录!!! ");
            login();
        }else{
            System.out.println("账号或者密码错误 3 次，退出系统! ");
            sc.close();                         //关闭资源
            System.exit(0);                     //退出系统
        }
    }
  }
}
```

实践贴士

（1）通过递归调用实现多次输入账号和密码。

（2）如果将用于统计账号或者密码错误次数的变量改为局部变量，将会出现无限循环，无法正常退出系统。

单元小结

本单元详细介绍了 Java API 中的包装类、字符串类、Math 类、Random 类、时间处理相关类和大数字运算类。读者学会常用 Java API 的使用，有利于进行 Java 程序的开发，有利于开展对后续课程的学习。

单元 8　思维导图

习题

一、选择题

1. StringBuffer 类中的 append()方法的返回值类型是（　　　）。

    A. String　　　　　　B. StringBuffer　　　C. StringBuilder　　D. void

2. 若 double val = Math.ceil(-9.9);，则 val 的值是（　　　）。

    A. -10　　　　　　　B. -9　　　　　　　C. -9.9　　　　　　D. -8

3. String、StringBuffer 和 StringBuilder 这 3 种字符串类的运行效率由高到低的顺序是（　　　）。

    A. StringBuffer > StringBuilder >String　　B. String>StringBuffer> StringBuilder

    C. StringBuilder>StringBuffer>String　　　D. 3 种字符串类的运行效率相同

4. 下列选项中，对 Math.random()方法描述正确的是（　　　）。

    A. 返回一个超大整数

    B. 返回 0 或者 1

    C. 返回一个随机的整型数，该数大于等于 0 小于 1

    D. 返回一个随机的双精度浮点型数，该数大于等于 0.0 小于 1.0

5. 下列方法中，不属于字符串判断方法的是（　　　）。

    A. boolean contains(CharSequence cs);

    B. String toLowerCase();

C. boolean equals(Object anObject);

D. boolean isEmpty();

二、判断题

1. String 类中的 equals()方法和 "= =" 的作用是一样的。（　　）

2. StringBuffer 类和 StringBuilder 类一样，都是可变字符串类。（　　）

3. 使用字符串常量可以直接初始化一个 String 对象。（　　）

4. Math.round(double d)方法返回的是一个长整型数。（　　）

5. Random 类中的 nextInt()方法会生成一个正整数类型的伪随机数。（　　）

三、编程题

1. 编写程序，利用 Date 类和 Calendar 类在控制台输出当前系统的年、月、日。

2. 编写程序，将字符串 "E:\java_web\firstObject\src\cvit\edu\cn\web\ServletDemo1.java" 进行分割，输出分割后的各子字符串的内容。

单元9

集合

09

Java集合可以在程序设计中实现传统的数据结构，是一个用来存储对象的容器，也就是说集合中只能存储对象，如果向集合中加入基本类型数据，系统会将其自动装箱后存入集合。集合可存储不同数据类型元素，集合的长度可改变。本单元的学习目标如下。

知识目标

◇ 掌握常用Java集合类的使用
◇ 熟悉List集合、Set集合和Map集合的区别
◇ 掌握集合遍历的方法
◇ 掌握集合中泛型的使用

技能目标

◇ 能够恰当使用Java集合
◇ 能够正确使用Java集合的相关类

素养目标

◇ 培养自我激励、自我管理及终身学习的精神
◇ 培养创新意识和创新能力

9.1 知识储备

9.1.1 集合概述

Java 集合也称为容器，用来在 java.util 包下存储 Java 类的对象。某一个对象一旦被放入集合，其类的信息将丢失，也就是说集合内存储的对象都是 Object 类的。Object 类是所有类的父类，因此，集合可存储任意类型的对象，这一特点同时也会带来不便，如当获取集合中的元素时，需要使用强制类型转换将其类型转换为指定的数据类型。

9.1 集合概述

Java 集合分为 Collection 集合（单列集合）和 Map 集合（双列集合）。Collection 集合为根接口，常用的子接口有 List 集合、Queue 集合和 Set 集合，List 集合常用的实现类有 ArrayList 集合和 LinkedList 集合，Set 集合常用的实现类有 HashSet 集合和 TreeSet 集合。Map 集合常用的实现类有 HashMap 集合和 TreeMap 集合，HashMap 集合常用的子类有 LinkedHashMap 集合。集合的继承关系如图 9-1 所示。

图9-1　集合的继承关系

9.1.2　Collection 集合

9.2　Collection 集合

Collection 集合是单列集合的根接口，用于存储一系列符合某种规则的元素，其子接口有 List 集合、Queue 集合和 Set 集合。List 集合的特点是元素有序且可重复，Queue 集合的特点是队列先进先出，Set 集合的特点是元素无序且不可重复。我们重点学习 List 集合和 Set 集合。

Collection 集合定义了一些常用的方法，通过这些方法可以实现对集合的基本操作，Collection 集合常用方法如表 9-1 所示。

表 9-1　Collection 集合常用方法

方法声明	方法描述
boolean add(E e)	向集合中添加一个元素
boolean addAll(Collection c)	将指定集合 c 中的所有元素添加到集合中
void clear()	清除集合中所有元素
boolean contains(Object o)	判断集合中是否存在指定元素
boolean containsAll(Collection c)	判断集合中是否包含集合 c 中的所有元素
boolean isEmpty()	判断集合是否为空
Iterator<E>iterator()	返回一个 Iterator 对象，用于遍历集合中的元素
boolean remove(Object o)	从集合中删除第一个符合条件的元素
boolean removeAll(Collection c)	从集合中删除集合 c 中的所有元素
int size()	返回集合中元素的个数

9.1.3　List 集合

9.3　List 集合

List 集合继承了 Collection 集合，List 集合可以对集合中的每个元素进行精确地控制，根据元素的索引来获取元素的值。List 集合中的元素是有序的，即添加和删除元素的顺序是相同的；List 集合中的元素是可重复的，即可同时出现多个相同的元素，通过索引来访问指定位置的元素。List 集合默认按元素的添加顺序设置元素的索引，第一个添加到 List 集合中的元素的索引为 0，第二个元素的索引为 1，依此类推。

List 集合除了继承 Collection 集合的方法外，还添加了一些根据索引操作元素的方法，List 集合常用方法如表 9-2 所示。

表 9-2　List 集合常用方法

方法声明	方法描述
void add(int index, E element)	在集合中的指定位置添加指定的元素
boolean addAll(Collection c)	添加指定集合的所有元素到该集合的末尾
boolean addAll(int index, Collection c)	将指定集合中的所有元素添加到该集合中的指定位置
void clear()	清除集合中的所有元素
Object get(int index)	返回此集合中指定位置的元素
int indexOf(Object o)	返回集合中的指定元素第一次出现的索引，如果指定元素不存在，返回-1。
int lastIndexOf(Object o)	返回集合中的指定元素最后一次出现的索引，如果指定元素不存在，返回-1。
List subList(int fromIndex, int toIndex)	返回一个从索引 fromIndex（包含）到索引 toIndex（不包含）的所有元素组成的子集合

List 集合常用的实现类有 ArrayList 集合和 LinkedList 集合。

1．ArrayList 集合

ArrayList 集合内部封装了可变长度的数组对象，当添加的元素长度超过默认长度时，ArrayList 集合会在内存中分配一个长度更长的数组来存储这些元素。

ArrayList 集合提供 3 个常用构造方法，如表 9-3 所示。

表 9-3　ArrayList 集合常用构造方法

构造方法声明	构造方法描述
ArrayList()	构造一个初始容量为 10 的空 ArrayList 集合
ArrayList(Collection c)	构造一个包含指定 Collection 元素的 ArrayList 集合
ArrayList(int initialCapacity)	构造一个指定初始容量的空 ArrayList 集合

ArrayList 集合的方法大部分是继承 List 集合和 Collection 集合的，通过这些方法可以实现对集合元素的添加、删除、修改和获取等操作。

【例 9-1】使用 ArrayList 向集合中添加 3 名学生的信息，包括学号、姓名和性别，然后遍历集合输出这些学生信息。

【操作步骤】

（1）新建 unit09 项目，在项目 unit09 的 src 目录下创建包 cn.edu.cvit.list，在包 cn.edu.cvit. list 下创建学生类 Student。

（2）在 Student.java 文件中定义属性，分别为 id（学号）、name（姓名）和 gender（性别），创建无参构造方法和有参构造方法，重写 toString()方法。Student.java 文件代码如下。

```java
package cn.edu.cvit.list;
/**
 * Student 类
 */
public class Student {
  private String id;
  private String name;
  private String gender;
  public Student() {
  }
```

```java
    public Student(String id, String name, String gender) {
        this.id=id;
        this.name=name;
        this.gender=gender;
    }
    public String getId() {
        return id;
    }
    public void setId(String id) {
        this.id=id;
    }
    public String getName() {
        return name;
    }
    public void setName(String name) {
        this.name=name;
    }
    public String getGender() {
        return gender;
    }
    public void setGender(String gender) {
        this.gender=gender;
    }
    @Override
    public String toString() {
        return "学号: "+id+", 姓名: "+name+", 性别: "+gender;
    }
}
```

（3）在包 cn.edu.cvit.list 下创建测试类 ArrayListDemo。在 ArrayListDemo.java 文件中定义 main()
方法，在 main()方法中实例化 ArrayList 对象，向 ArrayList 对象中添加 3 个学生对象元素，遍历输出
ArrayList 对象中的所有元素，ArrayListDemo.java 文件代码如下。

```java
package cn.edu.cvit.list;
import java.util.ArrayList;
/**
 * ArrayList 集合
 */
public class ArrayListDemo {
    public static void main(String[] args) {
        //实例化 ArrayList 对象
        ArrayList list=new ArrayList();
        //向 ArrayList 对象中添加 3 个学生对象元素
        list.add(new Student("001","Tony","男"));
        list.add(new Student("002","Alice","女"));
        list.add(new Student("003","Rose","女"));
        //遍历 ArrayList 对象，输出 3 名学生的信息
        for(int i=0;i<list.size();i++){
            System.out.println(list.get(i));
        }
    }
}
```

（4）在文本编辑器视图中选择 ArrayListDemo.java 文件，单击 ▶ 按钮，运行结果如图 9-2 所示。

单元 9
集合

图 9-2　例 9-1 运行结果

> **提示**　（1）可以向 ArrayList 集合中添加重复的数据，也可以添加其他数据类型的数据。
>
> （2）集合元素的索引范围为从 0 到集合的大小减 1。
>
> （3）ArrayList 集合在使用时需要导入 java.util.ArrayList 包。在 IDEA 中，快速导包的方法就是将光标移至 ArrayList 上，按照系统提示，按"Alt+Enter"快捷键，如图 9-3 所示。

```
public class Arra...........{
    public static void main(String[] args) {      ? java.util.ArrayList? Alt+Enter
        ArrayList list=new ArrayList();
    }                                              Cannot resolve symbol 'ArrayList'
}                                                  Import class  Alt+Shift+Enter   More actions...  Alt+Enter
```

图 9-3　IDEA 中快速导包的方法

2. LinkedList 集合

ArrayList 集合内部封装的是可变长数组，可快速搜索指定元素，在集合末尾添加和删除元素的速度比较快，但是在任意位置添加和删除元素的速度相对较慢。List 集合的另一个常用实现类 LinkedList 集合可以弥补 ArryaList 集合的不足。

LinkedList 集合类采用链表结构保存对象元素，占用的内存空间比较大，其优点是便于向集合中添加和删除元素。如果需要频繁向集合中添加和删除元素，可选择 LinkedList 集合，其效率远高于 ArrayList 集合，但是 LinkedList 集合随机访问元素的速度相对较慢，因此如果需要大量访问集合元素，可选择 ArrayList 集合。

LinkedList 集合提供了 2 个构造方法，如表 9-4 所示。

表 9-4　LinkedList 集合的构造方法

构造方法声明	构造方法描述
LinkedList()	构造一个 LinkedList 集合
LinkedList(Collection c)	构造一个包含指定 Collection 元素的 LinkedList 集合

LinkedList 集合除实现了 List 集合和 Collection 集合中的方法外，还提供了一些特有的方法，如表 9-5 所示。

表 9-5　LinkedList 集合特有的方法

方法声明	方法描述
void addFirst(E e)	将指定元素添加到集合的开头
void addLast(E e)	将指定元素添加到集合的末尾
Object getFirst()	返回集合中的第一个元素
Object getLast()	返回集合中的最后一个元素
Object removeFirst()	删除集合中的第一个元素
Object removeLast()	删除集合中的最后一个元素

225

【例 9-2】使用 LinkedList 集合类，向集合中添加不同种类面包的销售排名，并按照销售排名输出第一名和最后一名。

【操作步骤】

（1）在包 cn.edu.cvit.list 下创建类 LinkedListDemo。

（2）在 LinkedListDemo.java 文件中，定义 main()方法。

（3）在文本编辑器视图中，撰写代码如下。

```java
package cn.edu.cvit.list;
import java.util.LinkedList;
/**
 * LinkedList 集合
 */
public class LinkedListDemo {
  public static void main(String[] args) {
    LinkedList link=new LinkedList();                  //实例化 LinkedList 集合对象
    link.add("豆沙面包");
    link.add("椰蓉面包");
    link.add("全麦低糖面包");
    link.add("提子面包");
    link.addFirst("老式杂粮面包");                      //向集合中添加第一个元素
    System.out.println("所有种类面包销售排名: ");
    for(int i=0;i<link.size();i++){                    //遍历集合
        System.out.print(link.get(i)+" ");
    }
    System.out.println("\n 销售排名第一的面包: "+link.getFirst());
    System.out.println("销售排名最后的面包: "+link.getLast());
  }
}
```

（4）在文本编辑器视图中单击 ▶ 按钮，运行结果如图 9-4 所示。

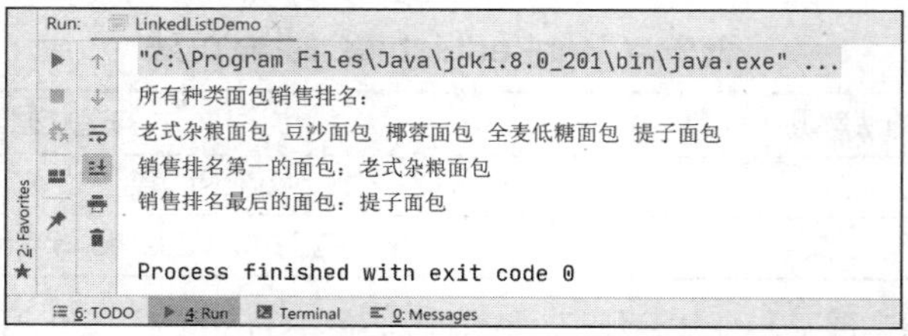

```
Run:    LinkedListDemo
  ▶  ↑   "C:\Program Files\Java\jdk1.8.0_201\bin\java.exe" ...
  ■  ↓   所有种类面包销售排名:
  ≡  ≡   老式杂粮面包 豆沙面包 椰蓉面包 全麦低糖面包 提子面包
         销售排名第一的面包: 老式杂粮面包
         销售排名最后的面包: 提子面包

         Process finished with exit code 0
  ≡ 6: TODO   ▶ 4: Run   ◫ Terminal   ○ Messages
```

图 9-4　例 9-2 运行结果

提示 （1）使用 LinkedList 集合特有的方法，可以快速地添加、修改、删除第一个元素和最后一个元素。

（2）LinkedList 集合的元素是有序的、可重复的。

9.4　Iterator 接口

9.1.4　Iterator 接口

　　Iterator 接口是 Java 迭代器，用于遍历集合。Iterator 接口不是集合，是用于遍历集合的方法。Iterator 接口的使用依赖于集合对象，可通过调用集合对象的 iterator()方法来获取 Iterator 对象。Iterator 接口常用方法如表 9-6 所示。

表 9-6 Iterator 接口常用方法

方法声明	方法描述
boolean hasNext()	如果被迭代的集合中还有下一个元素，则返回值为 true
Object next()	返回被迭代的集合中的下一个元素
default void remove()	删除集合中上一个 next() 方法返回的元素

【例 9-3】编写一个程序，使用 Iterator 接口遍历集合。

【操作步骤】

（1）在项目的 src 目录下创建包 cn.edu.cvit.iterator，在包 cn.edu.cvit.iterator 下创建类 IteratorDemo。

（2）在 IteratorDemo.java 文件中，定义 main() 方法。

（3）在文本编辑器视图中，撰写代码如下。

```
package cn.edu.cvit.iterator;
import java.util.ArrayList;
import java.util.Iterator;
/**
 * Iterator 接口
 */
public class IteratorDemo {
  public static void main(String[] args) {
    ArrayList list=new ArrayList();              //实例化一个 ArrayList 集合对象
    //分别向集合中添加 Java 基本类型说明符
    list.add("byte");
    list.add("short");
    list.add("int");
    list.add("long");
    list.add("char");
    list.add("float");
    list.add("double");
    list.add("boolean");
    //通过集合对象的 iterator() 方法获取 Iterator 对象
    Iterator it=list.iterator();
    System.out.println("Java 基本类型说明符如下: ");
    //使用 Iterator 接口遍历集合
    while(it.hasNext()){                          //hasNext() 判断集合中是否有下一个元素
      Object obj=it.next();                       //next() 返回集合中的下一个元素
      System.out.print(obj+" ");
    }
  }
}
```

（4）在文本编辑器视图中单击 ▶ 按钮，运行结果如图 9-5 所示。

图 9-5 例 9-3 运行结果

提示 （1）Iterator 接口是集合中的一员，只能用于遍历集合，不能用在集合之外的其他地方。
（2）Iterator 接口遍历集合时，while 循环的循环条件是 Iterator 对象的 hasNext()方法
返回值为 true，当集合中没有下一个元素，即返回值为 false 时，结束循环。

【例 9-4】使用 Iterator 对象删除集合元素。

【操作步骤】

（1）在包 cn.edu.cvit.iterator 下创建类 IteratorRemove。

（2）在 IteratorRemove.java 文件中，定义 main()方法。

（3）在文本编辑器视图中，撰写代码如下。

```java
package cn.edu.cvit.iterator;
import java.util.ArrayList;
import java.util.Iterator;
/**
 * 使用 Iterator 对象删除集合元素
 */
public class IteratorRemove {
  public static void main(String[] args) {
    //实例化一个 ArrayList 集合对象
    ArrayList list=new ArrayList();
    //分别向集合中添加 Java 基本类型说明符
    list.add("byte");
    list.add("short");
    list.add("int");
    list.add("long");
    list.add("char");
    list.add("float");
    list.add("double");
    list.add("boolean");
    //通过集合对象的 iterator()方法获取 Iterator 对象
    Iterator it=list.iterator();
    //使用 Iterator 对象遍历集合
    while(it.hasNext()){
      //通过强制类型转换将 Object 类型转换为 String 类型
      String obj=(String)it.next();
      //判断集合元素是否为 short，是 short 则使用 remove()方法删除该集合元素
      if("short".equals(obj)){
        it.remove();
      }
    }
    System.out.println("Java 基本类型说明符（除 short 之外）如下: ");
    System.out.print(list);                                    //输出集合对象
  }
}
```

（4）在文本编辑器视图中单击 ▶ 按钮，运行结果如图 9-6 所示。

提示 （1）使用 Iterator 对象删除集合元素后，需要再遍历输出所有集合元素，才能看出效果。
（2）直接输出集合对象时，输出的所有集合元素会用方括号标识。

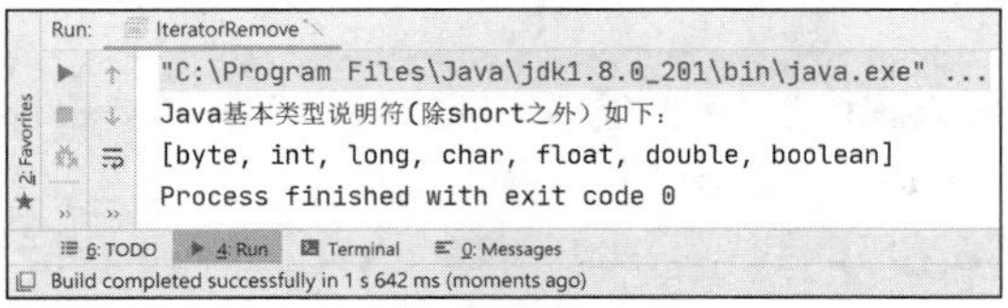

图 9-6　例 9-4 运行结果

9.1.5　foreach 循环

虽然 for 循环和 Iterator 接口都可以遍历集合，但操作过程相对复杂，foreach 循环也称为增强 for 循环，可以更简单地遍历集合。foreach 循环不仅可以遍历集合，还可以遍历数组。

foreach 循环的一般格式：

```
for(容器元素类型 临时变量:容器变量) {
    代码块;
}
```

9.5　foreach 循环

其中，容器可以是数组，也可以是集合，临时变量是容器元素，容器变量是数组对象或者集合对象。

【例 9-5】编写程序，使用 foreach 循环遍历集合。

【操作步骤】

（1）在项目的 src 目录下创建包 cn.edu.cvit.foreach，在包 cn.edu.cvit.foreach 下创建类 ForeachDemo。

（2）在 ForeachDemo.java 文件中，定义 main() 方法。

（3）在文本编辑器视图中，撰写代码如下。

```java
package cn.edu.cvit.foreach;
import java.util.ArrayList;
/**
 * 使用 foreach 循环遍历集合
 */
public class ForeachDemo {
  public static void main(String[] args) {
    ArrayList list=new ArrayList();
    list.add("Tony");
    list.add("Alice");
    list.add("Tom");
    System.out.print("集合元素有: ");
    //foreach 循环遍历集合，Object 表示集合元素类型、o 表示集合元素变量、list 表示集合变量
    for (Object o : list) {
        System.out.print(o+"\t");
    }
  }
}
```

（4）在文本编辑器视图中单击 ▶ 按钮，运行结果如图 9-7 所示。

图 9-7　例 9-5 运行结果

> **提示**（1）在 IDEA 中，快速编写 foreach 循环的方法是输入 iter 并按 Enter 键，或者输入 iter 并按 Tab 键。
> （2）foreach 循环在遍历集合时，只能访问集合元素，不能删除集合元素。

9.1.6　Set 集合

9.6　Set 集合

Set 集合同样继承了 Collection 集合，Set 集合中的元素无序、不重复，且最多只能包含一个 null 元素。Set 集合的常用实现类有 HashSet 集合和 TreeSet 集合。Set 集合的常用方法与 Collection 集合基本相同。

1. HashSet 集合

HashSet 集合是 Set 集合的典型实现类，HashSet 集合按照 Hash 算法的 hashCode 值来存储集合元素，具有很好的存取和查找性能。

当向 HashSet 集合中添加一个元素时，HashSet 集合将调用该元素的 hashCode() 方法来得到该元素的 hashCode 值，根据 hashCode 值决定该元素的存储位置。在 HashSet 集合中，若两个元素的 hashCode 值相等且通过 equals() 方法比较返回结果为 true，则认为两个元素相等。

HashSet 集合类常用构造方法如表 9-7 所示。

表 9-7　HashSet 集合类常用构造方法

构造方法声明	构造方法描述
HashSet()	构造一个空 HashSet 集合
HashSet(Collection c)	构造一个包含指定 Collection 集合对象的 HashSet 集合

【例 9-6】使用 HashSet 集合类向集合中添加 4 句描写春夏秋冬的诗句，并使用 Iterator 接口实现集合遍历。

【操作步骤】

（1）在项目的 src 目录下创建包 cn.edu.cvit. set，在包 cn.edu.cvit.set 下创建类 HashSetDemo。

（2）在 HashSetDemo.java 文件中，定义 main() 方法。

（3）在文本编辑器视图中，撰写代码如下。

```
package cn.edu.cvit.set;

import java.util.HashSet;
import java.util.Iterator;
/**
 * HashSet 集合
 */
public class HashSetDemo {
  public static void main(String[] args) {
    HashSet poems=new HashSet();                          //实例化 HashSet 集合对象
    poems.add("好雨知时节，当春乃发生。");                //向集合对象添加元素
    poems.add("首夏犹清和，芳草亦未歇。");
    poems.add("空山新雨后，天气晚来秋。");
    poems.add("冬尽今宵促，年开明日长。");
    poems.add("通过诗句可以看出，一年四季分明!!!");
    Iterator it=poems.iterator();                         //获取 Iterator 迭代器对象
    System.out.println("描写春夏秋冬的诗句: ");
```

```
        while(it.hasNext()){                        //遍历集合并输出
            String poem=(String)it.next();          //将集合元素强制转换为 String 类型
            System.out.println(poem+"\t");
        }
    }
}
```

（4）在文本编辑器视图中单击 ▶ 按钮，运行结果如图 9-8 所示。

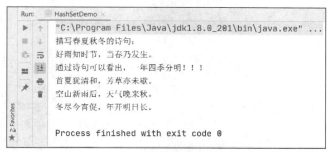

图 9-8　例 9-6 运行结果

 提示 （1）向 HashSet 类中添加元素的顺序与遍历输出元素的顺序不同。

（2）Iterator 接口可用于遍历所有集合。

（3）如果向 HashSet 集合类中添加两个相同的元素，集合类只保留最后一次添加的元素，之前添加的相同元素将被覆盖。

2. TreeSet 集合

TreeSet 集合是 Set 集合的实现类之一，TreeSet 集合继承了 SortedSet 接口。SortedSet 接口是 Set 集合的子接口，可以实现对集合的升序排序。TreeSet 集合还继承了 Comparable 接口。Comparable 接口提供了 compareTo(Object obj)方法，用于比较两个对象的大小，如果两个对象相同，返回 0；如果该对象大于指定对象，返回正整数；如果该对象小于指定对象，返回负整数。

TreeSet 集合常用构造方法如表 9-8 所示。

表 9-8　TreeSet 集合常用构造方法

构造方法声明	构造方法描述
TreeSet()	构造一个 TreeSet 集合
TreeSet(Collection c)	构造一个包含指定 collection 集合对象的 TreeSet 集合

TreeSet 集合除实现了 Collection 集合的方法外，还有一些特有的方法如表 9-9 所示。

表 9-9　TreeSet 集合特有的方法

方法声明	方法描述
Object first()	返回集合中的第一个元素
Object last()	返回集合中的最后一个元素
Object poolFirst()	删除集合中的第一个元素
Object poolLast()	删除集合中的最后一个元素

【例 9-7】使用 TreeSet 集合输入 5 名同学的 Java 成绩，并将成绩升序排序输出，同时输出最高分和最低分。

【操作步骤】

（1）在包 cn.edu.cvit.set 下创建类 TreeSetDemo。

（2）在 TreeSetDemo.java 文件中，定义 main()方法。

（3）在文本编辑器视图中，撰写代码如下。

```java
package cn.edu.cvit.set;
import java.util.Scanner;
import java.util.TreeSet;
/**
 * TreeSet 集合
 */
public class TreeSetDemo {
  public static void main(String[] args) {
    TreeSet scores=new TreeSet();                    //实例化 TreeSet 集合对象
    Scanner sc=new Scanner(System.in);               //实例化 Scanner 对象
    for(int i=1;i<=5;i++){                           //循环输入 5 名同学的 Java 成绩
        System.out.print("请输入第"+i+"名同学的 Java 成绩: ");
        scores.add(sc.nextInt());
    }
    System.out.print("由低到高排名后的 5 名同学成绩: ");
    System.out.println(scores);                      //输出集合内容
    //分别输出集合中的最后一个元素和第一个元素
    System.out.println("本次 Java 测试中最高分为: "+scores.last());
    System.out.print("本次 Java 测试中最低分为: "+scores.first());
  }
}
```

（4）在文本编辑器视图中单击 ▶ 按钮，运行结果如图 9-9 所示。

```
Run:    TreeSetDemo ×
    ↑   "C:\Program Files\Java\jdk1.8.0_201\bin\java.exe" ...
    ↓   请输入第1名同学的Java成绩: 87
    5   请输入第2名同学的Java成绩: 79
        请输入第3名同学的Java成绩: 95
        请输入第4名同学的Java成绩: 63
        请输入第5名同学的Java成绩: 75
        由低到高排名后的5名同学成绩: [63, 75, 79, 87, 95]
        本次Java测试中最高分为: 95
        本次Java测试中最低分为: 63
        Process finished with exit code 0
TODO   ▶ Run   ☰ Messages   Terminal
```

图 9-9　例 9-7 运行结果

提示　（1）TreeSet 集合类默认排序为升序。

（2）如果只输出集合中的所有元素，在输出项中直接给出集合对象名即可。

9.1.7　Map 集合

9.7　Map 集合

双列集合 Map 用于存储具有映射关系的数据。Map 集合中的元素以键值对（key-value）形式存储，即一个键对象（key）对应一个值对象（value），键对象不能相同，值对象可以相同，即同一个 Map 对象中的任意两个键对象通过 equals()方法比较总是返回 false。

Map 集合中的键对象和值对象之间存在单向一对一关系，即通过指定的键对象，总能找到唯一的、确定的值对象。

Map 集合提供了大量的方法，常用方法如表 9-10 所示。

表 9-10　Map 集合常用方法

方法声明	方法描述
void clear()	删除 Map 集合中的所有键值对
Object put(K key, V value)	把指定的键对象和值对象添加到 Map 集合中
Object get(Object key)	返回 Map 集合中指定键对象所对应的值对象
Object remove(Object key)	删除指定键对象对应的集合元素，返回被删除元素的值对象
boolean remove(Object key, Object value)	删除指定键对象和值对象的集合元素
boolean containKey(Object key)	判断集合中是否存在指定键对象
Set <K>keySet()	获取 Map 集合中的所有键对象，并将其添加到 Set 集合中
Set <Map.Entry<K,V>> entrySet()	获取 Map 集合中所有键值对对象的 Set 集合
boolean isEmpty()	查询 Map 集合是否为空
int size()	返回 Map 集合元素的个数
Collection values()	返回 Map 集合中所有值对象组成的 Collection 集合

Map 集合常用实现类有 HashMap 集合和 TreeMap 集合，HashMap 集合按照 Hash 算法来存储元素，而 TreeMap 集合按照键对象对元素进行排序。

1. HashMap 集合

HashMap 集合是 Map 集合常用实现类，HashMap 集合根据键对象的 hashCode 值存储元素，根据键对象直接获取值对象，具有很快的获取速度。HashMap 集合中的键对象和值对象是无序的，键对象不可重复，值对象可以重复，最多只允许一个集合元素的键对象为 null，允许多个集合元素的值对象为 null。

HashMap 集合常用构造方法如表 9-11 所示。

表 9-11　HashMap 集合常用构造方法

构造方法声明	构造方法描述
HashMap()	构造一个 HashMap 集合
HashMap(int initialCapacity)	构造一个指定初始容量的 HashMap 集合

【例 9-8】使用 HashMap 集合存储 3 名同学的学号和姓名信息，并遍历输出学号和姓名键值对。

【操作步骤】

（1）在项目的 src 目录下创建包 cn.edu.cvit.map，在包 cn.edu.cvit.map 下创建类 HashMapDemo。

（2）在 HashMapDemo.java 文件中，定义 main() 方法。

（3）在文本编辑器视图中，撰写代码如下。

```java
package cn.edu.cvit.map;
import java.util.HashMap;
import java.util.Set;
/**
 * HashMap 集合
 */
public class HashMapDemo {
  public static void main(String[] args) {
    HashMap map=new HashMap();                        //实例化 HashMap 对象
    map.put("22571301","周全");                       //向集合中添加 3 个键值对元素
```

233

```
        map.put("22571302","赵楠");
        map.put("22571303","郑旭");
        //通过集合的 keySet()方法获取所有键对象，并将其添加到 Set 集合
        Set keys=map.keySet();
        System.out.println("学生信息 Map 集合遍历结果如下: ");
        for (Object key : keys) {                              //遍历 Set 集合
            //通过集合的 get(key)方法获取指定键对象对应的值对象
            System.out.println(key+": "+map.get(key));
        }
    }
}
```

（4）在文本编辑器视图中单击 ▶ 按钮，运行结果如图 9-10 所示。

图 9-10　例 9-8 运行结果

> **提示**　（1）HashSet 集合遍历元素的顺序与添加元素的顺序不同。
> （2）程序通过 Map 集合的 keySet()方法获取键对象，再通过 Map 集合的 get(key)方法获取键对象对应的值对象。

【例 9-9】利用 Map 集合的 entrySet()方法遍历集合。

【操作步骤】

（1）在包 cn.edu.cvit.map 下创建类 EntrySetDemo。

（2）在 EntrySetDemo.java 文件中，定义 main()方法。

（3）在文本编辑器视图中，撰写代码如下。

```
package cn.edu.cvit.map;
import java.util.HashMap;
import java.util.Iterator;
import java.util.Map;
import java.util.Set;
/**
 * 利用 Map 接口的 entrySet()方法遍历集合
 */
public class EntrySetDemo {
  public static void main(String[] args) {
    HashMap map=new HashMap();                          //实例化 HashMap 对象
    map.put("百度","https://www.baidu.com/");           //向 HashMap 对象中添加元素
    map.put("淘宝","https://www.taobao.com/");
    //通过 entrySet()方法获取键值对的 Set 对象
    Set set=map.entrySet();
```

```
        Iterator it=set.iterator();                         //获取 Set 的迭代器对象
        while(it.hasNext()){                                //循环遍历 Set 集合
            //获取 Set 集合中的下一个元素，并强制类型转换为 Map.Entry 类型
            Map.Entry entry=(Map.Entry)it.next();
            //通过 entry 对象的 getKey()方法获取 HashMap 的键对象
            Object key=entry.getKey();
            //通过 entry 对象的 getValue()方法获取 HashMap 的值对象
            Object value=entry.getValue();
            System.out.println(key+": "+value);
        }
    }
}
```

（4）在文本编辑器视图中单击 ▶ 按钮，运行结果如图 9-11 所示。

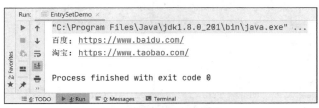

图 9-11　例 9-9 运行结果

> **提示**　（1）Map.Entry 是 Map 集合的一个内部接口，它表示 Map 集合中的一个实体（键值对），接口中有 getKey()和 getValue()方法，分别用于获取 Map 集合中的键对象和值对象。
> （2）Map 集合中的 entrySet()方法返回一个 Set 集合对象，此对象的类型为 Map.Entry。

2. TreeMap 集合

TreeMap 集合是 Map 集合的实现类，它的底层与 TreeSet 集合的相同，因此它可以对集合元素排序且元素不可重复。

【例 9-10】使用 TreeMap 集合添加多个元素（整型键对象、字符串类型值对象），并遍历输出集合中的所有元素。

【操作步骤】

（1）在包 cn.edu.cvit.map 下创建类 TreeMapDemo。

（2）在 TreeMapDemo.java 文件中，定义 main()方法。

（3）在文本编辑器视图中，撰写代码如下。

```
package cn.edu.cvit.map;
import java.util.Iterator;
import java.util.Set;
import java.util.TreeMap;
/**
 * TreeMap 集合
 */
public class TreeMapDemo {
  public static void main(String[] args) {
    TreeMap map=new TreeMap();                              //实例化 TreeMap 集合对象
    //向集合中添加多个顺序没有规律的元素，包括重复键的元素
    map.put(5,"Tony");
    map.put(2,"Alice");
```

```
    map.put(1,"Tom");
    map.put(3,"Adam");
    map.put(4,"Joanne");
    map.put(1,"Jack");
    Set set=map.keySet();                        //获取 TreeMap 对象所有键对象的 Set 集合
    Iterator it=set.iterator();
    System.out.println("遍历 TreeMap 集合所有元素如下: ");
    while(it.hasNext()){
      Object key=it.next();
      Object value=map.get(key);
      System.out.print(key+": "+value+"    ");
    }
  }
}
```

（4）在文本编辑器视图中单击 ▶ 按钮，运行结果如图 9-12 所示。

图 9-12　例 9-10 运行结果

提示　（1）TreeMap 集合是有序的。
（2）在本例中向集合中添加了两个键对象的值为 1 的元素，第 2 个元素覆盖了第 1 个元素，说明 TreeMap 集合无重复元素。

9.1.8　泛型

9.8　泛型

Java 集合可以存储任意类型元素，元素存入集合后，其类型信息将丢失，从集合中获取的元素均为 Object 类型。这种设计会带来两个问题，一是在同一个集合中可能存入多种不同类型的元素，如创建一个存储 Student 类元素的集合，同样可以将 Teacher 类元素"丢"进去，这样容易出现异常；二是在获取集合元素时，需要通过强制类型转换将元素类型还原为最初类型，这些强制类型转换提高了程序的复杂度，同时容易引起类型转换异常。为了消除这些隐患，Java 在 Java 1.5 之后的版本中提供了泛型，泛型可以在编译的时候检查类型安全，并且其中所有的强制类型转换都是自动和隐式的，提高了代码的重用率。

泛型的本质是参数化类型，也就是给类型指定一个参数，然后在使用时再指定此参数的具体值，这样类型就可以在使用时决定了。这种参数化类型可以用在类、接口和方法中，分别被称为泛型类、泛型接口、泛型方法。

1. 泛型类

泛型类是一种可以接受任意类型参数的类。泛型类定义的一般格式：

```
public class 类名<T>
```

T 为泛型类型，可以是任意引用类型，也可以有多个类型，多个类型之间用逗号分隔。

定义好泛型类后需要创建泛型对象，创建泛型对象的一般格式：

```
类名 <T> 对象名=new 类名<T>();
```

例如：ArrayList <Integer> list=new ArrayList<Integer>();。

其中，list 对象元素泛型类型为整型，若向集合中存入其他类型元素，编译时将报错。

2. 泛型接口

泛型接口是一种可以接受任意类型参数的接口。泛型接口定义的一般格式：

```
public interface 接口名<T>
```

3. 泛型方法

泛型方法是在调用方法的时候指明泛型的具体类型的方法，泛型方法定义的一般格式：

```
public <T> 返回值类型 方法名(T t){
    方法体语句块；
}
```

其中，形参的数据类型为指定的泛型。

【例 9-11】创建一个 ArrayList 集合，要求使用泛型限定集合元素类型为 Student。

【操作步骤】

（1）在项目的 src 目录下创建包 cn.edu.cvit.type，在包 cn.edu.cvit.type 下创建 Student 类。

（2）在 Student.java 文件中撰写代码如下。

```
package cn.edu.cvit.type;
/**
 * Student 类
 */
public class Student {
  private String id;                                    //学号
  private String name;                                  //姓名
  private float score;                                  //成绩
  //创建有参构造方法
  public Student(String id, String name, float score) {
    this.id=id;
    this.name=name;
    this.score=score;
  }
  public String getId() {
    return id;
  }
  public void setId(String id) {
    this.id=id;
  }
  public String getName() {
    return name;
  }
  public void setName(String name) {
    this.name=name;
  }
  public float getScore() {
    return score;
  }
  public void setScore(float score) {
    this.score=score;
  }
  @Override
  public String toString() {                            //重写 toString()方法
    return "Student{" +
```

```
        "id='" + id + '\'' +
        ", name='" + name + '\'' +
        ", score=" + score +
        '}';
    }
}
```

（3）在包 cn.edu.cvit.type 下创建测试类 ListDemo。

（4）在 ListDemo.java 文件中撰写代码如下。

```java
package cn.edu.cvit.type;
import java.util.ArrayList;
/**
 * 泛型在 ArrayList 中的应用
 */
public class ListDemo {
    public static void main(String[] args) {
        //将 ArrayList 的泛型类型设置为 Student
        ArrayList <Student>list=new ArrayList<Student>();
        //分别向 Arraylist 集合中添加 3 名学生的信息
        list.add(new Student("0001","Tony",98.2f));
        list.add(new Student("0002","Alice",76.5f));
        list.add(new Student("0003","Tom",88.6f));
        //遍历 list 集合
        for (Student student : list) {
            System.out.println(student);
        }
    }
}
```

（5）在文本编辑器视图中单击 ▶ 按钮，运行结果如图 9-13 所示。

图 9-13　例 9-11 运行结果

> **提示** （1）本例中的泛型类型为 Student，需要注意在实例化 ArrayList 集合对象时 Student 泛型类型参数出现的两处位置。
>
> （2）有了泛型的集合元素类型将被锁定，不能添加其他类型的元素到集合中。

【例 9-12】利用泛型将例 9-11 中的 Student 类添加到 TreeMap 集合中。

【操作步骤】

（1）在包 cn.edu.cvit.type 下创建类 MapDemo。

（2）在 MapDemo.java 文件中，定义 main()方法。

（3）在文本编辑器视图中，撰写代码如下。

```java
package cn.edu.cvit.type;
import java.util.Iterator;
import java.util.Set;
import java.util.TreeMap;
/**
```

```
 * 泛型在 TreeMap 集合中的应用
 */
public class MapDemo {
  public static void main(String[] args) {
    //实例化指定泛型的 TreeMap 集合对象
    TreeMap<Integer,Student> map=new TreeMap<Integer,Student>();
    //实例化 3 个 Student 类对象
    Student stu1=new Student("0001","Tony",98.2f);
    Student stu2=new Student("0002","Alice",76.5f);
    Student stu3=new Student("0003","Tom",88.6f);
    //向集合中添加学生对象
    map.put(1,stu1);
    map.put(2,stu2);
    map.put(3,stu3);
    Set<Integer> keys=map.keySet();           //泛型指出 Set 集合元素类型为 Integer
    Iterator<Integer> it=keys.iterator();      //Iterator 接口泛型类型为 Integer
    while(it.hasNext()){                        //遍历键，获取所有的值并输出
      Integer key=it.next();
      Student stu=map.get(key);
      System.out.println(key+": "+stu);
    }
  }
}
```

（4）在文本编辑器视图中单击 ▶ 按钮，运行结果如图 9-14 所示。

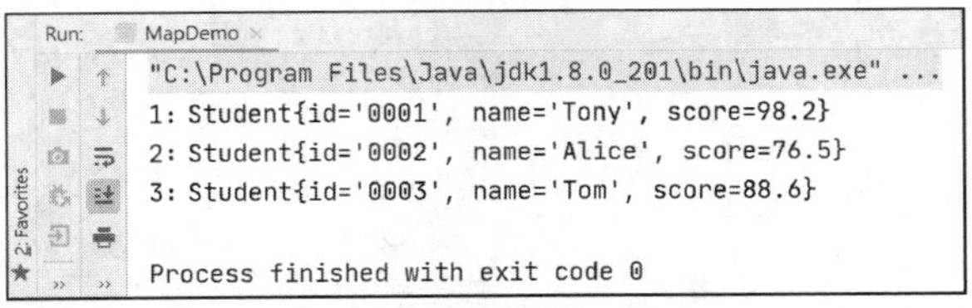

```
Run:    MapDemo ×
▶  ↑     "C:\Program Files\Java\jdk1.8.0_201\bin\java.exe" ...
■  ↓     1: Student{id='0001', name='Tony', score=98.2}
🔲 ⇥     2: Student{id='0002', name='Alice', score=76.5}
        3: Student{id='0003', name='Tom', score=88.6}

         Process finished with exit code 0
```

图 9-14　例 9-12 运行结果

 提示　（1）指定泛型的类、接口和方法提高了程序的安全性。
（2）在本例中为 TreeMap 集合中的键值分别指定 Integer 和 Student 类的泛型。

9.2　任务实现

9.2.1　任务 1：歌曲点播

1. 任务描述

歌曲点播程序为听众提供歌曲排行榜中的 5 首歌曲，听众可以输入自己喜欢的歌曲名称进行点歌。如果输入的歌曲在排行榜中，程序输出"请收听您点播的歌曲"，否则输出"很遗憾，您点播的歌曲不在歌曲排行榜中！"，运行结果如图 9-15 所示。

2. 任务分析

（1）根据任务描述，可以使用 HashSet 集合保存歌曲，遍历集合输出歌曲排行榜供听众点播。

（2）当听众输入点播的歌曲后，再次遍历集合，查找点播的歌曲是否在集合中，并输出相应信息。

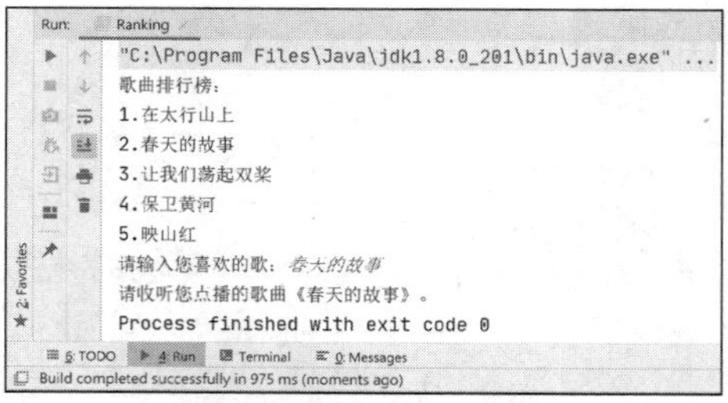

图 9-15　热歌点播运行结果

3. 任务实施

（1）在项目的 src 目录下创建包 cn.edu.cvit.task1，在包 cn.edu.cvit.task1 下创建类 Ranking 类。

（2）在文本编辑器视图中，撰写代码如下。

```java
package cn.edu.cvit.task1;
import java.util.HashSet;
import java.util.Iterator;
import java.util.Scanner;
/**
 * 歌曲点播
 */
public class Ranking {
  public static void main(String[] args) {
    //实例化 HashSet 集合对象，并向集合中添加元素
    HashSet<String> set=new HashSet<String>();
    set.add("映山红");
    set.add("保卫黄河");
    set.add("在太行山上");
    set.add("让我们荡起双桨");
    set.add("春天的故事");
    System.out.println("歌曲排行榜: ");
    int i=1;
    for (String s : set) {
        System.out.println(i+"."+s);
        i++;
    }
    //开始点歌
    Scanner sc=new Scanner(System.in);
    System.out.print("请输入您喜欢的歌: ");
    String song=sc.next();
    Iterator<String>it=set.iterator();
    while(it.hasNext()){
      if(song.equals(it.next())){
          System.out.print("请收听您点播的歌曲《"+song+"》。");
          break;
      }
      if(!(it.hasNext())){
        System.out.print("很遗憾，您点播的歌曲《"+song+"》不在歌曲排行榜中！");
      }
    }
  }
}
```

4. 实践贴士

（1）在任务中多处使用泛型，一处是在实例化集合对象时，使用泛型指定了集合元素的类型为 String，另一处使用泛型指定了 Iterator 的类型也为 String。

（2）当在集合中查询到点播的网络歌曲后，使用 break 语句跳出循环，终止集合遍历。

（3）!(it.hasNext())代表 Iterator 已迭代到集合末尾，因此将该表达式作为输出"很遗憾，您点播的歌曲不在歌曲排行榜中!"的条件。

9.2.2 任务 2：模拟百度翻译

1. 任务描述

模拟百度翻译程序主要实现的功能是将输入的中文翻译成对应的英文，将输入的英文翻译成对应的中文，运行结果如图 9-16 所示。

图 9-16　模拟百度翻译运行结果

2. 任务分析

根据任务描述，使用 HashMap 集合保存中英文对照的键对象和值对象，通过调用 Map.Entry 键值对映射关系对象的相关方法，模拟百度翻译功能。

3. 任务实施

（1）在项目的 src 目录下创建包 cn.edu.cvit.task2，在包 cn.edu.cvit.task2 下创建类 Translate。

（2）在文本编辑器视图中，撰写代码如下。

```java
package cn.edu.cvit.task2;
import java.util.*;
/**
 * 模拟百度翻译
 */
public class Translate {
  public static void main(String[] args) {
    //实例化 HashMap 集合对象
    HashMap<String,String> words=new HashMap<String,String>();
    //向集合中添加元素
    words.put("香蕉","banana");
    words.put("苹果","apple");
    words.put("橙子","orange");
    words.put("樱桃",'cherry");
    Scanner sc=new Scanner(System.in);
    System.out.print("请输入您要翻译的单词: ");
    String word=sc.next();
    //获取 Map.Entry 集合对象
    Set<Map.Entry<String, String>> set=words.entrySet();
    //获取迭代器对象
    Iterator<Map.Entry<String, String>> it=set.iterator();
```

241

```
//遍历 Set 集合，判断是中译英还是英译中，输出相应的翻译结果
while (it.hasNext()){
  Map.Entry<String, String> entry=it.next();
  if(entry.getValue().equals(word)){
    System.out.print(word+"翻译成中文为: "+entry.getKey());
    break;
  }else if(entry.getKey().equals(word)){
    System.out.print(word+"翻译成英文为: "+entry.getValue());
    break;
  }
}
//判断集合中是否有下一个元素，若没有，说明已迭代到集合末尾
if(!(it.hasNext())){
  System.out.print("对不起，您翻译的单词不存在! ");
}
}
}
```

4. 实践贴士

（1）在 HashMap 中使用了泛型，键对象和值对象都使用了泛型。

（2）在任务中使用 Map.Entry 类实现集合遍历的优点是，可以通过键对象获取值对象，同时可以通过值对象获取键对象。

9.3　任务拓展：实现学生信息管理系统

📖 任务描述

在日常学习和工作中，人们经常会直接或者间接地使用各种管理系统，如去图书馆借书、去药店买药、去超市购物等都需要使用管理系统。学生信息管理系统实现了对学生信息的添加、删除、修改和查询，同时提供了查看所有学生信息的功能。用户通过主菜单选择操作选项，从而完成各项操作，直到选择"退出系统"选项结束程序，运行结果如图 9-17 所示。

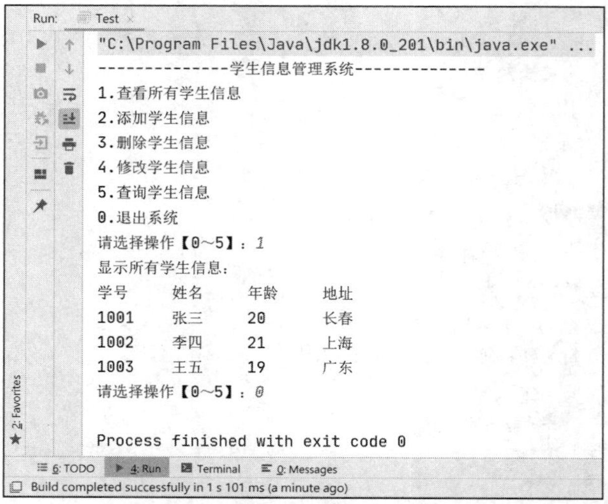

图 9-17　学生信息管理系统运行结果

📖 任务分析

　　根据任务描述，使用 ArrayList 集合类实现学生信息管理系统中的添加、删除、修改、查询学生信息和查看所有学生信息的功能。为了让程序更清晰、更易维护，需要创建类 Student、各方法的接口 Fun、接口的实现类 FunImpl 以及测试类 Test。在测试类中需要包含 main()方法和主菜单方法，当程序运行后，所有的操作均通过主菜单方法来完成。

📖 任务实施

　　学生信息管理系统任务实施步骤如下。
　　（1）在项目的 src 目录下创建包 cn.edu.cvit.task3，在包 cn.edu.cvit.task3 下创建类 Student、接口 Fun、实现类 FunImpl 和测试类 Test。
　　（2）Student.java 文件代码如下。

```java
package cn.edu.cvit.task3;
/**
 * Student 类
 */
public class Student {
  private String numId;
  private String name;
  private int age;
  private String address;
  public String getNumId() {
    return numId;
  }
  public void setNumId(String numId) {
    this.numId=numId;
  }
  public String getName() {
    return name;
  }
  public void setName(String name) {
    this.name=name;
  }
  public int getAge() {
    return age;
  }
  public void setAge(int age) {
    this.age=age;
  }
  public String getAddress() {
    return address;
  }
  public void setAddress(String address) {
    this.address=address;
  }
  //构造方法
  public Student() {}
  public Student(String numId, String name, int age, String address) {
    super();
    this.numId=numId;
```

```
        this.name=name;
        this.age=age;
        this.address=address;
    }
    //重写 toString()方法
    public String toString() {
        return this.getNumId()+"\t"+this.getName()+"\t\t"+this.getAge()+"\t\t"+
this.getAddress();
    }
}
```

（3）Fun.java 文件代码如下。

```
package cn.edu.cvit.task3;
import java.util.ArrayList;
/**
 * 添加、删除、修改、查询学生信息方法以及查看所有学生信息方法的接口
 */
public interface Fun {
    public void add(ArrayList<Student> list);
    public void del(ArrayList <Student>list);
    public void modi(ArrayList <Student>list);
    public void query(ArrayList <Student>list);
    public void dislpay(ArrayList<Student> list);
}
```

（4）FunImpl.java 文件代码如下。

```
package cn.edu.cvit.task3;
import java.util.ArrayList;
import java.util.Scanner;
/**
 * 添加、删除、修改、查询学生信息方法以及查看所有学生信息方法的接口的实现类
 */
public class FunImpl implements Fun{
    Scanner sc=new Scanner(System.in);
    Student stu=new Student();
    //查看所有学生信息
    public void dislpay(ArrayList<Student> list) {
        if(list.size()==0) {
            System.out.println("对不起，没有数据。");
            return;
        }
        System.out.println("学号\t\t 姓名\t\t 年龄\t\t 地址");
        for(int i=0;i<list.size();i++) {
            stu=list.get(i);
            System.out.println(stu);
        }
    }
    //添加学生信息
    public void add(ArrayList <Student>list) {
        System.out.print("请输入添加学生的学号: ");
        stu.setNumId(sc.nextLine());
        System.out.print("请输入添加学生的姓名: ");
        stu.setName(sc.nextLine());
```

```java
        System.out.print("请输入添加学生的年龄: ");
        stu.setAge(sc.nextInt());
        sc.nextLine();
        System.out.print("请输入添加学生的地址: ");
        stu.setAddress(sc.nextLine());
        list.add(stu);
        System.out.println("学号为"+stu.getNumId()+"的学生添加成功。");
    }
    //删除学生信息
    public void del(ArrayList <Student>list){
        System.out.print("请输入删除学生的学号: ");
        String strId=sc.nextLine();
        int i=0;
        for(;i<list.size();i++) {
            Student s=list.get(i);
            if(s.getNumId().equals(strId)) {
                list.remove(i);
                System.out.println("学号为"+strId+"的学生已删除。");
                break;
            }
        }
        if(i>=list.size()){
            System.out.println("该学生不存在!!! ");
        }
    }
    //修改学生信息
    public void modi(ArrayList <Student>list){
        System.out.print("请输入需要修改的学生的学号: ");
        String numId=sc.nextLine();
        int i=0;
        for(;i<list.size();i++) {
            Student s=list.get(i);
            if(s.getNumId().equals(numId)) {
                System.out.print("请输入新的学号: ");
                String newNumId=sc.nextLine();
                stu.setNumId(newNumId);
                System.out.print("请输入新的姓名: ");
                stu.setName(sc.nextLine());
                System.out.print("请输入新的年龄: ");
                stu.setAge(sc.nextInt());
                sc.nextLine();
                System.out.print("请输入新的地址: ");
                stu.setAddress(sc.nextLine());
                list.set(i, stu);
                break;
            }
        }
        if(i>=list.size()){
            System.out.println("该学生不存在!!! ");
        }
    }
}
```

```
//查询学生信息
public void query(ArrayList <Student>list){
    System.out.print("请输入需要查询的学生的学号: ");
    String numId=sc.nextLine();
    int i=0;
    for(;i<list.size();i++) {
        stu=list.get(i);
        if(stu.getNumId().equals(numId)) {
            System.out.println(stu);
            break;
        }
    }
    if(i>=list.size()){
        System.out.println("查无此学生!!! ");
    }
}
}
```

（5）Test.java 文件代码如下。

```
package cn.edu.cvit.task3;
import java.util.ArrayList;
import java.util.Scanner;
/**
 * 测试类
 */
public class Test {
    //main()方法
    public static void main(String[] args) {
        //初始化数据
        Student stu1=new Student("1001","张三",20,"长春");
        Student stu2=new Student("1002","李四",21,"上海");
        Student stu3=new Student("1003","王五",19,"广东");
        ArrayList <Student>list=new ArrayList<Student>();
        list.add(stu1);
        list.add(stu2);
        list.add(stu3);
        menu(list);
    }
    //主菜单方法
    public static void menu(ArrayList<Student> list) {
        Scanner sc=new Scanner(System.in);             //实例化 Scanner 类对象
        int num;                                       //定义整型变量, 用于保存选择操作
        //系统主菜单
        System.out.println("--------------学生信息管理系统--------------");
        System.out.println("1.查看所有学生信息");
        System.out.println("2.添加学生信息");
        System.out.println("3.删除学生信息");
        System.out.println("4.修改学生信息");
        System.out.println("5.查询学生信息");
        System.out.println("0.退出系统");
```

```
        FunImpl FunImpl=new FunImpl();
        while(true){
            System.out.print("请选择操作【0~5】: ");
            num=sc.nextInt();
            switch(num) {
                case 1:
                    System.out.println("显示所有学生信息: ");
                    FunImpl.dislpay(list);
                    break;
                case 2:
                    FunImpl.add(list);
                    break;
                case 3:
                    FunImpl.del(list);
                    break;
                case 4:
                    FunImpl.modi(list);
                    break;
                case 5:
                    FunImpl.query(list);
                    break;
                case 0:
                    sc.close();
                    System.exit(0);
            }
        }
    }
}
```

📖 **实践贴士**

（1）在测试类中的主菜单方法 menu()中使用了方法的递归调用，实现了方法的多次调用，直到用户选择退出系统的操作才结束递归调用。

（2）在 Student 类中重写了 toString()方法，提高了代码的重用性。

单元小结

本单元详细介绍了集合的概念、Collection 集合、List 集合、Iterator 接口、foreach 循环、Set 集合、Map 集合和泛型。

单元 9　思维导图

习题

一、选择题

1. 在 Java 语言中，集合类都位于（　　）包下。

    A. java.util   B. java.lang   C. java.array   D. java.collections

2. 下列选项中，不属于 HashMap 集合方法的是（　　）。

    A. get(Object key)   B. comparator()

    C. keySet()   D. entrySet()

3. 下列关于 ArrayList 集合的描述中，错误的是（　　　）。

　A. ArrayList 集合可以看作一个长度可变的数组

　B. ArrayList 集合不适合做大量的添加、删除操作

　C. ArrayList 集合中的元素索引从 1 开始

　D. ArrayList 集合查找元素非常便捷

4. 下列选项中，（　　　）语句可以正确地定义一个泛型。

　A. ArrayList<String> list = new ArrayList<String>();

　B. ArrayList list<String> = new ArrayList<String>();

　C. ArrayList<String> list = new ArrayList ();

　D. ArrayList<String> list = new ArrayList<String>();

5. 下列关于集合的描述中，（　　　）是错误的。

　A. 集合按照存储结构可以分为单列集合 Collection 接口和双列集合 Map 接口

　B. 集合存储的元素类型必须是基本类型

　C. List 集合的特点是元素有序且可重复

　D. Set 集合的特点是元素无序且不可重复

二、判断题

1. 在对泛型类型进行参数化时，类型参数的实例必须是引用类型。（　　　）

2. 在使用 foreach 循环遍历集合时，可以对元素进行修改。（　　　）

3. foreach 循环是一种更加简洁的 for 循环，也称增强 for 循环。（　　　）

4. HashMap 集合存储的对象都存在键值对映射关系。（　　　）

5. LinkedList 集合对于元素的添加、删除操作具有很高的执行效率。（　　　）

三、编程题

1. 编写程序，将 10～30 的自然数存储在 List 集合中，并输出第 5 个元素的值。

2. 编写程序，向 Set 集合中添加元素"one""two""three""four""one"并遍历输出，观察集合是否可以存储重复元素。

3. 编写程序，向 List 集合中添加多本图书的信息并遍历输出，其中图书信息包括编号、书名和单价。

单元10
I/O

10

I/O（Input/Output，输入/输出）技术可以将数据以文件的形式永久地保存在磁盘中，也可以将文件从磁盘读取到程序中，提高了数据处理的能力。Java以流的形式处理数据，I/O流是I/O技术的核心，I/O流像水流动一样将数据注入目的地，从而实现数据的读写。java.io包下提供了I/O流相关的接口和类。本单元的学习目标如下。

知识目标

◇ 熟悉File类的用法
◇ 掌握文件字节流的用法
◇ 掌握文件字符流的用法
◇ 掌握缓冲流的用法

技能目标

◇ 能够正确使用File类
◇ 能够恰当使用I/O流

素养目标

◇ 形成科学严谨的学习态度
◇ 培养自学意识

10.1 知识储备

10.1.1 File 类

File 类用于在 Java 程序中操作磁盘文件及目录，主要包括文件的创建、删除和信息获取。File 类不能访问文件内容本身，如果需要访问文件内容本身，则需要使用 I/O 流。Java 中 I/O 流的操作离不开 File 类的支持与协助，例如，从磁盘读取数据时，需要通过 File 类指定读取文件的路径；向磁盘写入数据时，需要通过 File 类指定文件保存位置等。

File 类常用构造方法如表 10-1 所示。

10.1 File 类

表 10-1 File 类常用构造方法

构造方法声明	构造方法描述
File(String path)	创建 File 对象，其中 path 参数可以代表目录，也可以代表文件
File(String path, String name)	创建 File 对象，path 为指定的路径名，name 为指定的文件名
File(File dir, String name)	创建 File 对象，dir 为指定的路径对象，name 为指定的文件名

File 类提供了丰富的文件及目录的操作方法，常用方法如表 10-2 所示。

表 10-2　File 类常用操作方法

方法声明	方法描述
boolean canRead()	判断程序是否能对当前文件进行读取
boolean canWrite()	判断程序是否能对当前文件进行写入
boolean delete()	删除当前 File 对象指定的文件
boolean exists()	判断当前 File 对象指定的文件是否存在
String getAbsolutePath()	返回由该 File 对象表示的文件的绝对路径，在 UNIX/Linux 系统中，以 "/" 开头的路径为绝对路径，在 Windows 系统中，以盘符开头的路径为绝对路径
String getName()	返回当前 File 对象表示的文件名或路径名（如果是路径名，则返回最后一级子路径名）
String getParent()	返回当前 File 对象所对应目录（最后一级子目录）的父目录
boolean isAbsolute()	判断当前 File 对象表示的文件是否为一个绝对路径名
boolean isDirectory()	判断当前 File 对象表示的文件是否为一个路径
boolean isFile()	判断当前 File 对象表示的文件是否为一个文件而不是目录
long lastModified()	返回当前 File 对象表示的文件最后修改的时间
long length()	返回当前 File 对象表示的文件长度
String[ ] list()	返回当前 File 对象指定的路径文件列表
String[ ] list(FilenameFilter)	返回当前 File 对象指定的目录中满足指定过滤器条件的文件列表
boolean mkdir()	创建当前 File 对象指定的目录
boolean mkdirs()	创建当前 File 对象指定的目录，包括所有必需但不存在的父目录

【例 10-1】使用 File 类获取 Windows 系统中自带的记事本文件相关信息。

【操作步骤】

（1）新建 unit10 项目，在项目 unit10 的 src 目录下创建包 cn.edu.cvit.file，在包 cn.edu.cvit.file 下创建类 FileInfo。

（2）在文本编辑器视图中，撰写代码如下。

```java
package cn.edu.cvit.file;
import java.io.File;
import java.text.SimpleDateFormat;
import java.util.Date;
/**
 * 使用 File 类实现文件信息获取
 */
public class FileInfo {
  public static void main(String[] args) {
    String path="C:/windows/";                            // 指定记事本文件所在的目录
    //实例化 File 对象，并指定记事本文件所在的路径及文件名
    File f=new File(path, "notepad.exe");
    System.out.println("C:\\windows\\notepad.exe 文件信息如下: ");
    System.out.println("===========================================");
    System.out.println("文件长度: " + f.length() + "字节");
    System.out.println("是文件吗: " + (f.isFile() ? "是文件" : "不是文件"));
    System.out.println("是目录吗: " + (f.isDirectory() ? "是目录" : "不是目录"));
```

```
        System.out.println("是否可读取: " + (f.canRead() ? "可读取" : "不可读取"));
        System.out.println("是否可写入: " + (f.canWrite() ? "可写入" : "不可写入"));
        System.out.println("是否隐藏: " + (f.isHidden() ? "是隐藏文件" : "不是隐藏文件"));
        //获取记事本文件最后修改时间，并将其格式化输出
        Date date=new Date(f.lastModified());
        SimpleDateFormat sdf=new SimpleDateFormat("yyyy-MM-dd HH:mm:ss");
        System.out.println("最后修改时间: " + sdf.format(date));
        System.out.println("文件名称: " + f.getName());
        System.out.println("绝对路径: " + f.getAbsolutePath());
    }
}
```

（3）在文本编辑器视图中单击 ▶ 按钮，运行结果如图 10-1 所示。

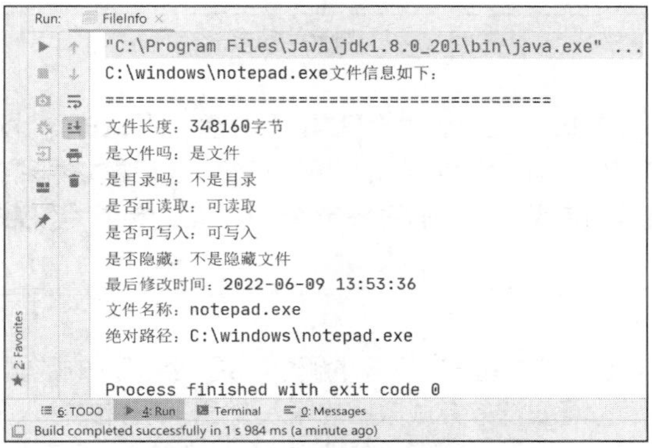

图 10-1 例 10-1 运行结果

提示 （1）如果不格式化获取的文件最后修改时间，则其输出的格式不符合常规格式。
（2）读者无须记住所有的方法，需要时查看 Java API 帮助文档即可。

【例 10-2】在 E 盘创建一个文件 a.txt，通过 File 类的对象判断 a.txt 文件是否存在，如果不存在则创建文件，如果存在则删除文件。

【操作步骤】

（1）在包 cn.edu.cvit.file 下创建类 NewAndDel。

（2）在文本编辑器视图中，撰写代码如下。

```
package cn.edu.cvit.file;
import java.io.File;
import java.io.IOException;
/**
 * 使用 File 类创建文件和删除文件
 */
public class NewAndDel {
    public static void main(String[] args) {
        File f=new File("E:\\a.txt");
        try {                                          //异常捕获处理
            if(f.exists()){                            //判断文件是否存在
                f.delete();                            //存在，删除
                System.out.print("文件 a.txt 已被删除!!! ");
```

```
        }else{
            f.createNewFile();                          //不存在，创建
            System.out.print("文件a.txt 已被创建!!! ");
        }
    } catch (IOException e) {
        e.printStackTrace();
    }
}
```

（3）在文本编辑器视图中单击 ▶ 按钮，运行结果如图 10-2 所示。

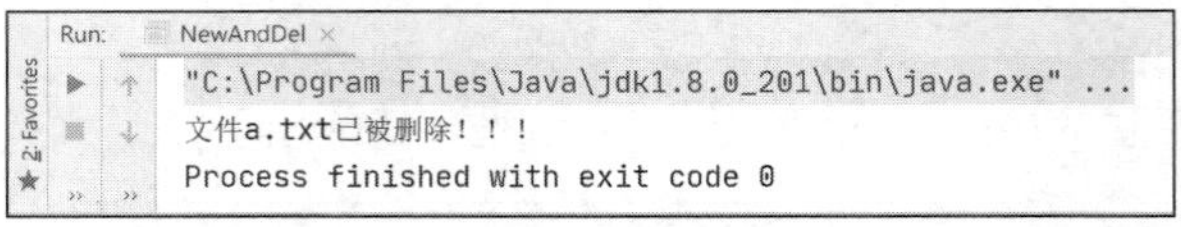

```
Run:    NewAndDel ×
  ▶   ↑    "C:\Program Files\Java\jdk1.8.0_201\bin\java.exe" ...
  ■   ↓    文件a.txt已被删除!!!
  ★   »    Process finished with exit code 0
```

图 10-2　例 10-2 运行结果

> **提示**　（1）在 createNewFile()方法中需要对异常进行处理，可捕获异常也可抛出异常。
> （2）需要确保计算机中有指定的盘符，如果没有 E 盘，也可将文件保存到其他盘符中。
> （3）在文件目录中如果使用"\"，则需要写两个"\"，因为单个"\"为转义字符。

10.1.2　I/O 流

10.2　输入输出流

Java 中的流是一个抽象的概念，是一组有序的数据序列，是数据传输的总称。Java 程序通过流来完成数据的输入/输出，所有的输入/输出以流的形式处理。输入是将数据从各种输入设备（包括文件、键盘等）读取到内存中，输出是将数据写入各种输出设备（包括文件、显示器、磁盘等）中。例如键盘就是一个标准的输入设备，而显示器就是一个标准的输出设备，但是文件既可以作为输入设备，又可以作为输出设备。

Java 中的流按照数据的传输方法分为输入流和输出流，按照处理数据的单位分为字节流和字符流。

Java 提供了 4 种基本流抽象类，它们是所有 I/O 流的父类，分别为字节输入流 InputStream、字节输出流 OutputStream、字符输入流 Reader 和字符输出流 Writer。Java 中流相关的类都封装在 java.io 包下，并且每个数据流都是一个对象。

1. InputStream 抽象类

InputStream 类是字节输入流的抽象类，是所有字节输入流的父类。InputStream 抽象类常用方法如表 10-3 所示。

表 10-3　InputStream 抽象类常用方法

方法声明	方法描述
int read()	从输入流读取一个字节的数据，返回一个 0～255 的整数，如果遇到输入流的结尾，返回-1
int read(byte[ ] b)	从输入流读取若干字节的数据保存到参数 b 指定的字节数组中，返回的字节数表示读取的字节数，如果遇到输入流的结尾，返回-1
void close()	关闭数据流，关闭资源

2. OutputStream 抽象类

OutputStream 类是字节输出流的抽象类，是所有字节输出流的父类。OutputStream 抽象类常用方法如表 10-4 所示。

表 10-4　OutputStream 抽象类常用方法

方法声明	方法描述
int write(b)	将指定字节的数据写入输出流
int write (byte[ ] b)	将指定字节数组的数据写入输出流
void close()	关闭数据流，关闭资源
flush()	刷新输出流，强行将缓冲区的数据写入输出流

3. Reader 抽象类

Reader 类是字符输入流的抽象类，是所有字符输入流的父类。Reader 抽象类常用方法如表 10-5 所示。

表 10-5　Reader 抽象类常用方法

方法声明	方法描述
int read()	读取一个字符，返回一个 0～65535 的整数，即 Unicode 值，如果未读取字符则返回-1
void close()	关闭数据流，关闭资源

4. Writer 抽象类

Writer 类是字符输出流的抽象类，是所有字符输出流的父类。Writer 抽象类常用方法如表 10-6 所示。

表 10-6　Writer 抽象类常用方法

方法声明	方法描述
void write()	向输出流中写入一个字符
void close()	关闭数据流，关闭资源

I/O 流相关类均在 java.io 包下，且类中所有方法在遇到错误时会引发 IOException 异常，需要进行异常处理。

10.1.3　文件字节流

文件字节流以字节方式读写文件，在计算机中所有文件都是以二进制形式存储的，因此文件字节流是 I/O 流中常用的流。常用文件字节流分为文件字节输入流 FileInputStream 和文件字节输出流 FileOutputStream 两种。

10.3　文件字节流

1. FileInputStream

FileInputStream 继承了 InputStream 抽象类，实现了 InputStream 抽象类中的所有方法。FileInputStream 通过字节方式读取文件，适用于读取所有类型的文件。FileInputStream 常用构造方法如表 10-7 所示。

表 10-7　FileInputStream 常用构造方法

构造方法声明	构造方法描述
FileInputStream(File file)	创建一个参数 file 指定文件的 FileInputStream 对象
FileInputStream(String name)	创建一个参数 name 指定文件的 FileInputStream 对象

【例 10-3】编写一个程序，读取 E 盘下的文件 a.txt，并输出文件内容。
【操作步骤】
（1）在 src 目录下创建包 cn.edu.cvit.bytestream，在包 cn.edu.cvit.bytestream 下创建类

InputStreamDemo。

（2）在文本编辑器视图中，撰写代码如下。

```java
package cn.edu.cvit.bytestream;
import java.io.FileInputStream;
/**
 * FileInputStream 读取文件内容
 */
public class InputStreamDemo {
  public static void main(String[] args) throws Exception {
    //实例化 FileInputStream 对象，并指定需要读取文件的完整路径
    FileInputStream in=new FileInputStream("E:/a.txt");
    //定义一个字节数组，长度为 1024，因为 FileInputStream 默认每次只能读取一个字节的数据
    byte[] b=new byte[1024];
    //定义一个整型变量，用于存放实际读取的字节数，初始值为 0
    int len=0;
    //判断是否读取到文件尾，如果是，则 read() 方法的返回值为-1
    while((len=in.read(b))!=-1){
      //将字节数组中从索引 0 到 len 的元素解码为字符串并输出
      System.out.print(new String(b,0,len));
    }
    in.close();
  }
}
```

（3）在文本编辑器视图中单击 ▶ 按钮，运行结果如图 10-3 所示。

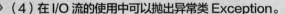

图10-3　例10-3运行结果

> **提示** （1）定义字节数组的目的是提高读取速度，因为 **FileInputStream** 默认每次只能读取一个字节的数据。
> （2）**String** 类中的构造方法可将字节数组解码为字符串。
> （3）在文件路径中使用 "/" 时，只写一个 "/" 即可。
> （4）在 I/O 流的使用中可以抛出异常类 Exception。

2. FileOutputStream

FileOutputStream 继承了 OutputStream 抽象类，实现了父类中的所有方法。FileOutputStream 通过字节方式将数据写入文件，适用于写入所有类型文件。在创建 FileOutputStream 对象时，如果指定的文件不存在，则创建一个新文件；如果指定的文件已存在，可选择覆盖原文件内容或者将新内容追加到原文件内容尾部。FileOutputStream 常用构造方法如表 10-8 所示。

表10-8　FileOutputStream 常用构造方法

构造方法声明	构造方法描述
FileOutputStream(File file)	创建一个参数 file 指定文件的 FileOutputStream 对象
FileOutputStream(File file, boolean append)	创建一个参数 file 指定的文件输出流对象。其中，参数 append 指定是否覆盖原文件内容，append 为 true 时在文件尾部添加内容，为 false 时覆盖原有内容；其默认值为 false

续表

构造方法声明	构造方法描述
FileOutputStream(String name)	创建一个参数 name 指定文件的 FileOutputStream 对象
FileOutputStream(String name, boolean append)	创建一个参数 name 指定文件的 FileOutputStream 对象，参数 append 的含义同上

【例 10-4】编写一个程序，向完整路径为 E:\a.txt 的文件尾部追加内容。

【操作步骤】

（1）在包 cn.edu.cvit.bytestream 下创建类 OutputStreamDemo。

（2）在文本编辑器视图中，撰写代码如下。

```java
package cn.edu.cvit.bytestream;
import java.io.FileOutputStream;
import java.io.IOException;
/**
 * FileOutputStream 向文件尾部追加内容
 */
public class OutputStreamDemo {
  public static void main(String[] args) throws IOException {
    //创建 FileOutputStream 对象，并设置 append 参数值为 true
    FileOutputStream out=new FileOutputStream("E:/a.txt",true);
    String str="都言大学逍遥游,吾道始是展翅时。";      //定义追加内容字符串
    byte[] b=str.getBytes();                      //将追加内容字符串转换为字节数组
    out.write(b);                                 //将字节数组中的内容追加到文件a.txt尾部
    System.out.print("已将指定内容追加到 a.txt 文件尾部。");
  }
}
```

（3）在文本编辑器视图中单击 ▶ 按钮，运行结果如图 10-4 所示。

图 10-4　例 10-4 运行结果

 提示　（1）I/O 流异常抛出的异常类型可能是 IOException。

（2）如果想覆盖原文件内容，可以省略 append 参数。

（3）运行程序后，打开 E 盘下的 a.txt 文件查看新内容是否已添加到文件尾部。

10.1.4　文件字符流

尽管 Java 中的字节流功能强大，可以处理任意类型数据，但它不能直接处理 16 位的 Unicode 字符，而字符流可以解决这个问题。

文件字符流可对文本数据进行读写，读写速度比字节流的读写速度快。文件字符流分为文件字符输入流 FileReader 和文件字符输出流 FileWriter 两种。

10.4　文件字符流

1. FileReader

FileReader 是 Java 提供的读取字符文件的便捷类，FileReader 可以把

FileInputStream 中的字节数据根据字符编码方式转换成字符数据。FileReader 的构造方法与 FileInputStream 相似。

【例 10-5】编写一个程序，使用 FileReader 读取 E 盘下的 a.txt 文件。

【操作步骤】

（1）在 src 目录下创建包 cn.edu.cvit.charstream，在包 cn.edu.cvit.charstream 下创建类 FileReaderDemo。

（2）在文本编辑器视图中，撰写代码如下。

```java
package cn.edu.cvit.charstream;
import java.io.FileReader;
import java.io.IOException;
/**
 * FileReader 读取文件内容
 */
public class FileReaderDemo {
  public static void main(String[] args) throws IOException {
    //创建 FileReader 对象，并指定需要读取的文件完整路径
    FileReader reader=new FileReader("E:/a.txt");
    int ch;                          //定义变量用于接收读取的字符
    while((ch=reader.read())!=-1){   //循环判断是否读取到文件尾部
System.out.print((char)ch);          //变量 ch 的值的数据类型为整型，需要强制类型转换为字符型
    }
    reader.close();                  //关闭资源
  }
}
```

（3）在文本编辑器视图中单击 ▶ 按钮，运行结果如图 10-5 所示。

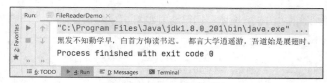

图10-5 例10-5 运行结果

提示 （1）FileReader 创建对象可能会引发 FileNotFoundException 异常，read()方法可能会引发 IOException 异常。
　　（2）FileReader 读取的是字符数据，因此，可以将读取结果的数据类型强制类型转换为字符型并输出。

2. FileWriter

FileWriter 可以将文本数据直接写入文件中，FileWriter 内部会根据字符编码方式把字符数据转换成字节数据再写入输出流。FileWriter 构造方法与 FileOutputStream 相似。

【例 10-6】编写一个程序，使用 FileWriter 向 E 盘下的 a.txt 文件中写入新内容，覆盖原有内容。

【操作步骤】

（1）在包 cn.edu.cvit.charstream 下创建类 FileWriterDemo。

（2）在文本编辑器视图中，撰写代码如下。

```java
package cn.edu.cvit.charstream;
import java.io.FileWriter;
import java.io.IOException;
```

```
/**
 * FileWriter 向文件中写入新内容，覆盖原有内容
 */
public class FileWriterDemo {
  public static void main(String[] args) throws IOException {
    //创建 FileWriter 对象，并指定文件完整路径
    FileWriter writer=new FileWriter("E:/a.txt");
    //定义需要写入文件的新内容
    String str="青，取之于蓝，而青于蓝；冰，水为之，而寒于水。";
    writer.write(str);                              //将新内容写入文件并覆盖原有内容
    System.out.print("已将新内容成功写入文件中，并覆盖了原文件内容。");
    writer.close();                                 //关闭资源
  }
}
```

（3）在文本编辑器视图中单击 ▶ 按钮，运行结果如图 10-6 所示。

```
Run:      FileWriterDemo ×
  ▶  ↑  "C:\Program Files\Java\jdk1.8.0_201\bin\java.exe" ...
     ↓  已将新内容成功写入文件中，并覆盖了原文件内容。
        Process finished with exit code 0
  ≡ 6: TODO   ▶ 4: Run   ⊞ Terminal   ▣ 0: Messages
  □ Build completed successfully in 938 ms (moments ago)
```

图 10-6　例 10-6 运行结果

> **提示**　（1）FileReader 和 FileWriter 的用法与 FileInputStream 和 FileOutputStream 的用
> 法基本相同。
> （2）如果指定的文件不存在，FileWriter 会先创建文件，再写入内容。

10.1.5　缓冲流

10.5　缓冲流

Java 中将字节流和字符流统称为基本流，基本流效率低、读写速度慢。缓冲流是在基本流的基础上创建而来的，缓冲流自带 8 K 缓冲区，可以提高基本流读写数据的性能，也称为高效流。缓冲流的读写原理是先将数据读取或者写入缓冲区，当缓冲区存满或者手动刷新缓冲区时，一次性对数据进行读写。

1. 字节缓冲流

字节缓冲流有字节缓冲输入流 BufferedInputStream 和字节缓冲输出流 BufferedOutputStream 两种。字节缓冲流的构造方法参数为对应的文件字节流对象，即 BufferedInputStream 的构造方法参数为 FileInputStream 对象，BufferedOutputStream 的构造方法参数为 FileOutputStream 对象。

【例 10-7】编写一个程序，通过字节缓冲流将 E 盘的源文件 a.txt 的内容复制到目标文件 b.txt 中。

【操作步骤】

（1）在 src 目录下创建包 cn.edu.cvit.buffstream，在包 cn.edu.cvit.buffstream 下创建类 ByteBufferedDemo。

（2）在文本编辑器视图中，撰写代码如下。

```
package cn.edu.cvit.buffstream;
import java.io.*;
/**
 * 字节缓冲流
 */
public class ByteBufferedDemo {
```

```
    public static void main(String[] args) throws IOException {
        //创建BufferedInputStream对象，用于读取a.txt文件内容
        BufferedInputStream bis=new BufferedInputStream(new FileInputStream
("E:/a.txt"));
        //创建BufferedOutputStream对象，将读取的内容写入b.txt文件
        BufferedOutputStream bos=new BufferedOutputStream(new FileOutputStream
("E:/b.txt"));
        int len;                                        //定义变量，用于存储读取内容
        while((len=bis.read())!=-1){                     //判断是否已读取到文件尾部
            bos.write(len);                              //将读取的内容写入目标文件中
        }
        bis.close();                                     //关闭输入流
        bos.close();                                     //关闭输出流
    }
}
```

（3）在文本编辑器视图中单击 ▶ 按钮后，控制台没有任何输出，但 E 盘会新增一个 b.txt 文件。

提示 （1）缓冲流除了在创建时需要依赖基本流外，其他用法与基本流相同。

（2）缓冲流内部定义了一个长度为 8192 字节的字节数组。

2. 字符缓冲流

字符缓冲流有字符缓冲输入流 BufferedReader 和字符缓冲输出流 BufferWriter 两种。字符缓冲流是在字符流基础上创建的，因此，其构造方法参数为文件字符流对象。

字符缓冲流除继承了字符流的方法外，BufferedReader 新增了 readLine()方法，用于读取一行数据，并返回该行内容的字符串，如果读取到文件尾则返回 null。BufferedWriter 新增了 newLine()方法，实现换行操作。

【例 10-8】编写一个程序，使用字符缓冲流实现将 E 盘源文件 a.txt 内容复制到目标文件 d.txt 中。

【操作步骤】

（1）在包 cn.edu.cvit.buffstream 下创建类 CharBufferedDemo。

（2）在文本编辑器视图中，撰写代码如下。

```
package cn.edu.cvit.buffstream;
import java.io.*;
/**
 * 字符缓冲流
 */
public class CharBufferedDemo {
    public static void main(String[] args) throws IOException {
        //创建BufferedReader，用于读取c.txt文件内容
        BufferedReader br=new BufferedReader(new FileReader("E:/a.txt"));
        //创建BufferedWriter，用于将读取的内容写入d.txt文件中
        BufferedWriter bw=new BufferedWriter(new FileWriter("E:/d.txt"));
        String str=null;                                //定义字符串变量，用于存储读取内容
        while ((str=br.readLine())!=null){              //判断是否读取到文件尾部
            bw.write(str);                              //将读取内容写入目标文件中
        }
        br.close();                                     //关闭输入流
        bw.close();                                     //关闭输出流
    }
}
```

（3）在文本编辑器视图中单击 ▶ 按钮后，控制台没有任何输出，但 E 盘下会新增一个 d.txt 文件。

 提示 （1）在运行程序前需要确保 E 盘下有 a.txt 文件，否则会出现找不到文件的异常。
（2）字符缓冲流的其他用法与文件字符流的相同。

10.2 任务实现

10.2.1 任务 1：删除目录

1．任务描述

在 Java 的文件系统中，删除目录的前提是目录下无其他子目录，否则需要先将所有子目录及文件删除，再删除该目录。删除目录程序时既可以删除空目录，又可以删除目录下包含的子目录和文件的目录。删除目录运行结果如图 10-7 所示。

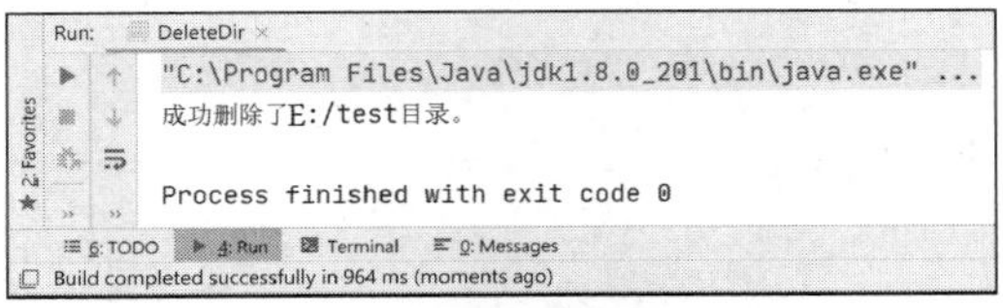

```
Run:      DeleteDir ×
    ▶  ↑    "C:\Program Files\Java\jdk1.8.0_201\bin\java.exe" ...
    ■  ↓    成功删除了E:/test目录。
 Favorites
    ⏸  ⟲
    ★  »    Process finished with exit code 0

    ☰ 6: TODO  ▶ 4: Run  ➤ Terminal  ☰ 0: Messages
    ☐ Build completed successfully in 964 ms (moments ago)
```

图 10-7　删除目录运行结果

2．任务分析

（1）根据任务描述，需要预先在指定盘符下创建一个目录，例如，在 E 盘下创建 test 目录，在 test 目录下创建子目录 test1，分别在 test 和 test1 目录下创建两个文件（可以是任意类型）。

（2）创建 File 类对象指向需要删除的目录 test，再遍历 test 目录下的所有子目录及文件，分别删除这些子目录及文件，最后删除 test 目录本身。

3．任务实施

（1）在 src 目录下创建包 cn.edu.cvit.task1，在包 cn.edu.cvit.task1 下创建类 DeleteDir 类。

（2）在文本编辑器视图中，撰写代码如下。

```java
package cn.edu.cvit.task1;
import java.io.File;
/**
 * 删除含有子目录和文件的目录
 */
public class DeleteDir {
  public static void main(String[] args) {
    String path="E:/test";                    //定义指定目录
    File file=new File(path);                  //创建 File 对象，指定目录完整路径
    if(file.exists()){                         //判断目录是否存在
        delDir(file);
        System.out.println("成功删除了"+path+"目录。");
    }else{
        System.out.println("目录不存在!!! ");
    }
  }
```

```
//删除目录方法
public static void delDir(File dir){
    File[] files=dir.listFiles();              //将目录列表放入文件数组中
    for (File file : files) {                  //遍历文件数组
        if(file.isDirectory()){                //判断每个 file 是否为目录
            delDir(file);                      //是目录，递归调用 delDir()方法
        }else {
            file.delete();                     //不是目录，直接删除文件
        }
    }
    dir.delete();                              //删除已被清空的目录
}
}
```

4. 实践贴士

（1）File 类的 listFiles()方法可获取目录下的所有子目录及文件的数组。

（2）遍历目录下所有内容时，判断遍历的每个内容是否为目录，如果是，递归调用删除目录的方法，否则直接删除文件。

10.2.2　任务2：添加行号

1. 任务描述

添加行号主要实现的功能是为已有的 CharBufferedDemo.java 文件添加行号（读者可自行选择需要添加行号的文件）。为了便于操作，可将已有的 CharBufferedDemo.java 文件复制到当前项目的 src 目录下，运行结果如图 10-8 所示。

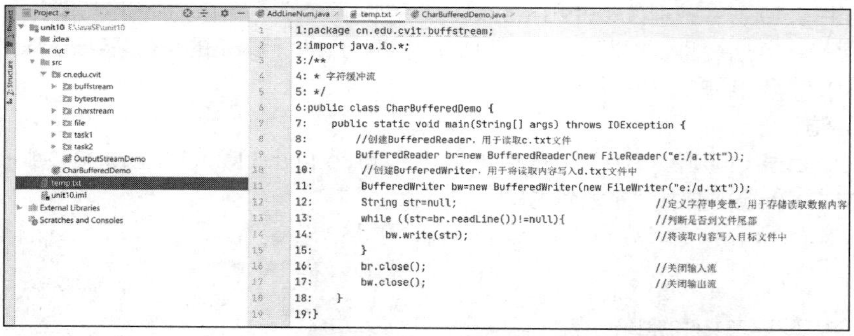

图 10-8　添加行号运行结果

2. 任务分析

根据任务描述，使用 BufferedReader 读取文件内容，添加行号后，再使用 BufferedWriter 将加行号的文件内容写入指定文件 temp.txt 中。

3. 任务实施

（1）在 src 目录下创建包 cn.edu.cvit.task2，在包 cn.edu.cvit.task2 下创建类 AddLineNum。

（2）在文本编辑器视图中，撰写代码如下。

```
package cn.edu.cvit.task2;
import java.io.*;
/**
 * 为程序代码添加行号
 */
```

```
public class AddLineNum {
    public static void main(String[] args) throws IOException {
        //创建 BufferedReader 对象，并指定需要添加行号文件的完整路径
        BufferedReader br=new BufferedReader(new FileReader("src/CharBufferedDemo.
java"));
        //创建 BufferedWriter 对象，指定添加行号后的文件，默认文件保存在当前项目的 src 目录下
        BufferedWriter bw=new BufferedWriter(new FileWriter("temp.txt"));
        String str;                        //定义字符串变量 str，用于存储读取的内容
        int i=0;                           //定义整型变量 i，用于记录行号
        while((str=br.readLine())!=null){  //判断是否到文件尾部
            i++;                           //行号累加
            bw.write(i+":"+str+"\n");      //将加行号后的文件内容写入指定文件中
        }
        br.close();
        bw.close();
    }
}
```

4. 实践贴士

（1）BufferedReader 提供的 readLine()方法每次读取一行内容，通过在该行前加入动态的行号，实现给文件内容加行号的功能。

（2）加行号后的文件保存在当前项目的 src 目录下，运行程序后，可打开该文件查看运行结果。

（3）使用任意 I/O 流后，都需要关闭流资源。

10.3　任务拓展：设计小小记事本

📖 任务描述

　　利用 I/O 技术，设计并实现一个属于自己的小小记事本程序。小小记事本模拟了记事本的新建、打开、修改和保存文件的功能。新建文件后，可以在控制台向文件输入内容，输入"end"后结束输入；打开文件后，可以在控制台显示文件内容；修改文件时，可以通过控制台输入修改前后内容，并输入"end"结束修改；保存文件时，可以将已新建或者修改后的内容保存到指定文件中。运行结果如图 10-9 所示。

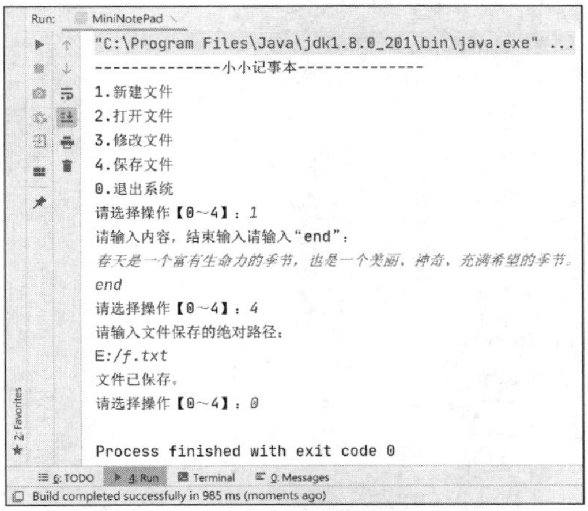

图 10-9　小小记事本运行结果

📖 任务分析

　　根据任务描述，定义静态字符串变量，用于暂存文件内容；定义主菜单方法，可选择新建文件、打开文件、修改文件、保存文件和退出系统的操作；定义新建文件方法，通过 StringBuffer 类完成对输入字符串的拼接，将输入内容暂存；定义打开文件方法，输入需要打开文件的完整路径，判断其是否为文本类型文件，如果是非文本类型文件，直接返回，如果是文本类型文件，通过 BufferedReader 读取文件内容放入静态字符串变量中；定义修改文件方法，首先判断是否有被打开或者新建的文件，若没有，给出相应提示，若有，按照指定格式输入，并将输入的内容分割为字符串数组，再通过字符串替换方法完成修改；定义保存文件方法，首先判断是否有已打开的文件，如果有，将原内容覆盖，如果没有，按照指定绝对路径新建文件。

📖 任务实施

　　小小记事本任务实施步骤如下。

（1）在 src 目录下创建包 cn.edu.cvit.task3，在包 cn.edu.cvit.task3 下创建类 MiniNotePad。

（2）在文本编辑器视图中，撰写代码如下。

```java
package cn.edu.cvit.task3;
import java.io.*;
import java.util.Scanner;
/**
 * 小小记事本
 */
public class MiniNotePad {
  private static String path=null;            //静态字符串变量 path 用于存储路径
  private static String msg="";               //静态字符串变量 msg 用于暂存文件内容
  private static Scanner sc=new Scanner(System.in);
  // 主菜单方法
  public static void main(String[] args) {
    System.out.println("--------------小小记事本--------------");
    System.out.println("1.新建文件");
    System.out.println("2.打开文件");
    System.out.println("3.修改文件");
    System.out.println("4.保存文件");
    System.out.println("0.退出系统");
    int n;
    while(true){
      System.out.print("请选择操作【0～4】: ");
      n=sc.nextInt();
      switch (n){
        case 1:
          createFile();
          break;
        case 2:
          openFile();
          break;
        case 3:
          editFile();
```

```
        break;
      case 4:
        saveFile();
        break;
      case 0:
        System.exit(0);
        break;
      default:
        System.out.println("您输入的操作有误!!! ");
        break;
    }
  }
}
//新建文件方法
public static void createFile(){
  //给出输入提示信息，当输入"end"时结束输入
  System.out.println("请输入内容，结束输入请输入"end": ");
  //创建 StringBuffer 类对象，用于拼接输入内容
  StringBuffer str=new StringBuffer();
  //定义 String 类变量，用于存储每一行的输入内容
  String inputMsg="";
  //循环输入各行内容，直到输入"end"结束
  while(!("end".equals(inputMsg))){
    if(str.length()>0){                        //判断有输入内容后，拼接换行符
      str.append("\n");
    }
    str.append(inputMsg);                       //拼接输入内容
    inputMsg=sc.nextLine();                     //输入下一行内容
  }
  msg=str.toString();                           //将输入内容暂存到静态字符串变量中
}
//打开文件方法
public static void openFile() {
  msg="";                                       //打开文件时，清空暂存内容
  System.out.print("请输入打开文件的路径: ");
  path=sc.next();                               //获取打开文件的路径
  //限制只能输入.txt 格式的文本文件
  if(path!=null && !path.endsWith(".txt")){
    System.out.println("请输入文本文件! ");
    return;
  }
  //定义 StringBuffer 类字符串，用于拼接读取内容
  StringBuffer sb= new StringBuffer();
  try {
    //创建 BufferedReader 对象，并指定需要打开的文本文件路径
    BufferedReader br=new BufferedReader(new FileReader(path));
    //定义字符型变量，用于存储读取的每一行内容
    String string=null;
    while((string=br.readLine())!=null){        //判断是否读取到文件尾部
```

```
            sb.append(string+"\n");                          //将读取内容追加到 sb 对象中
        }
        br.close();
    } catch (IOException e) {
        e.printStackTrace();
    }
    msg=sb.toString();                                       //将打开的文件内容暂存
    System.out.println("打开文件内容: \n"+msg);              //输出打开的文件内容
}
// 修改文件方法
public static void editFile(){
    if(msg=="" && path==null){
        System.out.println("请先新建文件或者打开文件! ");
        return;
    }
    //提示输入修改内容并以冒号分隔原内容和新内容, 以输入 "end" 表示结束修改
    System.out.println("请输入要修改的内容（以原内容:新内容的格式输入）, 结束修改请输入
"end:" ");
    String string="";
    while(!("end".equals(string))){                         //判断输入内容是否为 end
        string=sc.nextLine();
        if(string!=null && string.length()>0){
            //将输入字符串以冒号分隔符分隔成字符串数组, 即将原内容和新内容分隔
            String[] editMsg=string.split(":");
            if(editMsg!=null && editMsg.length>1){         //判断输入内容是否为空
                msg=msg.replace(editMsg[0],editMsg[1]);    //完成新内容替换原内容
            }
        }
    }
}
// 保存文件方法
public static void saveFile(){
    BufferedWriter bw=null;                                 //创建 BufferedWriter 对象
//判断 path 是否为空, 非空则表示有已打开文件, 需将原内容覆盖, 空则表示无已打开文件, 需新建文件
    try {
        if(path!=null){
            bw=new BufferedWriter(new FileWriter(path)) ;
        }else{
            System.out.println("请输入文件保存的绝对路径: ");
            path=sc.next();
            //判断路径全部小写后是否以.txt 结尾, 若不以.txt 结尾则将其改为以.txt 结尾
            if(!(path.toLowerCase().endsWith(".txt"))){
                path+=".txt";
            }
            bw=new BufferedWriter(new FileWriter(path));
        }
        bw.write(msg);                                      //将 msg 中暂存内容写入文件中
        System.out.println("文件已保存! ");
        bw.close();                                         //关闭资源
    } catch (IOException e) {
```

```
                    e.printStackTrace();
            }
            msg="";                                        //清空msg
            path=null;                                     //清空path
        }
    }
```

📖 实践贴士

（1）程序通过 BufferedReader 读取内容，通过 BufferedWriter 写入内容。

（2）在打开文件和保存文件的方法中，需要对 I/O 流进行异常捕获，如果抛出异常，则需要在方法调用再次抛出异常。

单元小结

本单元详细介绍了 File 类、I/O 流、文件字节流、文件字符流、缓冲流以及各种流的应用。读者熟练使用 Java 的 I/O 技术，能够大大提高程序开发的效率。

单元 10　思维导图

习题

一、选择题

1. 下列选项中，不属于 FileReader 类的方法的是（　　）。
   A．read()　　　　　　B．close()　　　　　　C．toString()　　　　　D．readLine()

2. 下列选项中，关于 InputStreamReader 转换流的描述错误的是（　　）。
   A．InputStreamReader 的作用是将接收的字节流转换为字符流
   B．InputStreamReader 可以读取任意类型数据
   C．InputStreamReader 是 Reader 类的子类
   D．InputStreamReader 中没有 readLine()方法

3. 下列关于字节流缓冲区的说法错误的是（　　）。
   A．使用字节流缓冲区读写文件是逐字节读写
   B．使用字节流缓冲区读写文件时，可以一次读取多个字节的数据
   C．使用字节流缓冲区读写文件时，可以大大提高文件的读写操作效率
   D．字节流缓冲区就是一块内存，用于暂时存放输入输出的数据

4. 以下关于 File 类的 isDirectory()方法的描述，（　　）是正确的。
   A．判断该 File 对象所对应的是否是文件　　　B．在当前目录下创建子目录
   C．在当前目录下创建文件　　　　　　　　　　D．判断该 File 对象所对应的是否是目录

5. 下列关于 I/O 流的描述，错误的是（　　）。
   A．按照操作数据的不同，可以分为字节流和字符流
   B．缓冲流与基本流的作用相同，无任何差异
   C．按照数据传输方向的不同，可分为输入流和输出流
   D．Java 的 I/O 流都位于 java.io 包下

二、判断题

1. 使用 FileWriter 时，如果指定的文件不存在，就会先创建文件，再写入数据。（　　）

2. 使用 delete()方法删除包含文件的目录时，需要先将目录下的文件全部删除。（　　　）

3. FileOutputStream 是文件字节输入流，专门读取文件数据。（　　　）

4. File 类只能封装绝对路径，不能封装相对路径。（　　　）

5. BufferReader 对象提供了每次读取一行数据的方法 readLine()。（　　　）

三、编程题

1. 编写程序，读取 D 盘中指定文件 hello.java（hello.java 文件需要提前创建），并输出文件内容。

2. 编写程序，使用 BufferedReader 在 D 盘中创建文本文件 hello.txt，并向文件写入内容（具体内容不限）。

3. 编写程序，通过字节流实现文件的复制，即将 D 盘中的 hello.java 文件复制到 E 盘根目录下。